"十三五"江苏省高等学校重点教材

工业废水
处理工艺与设计

GONGYE FEISHUI CHULI GONGYI YU SHEJI

高永　朱炳龙　宋伟　等编著

U0254159

化学工业出版社

·北京·

本书对工业废水处理的理论及技术进行了全面、系统的阐述，主要介绍了工业废水的分类和来源、水质特征和调查，工业废水处理技术，工业废水处理设计，工业废水处理的运行管理，工业废水处理工程实例等。本书还配有相关标准及工艺设计实例的数字资源，供读者扫码参考。

本书具有较强的技术性和针对性，可供从事工业废水处理的工程技术人员、科研人员和管理人员参考，也可供高等学校环境工程、市政工程及相关专业的师生参阅。

图书在版编目（CIP）数据

工业废水处理工艺与设计/高永等编著. —北京：化学工业出版社，2019.1

ISBN 978-7-122-33193-9

Ⅰ.①工… Ⅱ.①高… Ⅲ.①工业废水处理-研究

Ⅳ.①X703

中国版本图书馆 CIP 数据核字（2018）第 238802 号

责任编辑：刘兴春　刘　婧　　　　　　　　　　文字编辑：汲永臻
责任校对：王素芹　　　　　　　　　　　　　　装帧设计：韩　飞

出版发行：化学工业出版社（北京市东城区青年湖南街 13 号　邮政编码 100011）
印　　刷：三河市航远印刷有限公司
装　　订：三河市宇新装订厂
787mm×1092mm　1/16　印张 15¾　字数 334 千字　　2020 年 1 月北京第 1 版第 1 次印刷

购书咨询：010-64518888　　　　　　　　　　　售后服务：010-64518899
网　　址：http://www.cip.com.cn
凡购买本书，如有缺损质量问题，本社销售中心负责调换。

定　　价：78.00 元　　　　　　　　　　　　　　版权所有　违者必究

前言

随着工业的迅速发展，工业废水的种类和数量也迅猛增加，对水体的污染也日趋广泛和严重，威胁人类的健康和安全，也进一步加剧了我国水资源短缺。提高废水的排放标准，满足中水回用和废水"零排放"正成为工业废水治理的主要方向。同时，工业废水由于成分复杂，性质多变，治理难度大，对环保工作者提出了更高的技术要求。目前，虽然关于工业废水处理的书籍和资料很多，但大多只是基本处理技术介绍、各行业废水处理技术介绍以及一些设计手册，很少从废水处理技术、设计方法到工程实例等方面来系统介绍工业废水处理。为此，笔者总结了现有工业废水治理技术知识及工程实践，组织相关高校一线教师和具有丰富工程经验的工程师编著了《工业废水治理工艺与设计》这本书。

本书从工业废水的分类、特点、基本处理工艺、工程设计和概预算以及工程实例分析等方面进行阐述，为广大环保工作者和相关专业师生提供系统、全面的工业废水处理技术及工艺设计方面的知识。

全书共分 5 章。第 1 章绪论，主要介绍工业废水的来源、类别、水质特征等内容，由高永编著；第 2 章工业废水处理技术，主要包括工业废水的物理处理、化学处理、物理化学处理和生物处理等内容，由张曼莹编著；第 3 章工业废水处理设计，主要包括设计资料确认、设计前的试验验证、设计工艺路线选择、工艺方案设计、施工图纸设计、工程设计常用标准和规范、投资估算等内容，由傅小飞编著；第 4 章工业废水处理的运行管理，主要包括工业废水处理系统的调试、试运行、运行管理等内容，由朱炳龙编著；第 5 章工业废水处理工程实例，由宋伟编著。另外，刘姿铷、邬艳君、李婷婷、周俊我、周桢、成程等也参与本书部分内容的编著。全书最后由高永、朱炳龙、宋伟负责统稿和定稿，高永、张曼莹、傅小飞负责校对。

限于编著者时间和编著水平，书中难免有疏漏和不足之处，请广大读者批评指正。

编著者
2019 年 1 月

第 1 章 绪论

第 2 章 工业废水处理技术

第3章　工业废水处理设计

第4章　工业废水处理的运行管理

第5章　工业废水处理工程实例

附录　配套数字资源

第1章 | 绪论

1.1 工业废水的分类和来源

水是宝贵的自然资源，是人类赖以生存的必要条件。人类的生活和生产活动从自然界取用了水资源，经生活和生产活动后受到污染的水又向自然界排出。这些改变了原来的组成，甚至丧失了使用价值而废弃外排的水称为废水。由于废水中混进了各种污染物，排放到自然界水体中，日积月累，最终将导致自然界的水系丧失使用价值。

工业废水是指工业生产过程中产生的废水、污水和废液，其中含有随水流失的工业生产用料、中间产物和产品以及生产过程中产生的污染物。工业废水主要来源于化工业、纺织业、造纸业、钢铁、电力等行业。

1.1.1 工业废水的分类

废水根据来源分为生活污水和工业废水，工业废水又根据废水的污染程度分为生产污水及生产废水。

（1）生产污水（production sewage）

生产污水指在生产过程中所形成的，被有机或无机性生产废料所污染的废水（包括温度过高而造成热污染的工业废水）。生产污水与原料直接接触，危害性较大，所含有的毒物、病原体和有机物等对水资源的利用有不良影响，有时甚至使水资源丧失使用价值，对居民身体造成危害。

（2）生产废水（production wastewater）

生产废水指在生产过程中形成的，但未直接参与生产工艺，只起辅助作用，未被污染物污染或污染很轻的水。生产废水与原料不直接接触，只要回收热量或稍加处理就可以循环利用。

1.1.2 工业废水中的污染物及来源

由于工业类型繁多，而每种工业又由多段工艺组成，故产生的废水性质完全不同，成分也非常复杂。根据废水对环境污染所造成的危害的不同，大致可划分为固体污染物、有机污染物、油类污染物、有毒污染物、生物污染物、酸碱污染物、需氧污染物、营养性污染物、感官污染物和热污染等。虽然部分污染指标与城市污水相同，但其浓度或数值常常与城市污水相差非常大。例如，某些工业废水中 COD 浓度高达几千甚至上万毫克/升，而城市污水一般多为几百毫克/升左右。另外，工业废水的可生化性一般来说要比城市污水差得多，重金属和其他有毒有害物质的浓度也常常比城市污水高很多，这些都加大了工业废水的处理难度。

工业废水中的某种污染物可以由以下单方面原因或多方面原因引起：a. 该污染物是生产过程中的一种原料；b. 该污染物是生产原料中的杂质；c. 该污染物是生产的产品；d. 该污染物是生产过程中的副产品；e. 该污染物是废水排放前预处理或处理过程中因输送、投加药剂等原因或其他偶然因素造成的。

1.2 工业废水的水质特征

工业废水对环境造成的污染危害以及应采取的防治对策取决于工业废水的特性、污染物的种类、性质和浓度。工业废水的水质特征不单因废水类别而异，往往因时因地而变。工业废水的特点主要表现为排放量大、组成复杂、污染严重。不同的工业废水，其水质差异很大。

1.2.1 主要水质指标

主要的水质指标包括悬浮物（SS）、生化需氧量（BOD）、化学需氧量（COD）、总有机碳（TOC）、N、P、pH值、油、重金属离子和其他有毒物质等。常用的两项最主要的污染指标是悬浮物和化学需氧量。

1.2.1.1 总固体含量

废水中的杂质分为无机物和有机物两大类。物质在水中有 3 种分散状态，即溶解态（直径 < 1nm）、胶体态（直径介于 1～100nm）、悬浮态（直径 > 100nm）。水中所有残渣的综合称为总固体（total solid，TS），包括溶解性固体（dissolved solid，DS）和悬浮物（suspended solid，SS）。能透过滤膜或滤纸（孔径 3～10μm）的残渣为溶解性固体（DS），表示水中盐类的含量。水中固体是指在一定的温度下将水样蒸发至干时所残余的那部分物质，因此也曾被称为"蒸发残渣"。固体残渣根据挥发性能可分为挥发性固体（VS）和固定性固体（FS）。将固体在 600℃ 的温度下灼烧，挥发掉的即是挥发性固体（VS），灼烧残渣则是固定性固体（FS）。溶解性固体一般表示盐类的含量，悬浮物表示水中不溶解的固态物质含量，挥发性固体反映固体的有机成分含量。

悬浮物（SS）是废水的一项重要水质指标，排入水体后会在很大程度上影响水体外观，除了会增加水体的浑浊度、妨碍水中植物的光合作用、对水生生物的生长不利外，还会造成管渠和抽水设备的堵塞、淤积和磨损等。此外，悬浮物还有吸附和凝聚重金属及有毒物质的能力。悬浮物可分为细分散悬浮物（0.1～1.0μm）、粗分散悬浮物（> 1.0μm）、挥发性悬浮物（VSS）、非挥发性悬浮物（NVSS）。

1.2.1.2　生化需氧量（BOD）

在有氧的条件下，由于微生物的活动而降解有机物所需的氧量称为生化需氧量（mg/L）。废水中有机物降解一般分为两个阶段（图1-1）：第一阶段，又称碳化阶段，是有机物中的碳氧化为二氧化碳、氮氧化为氨的过程，这一阶段消耗的氧量称为碳化需氧量，用L_a或BOD_u表示；第二阶段，又称硝化阶段，是氨在硝化细菌的作用下被氧化为亚硝酸盐和硝酸盐，这一阶段的需氧量称为硝化需氧量，用L_N或NOD_u来表示。

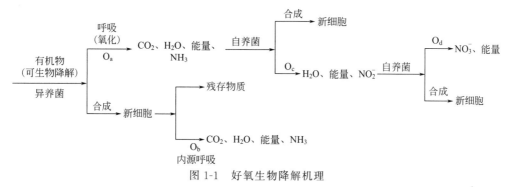

图1-1　好氧生物降解机理

O_a—异氧菌好氧分解有机物所需氧量；O_b—异养菌内源呼吸分解自身细胞内有机物所需氧量；

O_c—自养菌亚硝化所需氧量；O_d—自养菌硝化所需氧量

有机物的生化需氧量与温度、生化培养时间有关。在一定范围内，水温越高，微生物活力越强，有机物因降解而消耗得越快，需氧量越大；时间越长，微生物降解有机物的数量越大，深度越深，需氧也越多。为保证测定结果有可比性，实测生化需氧量时，规定温度为20℃。在20℃环境中，有机物基本完成第一阶段的氧化降解过程一般需要20d左右，其需氧量用BOD_{20}表示，被视为完全生化需氧量（L_a）。实际测定时，20d分析周期太长，一般采用5日生化需氧量（BOD_5）。对于不同废水来说，其BOD_{20}与BOD_5数值差异很大，但对同一种废水来说，比值相对固定，如生活污水的BOD_5与BOD_{20}比值为0.7左右。因此，多数国家规定20℃时5d生化培养测定的BOD_5作为废水的有机物浓度指标。

BOD_5基本上能反映废水中可被微生物氧化降解的有机物的量，但当废水中含大量难生物降解的有机物时，或废水中存在抑制微生物生长繁殖的物质时，测定误差较大，而且每次测定需5d，不能迅速及时地指导实际工作。

1.2.1.3　化学需氧量（COD）

在酸性条件下，用强氧化剂将有机物氧化为CO_2、H_2O所消耗的氧量称为化学需氧量（mg/L）。这些氧化剂的氧化能力很强，能较完全地氧化水中绝大部分有机物和无机还原性物质（但不包括硝化所需的氧量）。氧化剂为重铬酸钾时，称为COD_{Cr}；氧化剂为高锰酸钾时，称为COD_{Mn}。通常情况下：$COD_{Cr}>BOD_{20}>BOD_5>COD_{Mn}$。

COD能在较短时间内精确测出，能较为客观地反映废水被有机物和无机还原性物质污染的状况与危害程度，但无法说明废水中可被微生物氧化降解的有机物污染的状况。

1.2.1.4　营养性污染物

废水中所含的氮、磷是植物和微生物的主要营养物质。如果这类营养性污染物大量进入湖泊、河口、海湾等缓流水体，就会引起水体富营养化。水体富营养化是指藻类及其他浮游生物迅速繁殖，水体溶解氧量下降，水质恶化，鱼类及其他生物突然大量死亡的现象。水体出现富营养化时，浮游生物猛增，由于占优势的浮游生物颜色不同，水面常呈现蓝色、红色、棕色、乳白色等颜色。这种现象发生在江河湖泊中称为水华，发生在海中则叫作赤潮。

1.2.1.5　有毒有害物质

废水中对生物体引起毒性反应的化学物质都是有毒污染物。有毒污染物会引起水体突发性与累积性的污染，毒害人类与其他生物体，危害极大，而且往往短期内难以消除污染，所以被列为污染评价中的重要水质指标。各类水质标准都对主要的毒物规定了严格的限量指标。废水中有毒污染物分为无机化学毒物、有机化学毒物和放射性物质3类。

（1）无机化学毒物

无机化学毒物包括金属和非金属及其化合物两类。金属毒物主要是汞、铬、铝、铅、锌、镍、铜、钴、锰、铁、钒、锡、镁等元素的离子或化合物。众所周知，前四种金属的危害极大。如汞进入人体后转化为甲基汞，在脑组织中累积，破坏神经功能，无药可治，直至严重发作而死亡等。金属毒物不被微生物降解，只能在不同形态间相互转化、分散。其毒性以离子态存在时最为严重，又易被配位体配合或被带负电荷的物体吸附，随波逐流而四处迁移，并不一定都富集于排污口下游的底泥中。金属毒物常被生物富集于体内，富集倍数可达几百至上千倍，又通过饮水与食物链，最终毒害人体。重金属进入人体后，能与生理高分子物质作用而使之失去活性；也可能积累在某些器官中，导致人体慢性中毒，有时造成的危害长达10～20年才显露，严重的会突发致病，导致死亡。

非金属毒物主要有砷、硒、氰、氟、硫、亚硝酸根等。如砷中毒时引起中枢神经紊乱，诱发皮肤癌。水产品都或多或少地从海水与海底淤泥污染了砷。亚硝酸盐在人体内能与仲胺生成亚硝胺，亚硝胺是强烈的致癌物质。许多毒物元素往往又是生物体必需的微量营养元素。因此，控制水体中非金属元素的限量至关重要。

（2）有机化学毒物

有机化学毒物主要是指酚、苯、硝基物、氨基物、有机农药、多氯联苯、多环芳烃等有机化合物。这些物质中有些物质具有较强的毒性，如多氯联苯与多环芳烃都具亲脂性，易溶于脂肪与油类中，都是致病物质。又如有机氯农药具有很好的化学稳定性，在自然界中的半定期长达十几年以上，又会通过食物链在人体中富集，严重危害人体健康。再如 DDT 蓄积于鱼脂中，其浓度可比水体中的高 12500 倍左右。

（3）放射性物质

放射性物质是指具有放射性核素的物质。这类物质通过自身衰变放射出 X、α、β、γ 射线及质子束等。废水中的放射性物质主要来自铀、镭等放射性物质和稀土的提纯生产与使用过程。如以核能为动力的企业、稀土冶炼厂、矿物冶炼厂等都会产生一定量的放射性污染的废水，浓度一般较低，主要引起慢性辐射和后期效应。放射性物质进入人体后会继续放出射线，危害机体，诱发癌症和贫血，还对孕妇和婴儿产生遗传性伤害。

1.2.2　工业废水的可生化性

1.2.2.1　有机废水处理的可生化性

废水的可生化性（biodegradability）也称废水的生物可降解性，即废水中有机污染物被生物降解的难易程度，其实质是指废水中所含的污染物通过微生物的生命活动来改变污染物的化学结构，从而改变污染物的化学和物理性能所能达到的程度。可生化性是废水的重要特征指标之一。

废水的可生化性主要取决于废水所含的有机物，一些易被微生物分解、利用，还有一些不易被微生物降解，甚至对微生物的生长产生抑制作用，这些有机物质的生物降解性质以及在废水中的相对含量决定了该种废水采用生物法处理的可行性及难易程度，还反映了处理过程中微生物对有机污染物的利用速度。

废水的可生化性受到多种因素的影响。一些有机物在低浓度时毒性较小，可以被微生物所降解，但在浓度较高时，则表现出对微生物的强烈毒性，常见的酚、氰、苯等物质即是如此。废水中常含有多种污染物，这些污染物在废水中混合后可能出现复合、聚合等现象，从而增大其抗降解性。有毒物质之间的混合往往会增大毒性作用，因此，对水质成分复杂的废水不能简单地以某种化合物的存在来判断废水生化处理的难易程度，所接种的微生物的种属是极为重要的影响因素。pH 值、水温、溶解氧、重金属离子等环境因素对微生物的生长繁殖及污染物的存在形式有影响，因此，这些环境因素也间接地影响废水中有机污染物的可降解程度。

确定处理对象废水的可生化性，对于废水处理方法的选择和确定生化处理工段进水量、有机负荷等重要工艺参数具有重要的意义，对于处理工艺的设计十分重要。

1.2.2.2　可生化性的评价方法

可生化性的判定方法可以分为好氧呼吸参量法、微生物生理指标法、模拟实验法等。

（1）好氧呼吸参量法

在微生物对有机污染物的好氧降解过程中，除化学需氧量（chemical oxygen demand，COD）、生化需氧量（biological oxygen demand，BOD）等水质指标的变化外，

同时伴随着 O_2 的消耗和 CO_2 的生成。好氧呼吸参量法就是利用上述事实，通过测定 COD、BOD 等水质指标的变化以及呼吸代谢过程中的 O_2 或 CO_2 含量（或消耗、生成速率）的变化来确定某种有机污染物（或废水）可生化性的判定方法。根据所采用的水质指标，主要可分为水质指标评价法、微生物呼吸曲线法。

1）水质指标评价法　BOD_5 与 COD_{Cr} 比值法是最经典也是目前最为常用的一种评价废水可生化性的水质指标评价法。BOD_5 直接代表废水中可生物降解的有机物，COD_{Cr} 代表废水中有机污染物的总量，BOD_5 与 COD_{Cr}（或简写为 B/C）的比值体现了废水中可生物降解有机物占总有机物的比例，可作为废水是否采用生化法处理的重要衡量指标，比值越大，废水越容易被生化处理，效果也越好。

一般认为，$BOD_5/COD_{Cr} < 0.3$ 的废水属于难生物降解废水，在进行必要的预处理之前不宜采用好氧生物处理；而 $BOD_5/COD_{Cr} > 0.3$ 的废水属于可生物降解废水。

在各种有机污染指标中，总有机碳（TOC）、总需氧量（TOD）等指标与 COD 相比，能够更为快速地通过仪器测定，且测定过程更加可靠，可以更加准确地反映出废水中有机污染物的含量。近年来，国外多采用 BOD/TOD 及 BOD/TOC 的值作为废水可生化性的判定指标。

2）微生物呼吸曲线法　微生物呼吸曲线（图 1-2）是以时间为横坐标，以生化反应过程中的耗氧量为纵坐标作图得到的一条曲线，曲线特征主要取决于废水中有机物的性质。测定耗氧速度的仪器有瓦勃氏呼吸仪和电极式溶解氧测定仪。当微生物进入内源呼吸期时，耗氧速率恒定，耗氧量与时间呈正比，在微生物呼吸曲线上表现为一条过坐标原点的直线，其斜率即表示内源呼吸时的耗氧速率。

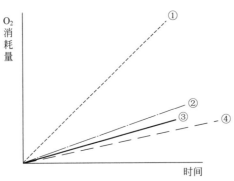

图 1-2　微生物呼吸曲线

图 1-2 中曲线③为不加呼吸基质（被测废水）的呼吸反应，即属微生物的内源呼吸反应。当被测废水得到了如①那样的曲线时，说明该废水中含有较多的有机物质并且能被微生物作为呼吸基质来利用，故得到了一条较高于曲线③的曲线。当被测废水得到的曲线是类似②的曲线时，说明废水中能被微生物利用的物质不多，故只是得到了一条稍高于曲线③的曲线，说明该废水不宜做生化处理。当被测废水得到的是一条低于曲线③的曲线时（曲线④），则说明该废水中含有一些能对微生物进行抑制或毒害的物质，从而抑制了微生物的正常呼吸作用，故得到一条低于曲线③的曲线，这种废水当然不能做

生化处理。因此，通过微生物对废水的呼吸反应的测定，就能快速、简便地测出某种废水的可生化性程度。

该判定方法与其他方法相比，操作简单、实验周期短，可以满足大批量数据的测定。但用该法评价废水的可生化性时，必须对微生物的来源、浓度、驯化和有机污染物的浓度及反应时间等条件做严格的规定。

（2）微生物生理指标法

微生物与废水接触后，利用废水中的有机物作为碳源和能源进行新陈代谢，微生物生理指标法就是通过观察微生物新陈代谢过程中重要的生理生化指标的变化来判定该种废水的可生化性。目前可以作为判定依据的生理生化指标主要有脱氢酶活性、三磷酸腺苷（ATP）。

1）脱氢酶活性指标法　微生物对有机物的氧化分解是在各种酶的参与下完成的，其中脱氢酶起着重要的作用，即催化氢从被氧化的物质转移到另一物质。由于脱氢酶对毒物的作用非常敏感，当有毒物存在时，它的活性（单位时间内活化氢的能力）下降。因此，可以将脱氢酶活性作为评价微生物分解污染物能力的指标。如果在以某种废水（有机污染物）为基质的培养液中生长的微生物脱氢酶的活性增加，则表明微生物能够降解该种废水（有机污染物）。

2）三磷酸腺苷（ATP）指标法　微生物对污染物的氧化降解过程实际上是能量代谢过程，微生物产能能力的大小直接反映其活性的高低。三磷酸腺苷（ATP）是微生物细胞中储存能量的物质，因此，可通过测定细胞中 ATP 的水平来反映微生物的活性程度，并作为评价微生物降解有机污染物能力的指标。如果在以某种废水（有机污染物）为基质的培养液中生长的微生物 ATP 的活性增加，则表明微生物能够降解该种废水（有机污染物）。

此外，微生物生理指标法还有细菌标准平板计数法、DNA 测定法、INT 测定法、发光细菌光强测定法等。

虽然目前脱氢酶活性、ATP 等测定都已有较成熟的方法，但由于这些参数的测定对仪器和药品的要求较高，操作也较复杂，因此，目前微生物生理指标法主要还是用于单一有机污染物的生物可降解性和生态毒性的判定。

（3）模拟实验法

模拟实验法是指直接通过模拟实际废水处理过程来判断废水生物处理可行性的方法。根据模拟过程与实际过程的近似程度，可以大致分为培养液测定法和模拟生化反应器法。

1）培养液测定法　又称摇床试验法，具体操作方法是：在一系列锥形瓶内装入以某种污染物（或废水）为碳源的培养液，加入适当 N、P 等营养物质，调节 pH 值，然后向瓶内接种一种或多种微生物（或经驯化的活性污泥），将锥形瓶置于摇床上进行振荡，模拟实际好氧处理过程，在一定阶段内连续监测锥形瓶内培养液物理外观（浓度、颜色、臭和味等）上的变化、微生物（菌种、生物量及生物相等）的变化以及培养液各项指标（pH 值、COD 或某污染物浓度）的变化。

2）模拟生化反应器法　模拟生化反应器法是在模型生化反应器（如曝气池模型）中进行的，通过在生化模型中模拟实际污水处理设施（如曝气池）的反应条件，如 MLSS 浓度、温度、DO、F/M 的值等，来预测各种废水在污水处理设施中的去除效果及各种因素对生物处理的影响。由于模拟实验法采用的微生物、废水与实际过程相同，而且生化反应条件也接近实际值，从水处理研究的角度来说，相当于实际处理工艺的小试研究，各种实际出现的影响因素都可以在实验过程中体现，避免了其他判定方法在实验过程中出现的误差。

1.3　工业废水调查

一般来说，一个废水处理厂（站）所需的基本设计信息如下。

① 废水的来源和组成。

② 废水的水质水量。

③ 废水本身及其中所含有用物质的回收利用的可能性，节约用水的措施。

④ 由于开工停工、事故性溢流或者其他冲击性负荷而导致废水处理系统出现过负荷情况发生的概率和严重程度。

⑤ 由于处理（生产）工艺的改进而引起水质水量的变化。

⑥ 涉及不易控制事件例如暴雨时水质水量的变化。

1.3.1　调查的前期准备

在工业废水前期准备中，首先要明确目标，有明确方向的调查可以提高工程方案的可实践性。一般情况下，工业废水前期调查的目的是确定废水的各种组成和成分，取得有代表性的样品，同时考虑未来可能存在的污染源和可能存在的潜在问题，具体如下。

① 确定主要的污染源，有机的和无机的，并加以分类。

② 了解各车间废水的排放情况和流量变化，对主要的收集系统进行分类。

③ 在以下 2 种情况下，确定废水的排放情况：a.考虑到处理系统中可能含有的高浓度毒物；b.考虑到产品回收利用的潜在可能性。

同时，还需深入了解类似工业废水的特性和类似工业废水的实践工程，使得对所要调查的工业废水具有一定的感性认识，为以后开展的调查工作打下良好的基础。

1.3.2　工业废水的水质监测

1.3.2.1　样品的采集

（1）采样点的定位

采样点的定位是建立在取得各适用范畴的特征数据的基础上的，没有特定的规律可循，但是以下几点对采样点的定位均有一定的影响。

① 可达性。

② 潜在的水量变化。

③ 废水支流的加入。

④ 废水的混合均匀性。

（2）采样的时间与频率

（3）样品体积的要求

（4）采样方法

① 瞬间水样。从水体中不连续地随机（就时间和地点而言）采集的样品称为瞬间水样。

② 混合水样。在同一采样点上以流量、时间、体积为基础，按照已知比例（间歇的或连续的）混合在一起的样品称为混合水样。

③ 综合水样。为了某种目的，把从不同采样点同时采得的瞬间水样混合为一个样品（时间应尽可能接近，以便得到所需的数据），这种混合样品称为综合水样。

1.3.2.2　水样的保存和管理

（1）水样的保存

不同水质的工业废水水样，从采集完成到分析测定，环境条件会发生改变，微生物代谢活动和化学作用也会产生影响，引起水样某些物理参数及化学组分的变化。因此，当不能及时运输或尽快分析时，应根据监测项目要求采取适宜的保存措施。水样保存时间要求见表1-1，常用水质保存剂及应用范围见表1-2。

表 1-1　水样保存时间　　　　　　　　　　　单位：h

水样类别	清洁	轻污染	重污染
保存时间	72	24	12

表 1-2　常用水质保存剂及应用范围

保存剂	作用	测定对象
氯化汞	抑制细菌	氮、磷
硝酸	溶解金属，防止沉淀	各种金属
硫酸	抑制细菌，与有机碱成盐	COD、油分、有机磷、氨、胺类
氢氧化钠	与挥发性化合物成盐	氰化物、有机酸类
冷冻	抑制细菌，减缓化学反应速度	酸碱度、有机物、BOD、色度、臭、有机磷、有机氮、碳

（2）水样的预处理

根据测试项目及水样水质，水样的预处理一般可进行澄清、过滤、消解、浓缩、脱色等。

1.3.2.3　水样的分析

工业废水检测主要包括企业工厂在生产工艺过程中排出的废水及厂区污水。

工业废水检测的主要项目如下。

（1）工业废水

pH 值、COD_{Cr}、BOD_5、石油类、表面活性剂、氨氮、色度、总砷、总铬、六价铬、铜、镍、镉、锌、铅、汞、总磷、氯化物、氟化物等。

（2）生活污水

pH 值、色度、浑浊度、臭和味、肉眼可见物、总硬度、总铁、总锰、硫酸物、氯化物、氟化物、氰化物、硝酸盐、细菌总数、总大肠杆菌、游离氯、总镉、六价铬、汞、总铅等。

思考题与习题

1. 简述水质指标在水体污染控制、污水处理工程设计中的作用。

2. 分析总固体、溶解性固体、悬浮性固体及挥发性固体指标之间的相互联系，画出这些指标的关系图。

3. 生化需氧量、化学需氧量、总有机碳和总需氧量指标的含义是什么？分析这些指标之间的联系与区别。

4. 简述废水可生化性及其评价方法。

参考文献

[1] 高廷耀，顾国维，周琪. 水污染控制工程(下册). 北京：高等教育出版社，2015.

[2] 唐受印，等. 废水处理工程. 第2版. 北京：化学工业出版社，2004.

[3] 张自杰，等. 排水工程（下册）. 第4版. 北京：中国建筑工业出版社，2000.

[4] 王国华，等. 工业废水处理工程设计与实例. 北京：化学工业出版社，2004.

[5] 邹家庆. 工业废水处理技术. 北京：化学工业出版社，2003.

[6] 中国水利部. 2016中国水资源公报.

[7] 赵庆良，等. 特种废水处理技术. 哈尔滨：哈尔滨工业大学出版社，2004.

第 2 章 | 工业废水处理技术

2.1 概述

工业废水包括生产废水和生产污水，是指工业生产过程中产生的废水和废液，其中含有随水流失的工业生产用料、中间产物、副产品以及生产过程中产生的污染物。

工业废水的处理原则如下。

① 优先选用无毒生产工艺代替或改革落后生产工艺，尽可能在生产过程中避免或减少有毒有害废水的产生。

② 在使用有毒原料以及产生有毒中间产物和产品的过程中，应严格操作、监督，消除滴漏，减少流失，尽可能采用合理的流程和设备。

③ 含剧毒物质废水，如含有一些重金属、放射性物质、高浓度酚、氰的废水应与其他废水分流，以便处理和回收有用物质。

④ 流量较大而污染较轻的废水，应经适当处理后循环使用，不宜排入下水道，以免增加城市下水道和城市污水处理负荷。

⑤ 类似城市污水的有机废水，如食品加工废水、制糖废水、造纸废水，可排入城市污水系统进行处理。

⑥ 一些可以生物降解的有毒废水，如酚、氰废水，应先经处理后按允许排放标准排入城市下水道，再进一步生化处理。

⑦ 难以生物降解的有毒废水应单独处理，不应排入城市下水道。

工业废水处理的发展趋势是把废水和污染物作为有用资源回收利用或实行闭路循环。污水处理按照其作用可分为物理法、化学法、物理化学法和生物法 4 种。

（1）物理法

主要利用物理作用分离污水中的非溶解性物质，在处理过程中不改变污水的化学性质。常用的有调节、离心、过滤等。物理法处理构筑物较简单、经济，用于村镇水体容量大、自净能力强、污水处理程度要求不高的情况。

（2）化学法

是利用化学反应作用来处理或回收污水中溶解物质或胶体物质的方法。常用的有中和法、化学沉淀法、臭氧氧化法、电解法等。化学处理法处理效果好、费用高，多用来对生化处理后的出水做进一步处理，提高出水水质。

（3）物理化学法

水或废水中的污染物在处理过程或自然界的变化过程中，通过相转移作用而达到去除的目的，这种处理或变化工程称为物理化学过程。污染物在物理化学过程中可以不参与化学变化或化学反应，直接从一相转移到另一相，也可以经过化学反应后再转移，因此，在物理化学处理过程中可能伴随着化学反应，但不一定总是伴随化学反应。常见的物理化学处理方法有混凝、气浮、吸附、离子交换等。以下的章节将详细介绍这 4 种方法。

（4）生物法

利用微生物的新陈代谢功能，将污水中呈溶解或胶体状态的有机物分解氧化为稳定的无机物质，使污水得到净化。常用的有好氧活性污泥法、生物膜法和厌氧生物法。生物法处理程度比物理法要高。

2.2　工业废水的物理处理

水处理系统的工艺流程及具体设施、设备都是按照某一确定的水质、水量设计的，需要在较为稳定的工艺参数指标（如处理水量、初始浓度、pH 值等）下运行。偏离了所允许的工艺参数指标范围，处理系统的正常运行会受到影响，预期的净化效率也就无法实现。

从污染源排放的废水通常具有污染物成分复杂、水质和水量波动大的特点。例如，工业废水的水质、水量与生产班次安排及生产工序过程有直接的关系，在一天甚至一个班次内都可能发生很大的变化。此外，水质、水量稳定的废水也会存在不符合工艺净化原理所要求的水质的问题。因此，为保证处理系统在最佳工艺条件下运行，必须采取一定的技术措施对原始废水进行物理处理，有针对性地解决原水水质、水量等与处理工艺要求之间的矛盾，使之在进入核心处理单元之前达到满足工艺设计所要求的允许波动范围，从而使处理系统能够在适宜的工况条件下正常、高效地运行，充分发挥其净化处理作用。工业废水的物理处理包括调节、离心和过滤等。

2.2.1　调节

废水的水质和水量并不总是恒定均匀的，往往随着时间推移而变化，生活污水随生活作息规律而变化，工业废水的水质水量随生产过程而变化。水质水量的变化使处理设备不能在最佳工艺条件下进行，严重时使设备无法正常运行，为此要设置调节池，进行水质水量的调节。调节功能包括水质调节、水量调节、水温调节、酸碱调节、间歇式调节、事故调节等几个方面。

2.2.1.1　调节池的位置

水质、水量调节是通过设置调节池实现的。根据主要调节功能可把调节池分为水量调节池、水质调节池和水质水量调节池 3 类。筛滤作用则是通过格栅和筛网完成的。

格栅（筛网）一般位于流程前端。而调节池在流程上的设置主要有以下 2 种：a.线内设置，即调节池设在流程线内，如图 2-1 所示；b.线外设置，即调节池设在旁通线上，如图 2-2 所示。

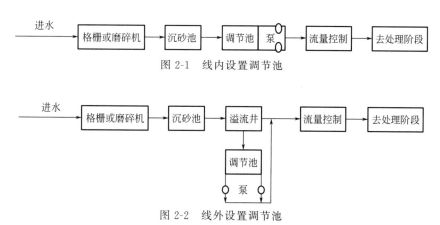

图 2-1　线内设置调节池

图 2-2　线外设置调节池

线内设置调节池调节效果最好，但受进水管高程限制，一般埋深较深，施工和排泥较困难，当进水管埋深较浅时，较为适用；线外设置调节池不受进水管高度限制，一般为半地下式，施工和排泥较方便，常用于对城市及工业污水处理的雨水（暴雨）量进行调节。

2.2.1.2　水量调节

水量调节池也称为均量池，它的作用只是调节水量，只需设置简单的水池，保持必要的调节池容积并使出水均匀即可。

（1）水量调节池的作用和形式

水量的变化会给水处理设备带来不少困难，使其无法处于最优的稳定运行状态。水量的波动越大，过程参数越难控制，处理效果越不稳定，严重时会使处理设备短时无法工作，甚至遭到破坏。因此，应在废水处理系统之前设置调节池，对水量进行调节，以保证废水处理设备的正常运行。调节池的设置对后续处理设施的处理能力、设备容积、基建投资、运行费用等都有较大的影响。

水量调节池的特点是池中水位随时间而变化，有时也称为"变水位均衡"。水量调节池主要起均化水量的作用，因此池中一般不设减半装置。

水量调节池的结构如图 2-3 所示。进水一般为重力流，出水管设在池底部，以保证最大限度地利用有效容积。水量调节池可以分为出水需要提升和出水不需要提升 2 种，在有地面高差可以利用时出水可以不用提升。池中设计最高水位不能高于进水管的设计水位，最低水位可按排水泵站的要求设计。池内水深一般为2m左右。

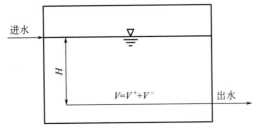

图 2-3 水量调节池的结构

（2）水量调节池容积的确定

水量调节池的容积根据废水流量的变化规律来确定。主要有计算法和图解法 2 种。

1）计算法 如果废水的产生有明确的周期性，在一个生产周期 T 内，根据其水量变化，可分为若干时段 t_i，每个时段内水量波动不大。废水平均流量 Q_O（m³/h）按下式计算：

$$Q_O = \frac{\sum\limits_{t_i=0}^{T} q_i t_i}{T}$$

式中，q_i 为 t_i 时段内废水的平均流量，m³/h；t_i 为时段，h；T 为生产周期，h，等于 t_i 之和。

2）图解法

① 日流量变化曲线。要确定水量调节池的容积，首先要了解污水流量的变化规律，一般以污水流量在一日之内的逐时变化情况作为基础。先分别测定一日之内每小时的平均废水流量，然后把一日之内逐时的平均流量与时间的变化规律绘成曲线（即日流量变化曲线），如图 2-4 所示。根据这一曲线，便可以确定每日所需处理的总污水量和平均流量。为了消除偶然情况的影响，使作图的数据具有实际代表性，应测出数日内的逐时数据，然后取其平均值作图。

② 进水、出水及存水累积曲线。图中包括进水、出水及池内水量变化 3 条曲线，如图 2-5 所示。用此图中的曲线可以算出水量调节池所需的最小容积，并可得出任一时刻池中的存水量。

以累积水量为纵坐标，以一日内时刻为横坐标，则可按图 2-4 所示的日流量变化曲线作出进水累积曲线①（图 2-5），图中点 A 即表示一日内的累积总进水量（即一日内某单位总的废水排放量）。以图中左下角（起始时刻进水为零）为起点到点 A 的直线即表示污水经调节后均匀出水的累积规律，即曲线②。曲线①和曲线②在一日内所表示的总进水量和总出水量是相等的（在本例中为 1465m³/d）。但 0:00 至 24:00 之间的大多数时刻进出调节池的水量是不相等的，而出水流量却始终是恒定的。因此，由于进、出水流量不相等，在一日之内的任一时刻，进、出水水量之间都会出现偏差。由曲线①和曲线②可见，在约 14:00 以前，进水累积水量小于出水累积水量，这段时间调节池内必

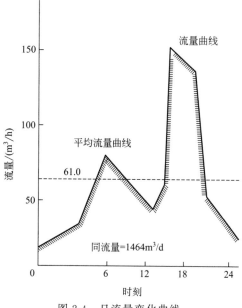

图 2-4　日流量变化曲线

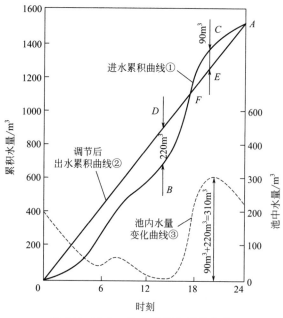

图 2-5　进水、出水及存水累积曲线

须预先存有足够的水弥补进水量的不足，以保证按平均流量均匀出水，这种在某一时刻进水量不足以保证均匀出水量的累积数称为"负偏差"。显然，在进水流量等于均匀出水流量之前，负偏差将越来越大，直至进水流量等于均匀出水流量时（此时曲线①的切线平行于曲线②），负偏差才不会继续增大。为了保证在负偏差最大时调节池也可以均匀出水，则在进水的起始时刻，池子的容积至少必须保证池内存有恰好等于最大负偏差的水量。该水量求法如下：作与日均流量线平行并与进水累积曲线相切的直线，过切线作纵轴的平行线与进水累积曲线相交，则切线与交点之间的距离在纵坐标上所代表的体积（图中线段 BD）就是最大负偏差的水量，用 V^- 表示。

在造成最大负偏差以后，进水量已大于均匀出水流量，这时累积进水量将会逐渐增加，并可能在中途等于均匀累积出水量（本例中 F 点，即曲线①、曲线②的交点），此时偏差为零，池内存水则恢复到进水起始时刻（零点）的水平，如此时刻以后进水流量仍大于出水流量，则池中累积的水量将超过池内原有的等于最大负偏差的水量，因此，池子的容积还需增加。这种在某一时刻进水量大于出水量的累积数称为"正偏差"，用 V^+ 表示。显然池子容积还应增加的体积等于最大正偏差。最大正偏差的求法同最大负偏差（图中线段 EC）。因此，调节池的最小容积 V 可用下式计算：

$$V = V^- + V^+$$

据上式，本例调节池的最小容积为：

$$V = (220 + 90)m^3 = 310m^3$$

图 2-5 中池内水量变化曲线③的绘制方法如下：在起始时刻，池中应有等于最大负偏差的存水（按本例为 $220m^3$），以后任一时刻，池中水量等于起始时刻的水量减去出水曲线②与进水曲线①之间的偏差，用 II_i 表示任一时刻出水的累积量，I_i 表示任一时刻进水的累积量，则池中任一时刻的存水量 W_i 可用下式计算。

$$W_i = V - (\mathrm{II}_i - \mathrm{I}_i)$$

例如，在午夜 0:00 $W_i = V^- - 0 = V^- = 220m^3$

在 6:00 $W_i = 220m^3 - (360 - 200)m^3 = 60m^3$

在 21:00 $W_i = 220m^3 - (1200 - 1290)m^3 = 310m^3$

在约 17:30 和 24:00 $W_i = 220m^3 - 0 = 220m^3$

将计算出的各个时刻的池内水量值绘成曲线，即池内水量变化曲线③。为使水量调节池的容量能充分利用，水位变化幅度应从最大正、负偏差之和所显示的水位到零。很显然，如果达到最大负偏差时，池中仍有相当的蓄水，则这部分蓄水所占的容积是不必要的。在实际工程中，应留有余地，在最大负偏差时可留有适当的容积。

以上做法在理论上是合理的，但在实际设计中选用的调节池容积还应视实际情况留有余地，通常是将计算出的调节池容积乘以 $1.1 \sim 1.2$ 的系数。当废水流量变化无规律时，则调节池容积应根据实际情况凭经验确定。

2.2.1.3 水质调节

水量调节一般不考虑污水的混合，故出水虽具有均匀的流量但浓度仍然有可能是变化的，仍不能保证后续处理工艺在稳态下工作，因此有时还需要对水质进行调节。水质调节使废水在浓度和组分上的变化得到均衡，这不仅要求调节池有足够的容积，而且要求在水池调节周期内不同时间的进出水水质均和，以使在不同时段流入池内的废水都能达到完全混合的目的。

（1）水质调节池的作用和形式

水质调节池也称均质池，它具有下列作用：a.减少或防止冲击负荷对处理设备的不利影响；b.使酸性废水和碱性废水得到中和，使处理过程中的 pH 值保持稳定；c.调节水位；d.当处理设备发生故障时，可起到临时的事故储水池的作用。

水质调节是采用某种方法使不同水质的水相互混合，常用的有水力混合和动力混合 2 种方法。

1）水力混合 水力混合是依靠调节池的特殊构造所形成的水流，使不同时刻进入调节池的污水同时流出调节池，取得随机均质的效果。因此，水力混合调节池也称为异程式调节池，它有不同的布置方式，常见的有同心圆平面布置、矩形平面布置和方形平面布置方式，如图 2-6 所示。

异程式调节池中废水进入调节池后，由于调节池的结构特殊，可以使同时进入的水经过不同的时间流到出水槽，从而达到不同浓度废水混合的目的。为防止水流在池内短路，可在池内设置若干块隔板。对于体积较小的调节池，可在池底设置沉渣斗，定期排除沉淀物。

水质调节池常设有大量隔板，在水流较清时能够保证均质作用，但当污水含杂质多时就存在维护问题，根据实验及实践经验，在正方形及其他形式规模较小的水质调节池中，隔板可以取消，仍有明显的均质效果。这种混合不另外消耗能量，运行费用低。但此种方法混合效果较差，混合设施结构比较复杂，施工困难。

当污水含杂质较多时，宜在均质池前设置沉淀池，以保证均质池的运行。我国近年也有将沉淀池与均质池相结合的做法。在这种池中，均质作用主要靠池侧的沿程进水，使同时进池的污水转变为前后出水，达到与不同时刻的污水混合的目的。池中设泥斗和刮泥机，与一般沉淀池相同。根据运行实测结果看，均质效果也相当好。

2）动力混合 动力混合是在调节池内增设空气搅拌、机械搅拌、水力搅拌等设备或装置。这类设备的混合效果较好，但需消耗动力。常用的混合方式有水泵混合、曝气混合和机械搅拌混合 3 种。

水泵混合如图 2-7（a）所示。此种方式简单易行，效果好；缺点是动力消耗较大，成本高。

曝气混合如图 2-7（b）所示。在池底或池一侧装设空气曝气管，不仅可以起混合作用，而且可防止 SS 沉积，还可起到预曝气或预除臭的作用，此外还有利于对某些有害气体（如 SO_2 等）进行吹脱。一般曝气混合调节池的空气用量为 $1.5\sim3m^3/(m^2\cdot h)$，有效水深为 $1.5\sim2m$。有的调节池由 2 个或 3 个池子组成，池底装设空气管道，每个池子间歇独立运行，轮流倒用。第一池充满水后，进水流入第二池。第一池内的水用空气搅拌均匀后，用泵抽往后续构筑物，抽空后再循序抽第二池的水，这样虽能调节水量与水质，但基建与运行费均较大。

机械搅拌混合如图 2-7（c）所示。此种方法比较简便，占地小，效果好，但动力消耗大。

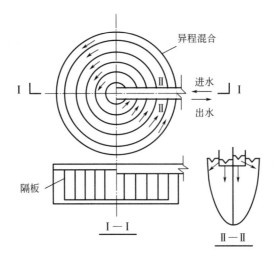

(a) 同心圆平面布置调节池

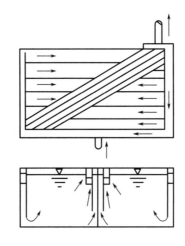

(b) 矩形平面布置调节池

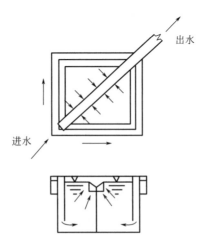

(c) 方形平面布置调节池

图 2-6　水力混合调节池的不同布置形式

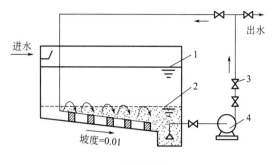

(a) 水泵混合

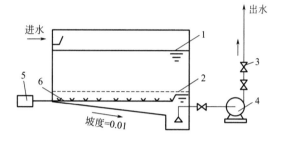

(b) 曝气混合

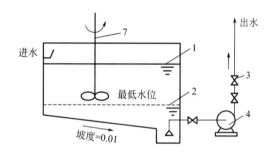

(c) 机械搅拌混合

图 2-7　动力混合方式示意

1—最高水位；2—最低水位；3—阀门；4—泵；5—鼓风机；6—曝气装置；7—机械搅拌装置

曝气混合与机械搅拌混合方式都存在一个共同的问题，即设备、管道易被腐蚀，因此设备维护成本较高，不适于在大型处理厂使用。

（2）水质调节池容积的确定

1）调节容积的确定　在实际工程中，水质调节池容积应当能够容纳水质变化一个周期所排放的全部水量。如水质变化无明显周期，则要根据实际情况测定，此时可参照日流量变化曲线的做法作出日浓度变化曲线。然后按此曲线根据后续处理工艺对进水的要求确定水质调节时间，从而确定水质调节池的容积。从理论上来说，经一定均和周期 T 后，污水的平均浓度可按下式计算：

$$c_m = \frac{\sum\limits_i^n c_i q_i t_i}{QT}$$

式中，c_m 为小试水质调节后污水的平均浓度，mg/L；c_i 为任一测定时段 t_i 内的污水平均浓度，mg/L；Q 为污水平均流量，m^3/h；q_i 为在 t_i 时段内的污水平均流量，m^3/h；t_i 为测定时段，h；n 为测定时段的总数。

如果取样的时段 t_i 是相等的，则上式可写为：

$$c_m = \frac{t}{QT} \sum_{i}^{n} c_i q_i$$

实际工程中（穿孔导流槽式调节池），均质池容积可按下式计算：

$$V = \frac{QT}{1.4}$$

式中，V 为所需水质调节池的容积，m^3；T 为调节时间，h；Q 为污水平均流量，m^3/h；1.4 为经验系数。

2）调节时间的确定 如果废水的水质变化具有周期性，采用的调节时间应等于变化周期。从生产上来说，往往以一个工作班（即 8h）为一个生产周期。实际经验证明，若水质调节池容量按 8h 计算，池容偏大。实际工程中要求达到的均和后的最高允许浓度往往比平均浓度高，即没有必要使废水浓度完全均一。所以计算水质调节池的容积时，其调节时间通常按 4～8h 考虑。

在计算调节池容积时，如果只需要控制出水在某一合适的浓度范围内，可以根据废水浓度的变化曲线用试算的方法确定所需的调节时间。

设废水每小时的流量和浓度分别为 q_1 及 c_1，q_2 及 c_2，…，q_n 及 c_n，先从废水的水量水质变化曲线图表上选择其流量和水质浓度较高的相邻的 2h，求该时段的废水平均浓度：

$$c_1' = \frac{q_1 c_1 + q_2 c_2}{q_1 + q_2}$$

若求出的废水平均浓度 c_1' 小于设计要求达到的均和浓度 c_0，则需要的调节时间为 2h；反之，则再计算比较相邻 3h 的平均浓度值，若符合设计要求，则调节时间为 3h；按上法依次试算，直至符合要求为止。

【例 2-1】 已测得某化工厂废水的平均日水量为 $1000m^3/d$，废水各小时流量及盐酸浓度见表 2-1，如废水后续处理系统要求废水中盐酸浓度不大于 4.4mg/L，试计算所需的水质调节池的容积。

解：① 调节时间的确定。如调节时间取 2h，从表 2-1 的第 6 列可以看出，废水流量和盐酸浓度的高峰期在 12:00～14:00 时段。此 2h 的出水盐酸平均浓度为：

$$c_1' = \frac{q_1 c_1 + q_2 c_2}{q_1 + q_2} = \frac{37 \times 5.7 + 68 \times 4.7}{37 + 68} \text{mg/L} = 5.05 \text{mg/L}$$

调节时间为 2h 时，计算调节池容积。选用方形对角线出水调节池，其容积为：

$$V = \frac{37 + 68}{1.4} m^3 = 75 m^3$$

可见，调节时间为 2h 达不到要求。

表 2-1 某化工厂废水流量及盐酸浓度变化

时段	废水流量/(m³/h)	盐酸浓度/(mg/L)	时段	废水流量/(m³/h)	盐酸浓度/(mg/L)
0:00~1:00	50	3.0	12:00~13:00	37	5.7
1:00~2:00	29	2.7	13:00~14:00	68	4.7
2:00~3:00	40	3.8	14:00~15:00	40	3.0
3:00~4:00	53	4.4	15:00~16:00	64	3.5
4:00~5:00	58	2.3	16:00~17:00	40	5.3
5:00~6:00	36	1.8	17:00~18:00	40	4.2
6:00~7:00	38	2.8	18:00~19:00	25	2.6
7:00~8:00	31	3.9	19:00~20:00	25	4.4
8:00~9:00	48	2.4	20:00~21:00	33	4.0
9:00~10:00	38	3.1	21:00~22:00	36	2.9
10:00~11:00	40	4.2	22:00~23:00	40	3.7
11:00~12:00	45	3.8	23:00~24:00	50	3.1

② 增加调节时间分别进行计算。如调节时间分别取 3h、4h、5h、6h、8h，从表 2-1 的第 3 列和第 6 列可看出，废水流量和浓度的高峰期分别为 11:00~14:00/10:00~14:00、12:00~17:00、12:00~18:00、10:00~18:00，其调节容量及相应的出水加权平均浓度见表 2-2。从表 2-2 中可以看出，该化工厂的水质调节池以调节历时 5h 为宜，此时调节池容积可设计为 177.8m³。

表 2-2 水质调节池历时、容积和出水盐酸浓度

调节时间/h	调节池容积/m³	盐酸浓度/(mg/L)	调节时间/h	调节池容积/m³	盐酸浓度/(mg/L)
8	267.1	4.26	4	135.7	4.58
6	206.4	4.34	3	107.1	4.68
5	177.8	4.36	2	75.0	5.05

2.2.1.4 水质水量调节池

一般工业废水都有水量水质的变化，而水质水量调节池既可均量又能均质，所以工程上一般应采用水质水量调节池，也称均化池。

(1) 水质水量调节池的作用和形式

水质水量调节池应在池中设置搅拌装置。均量和均质在概念上是有区别的，它们的目的也不同。但其综合的作用是使后续的反应过程能在稳定的条件下发生，故均量和均质又是不可分的，所以在工程上存在 2 个流程组合的问题，从而共同组成均化池。均化池上半部为均量（变水位），下半部为均质（常水位），而出水口设在池体的中部。出水口以上为均量的容积（$V_1 = V^+ + V^-$）。这种组合方式占地省，而且水量调节部分也能起一些均和作用，是比较经济合理的，但池深相应要大些。

（2）水质水量调节池容积的确定

如果需要既调节水量又调节水质，调节池的容积可根据废水浓度、水量变化的规律以及要求的调节均和程度来确定。水质水量调节池要保证均量作用，必需满足一定的容积 V_1，而保证水质调节作用也需满足一定的容积 V_2，两者之中取最大者为水质水量调节池的容积。

在一般场合，用于工业废水的调节池，其容积可按 6～8h 的废水水量计算，若水质水量变化大，可取 10～12h 的水量，甚至采取 24h 的水量计算。采用的调节时间越长，废水水质可越均匀，应根据具体条件与处理要求来选定合适的调节时间。

2.2.2 离心

离心分离法是废水物理处理法之一，即利用装有废水的容器高速旋转形成的离心力去除废水中悬浮颗粒的方法。按离心力产生的方式，可分为水旋分离器和离心机两种类型。分离过程中，悬浮颗粒质量按由小到大，受到离心力的作用被分离后，按由外到内分布，通过不同的液体排出口，使悬浮颗粒从废水中分离出来。

2.2.2.1 离心分离原理

物体高速旋转时会产生离心力场，利用离心力分离废水中杂质的处理方法称为离心分离法。废水做高速旋转时，悬浮物颗粒同时受到两种径向力的作用，即离心力和水对颗粒的向心推力。从理论上来说，离心力场中各质点可受到比自身所受重力大数十倍甚至上百倍的离心力作用，因而离心分离的效率远高于重力分离。在离心力场的给定位置上（即该处的质点具有相同的回转半径及角速度），离心力的大小主要取决于质点的质量，因此，当含有悬浮物（或乳化油）的废水受高速旋转产生离心作用时，由于所含杂质和水之间密度的差异，各质点受到的离心力不同，密度大、质量大的质点被甩向外侧，密度小、质量小的质点则会被留在内侧，将分离后的水流通过不同的出口分别排出，即可达到分离处理的目的。

在离心力场中，悬浮颗粒受离心力 F_1 作用向外侧运动的同时，受到水在离心力作用下相对向内侧运动的阻力 F_2。设颗粒和同体积水的质量分别为 m_1、m_2，旋转半径为 r，角速度为 ω，线速度为 v，转速为 n，则颗粒受到的净离心力为：

$$F = F_1 - F_2 = (m_1 - m_2)\omega^2 r = (m_1 - m_2)\frac{v^2}{r}$$

而水中颗粒所受净重力为：

$$F_g = (m_1 - m_2)g$$

离心力场所产生的离心加速度和重力加速度的比值称为分离因素（也称离心强度），并以 Z 表示。Z 的定义如下：

$$Z = \frac{离心加速度}{重力加速度} = \frac{r\omega^2}{g} = \frac{v^2}{rg}$$

将 $\omega = \dfrac{2\pi n}{60}$ 代入上式中，整理可得：

$$Z = \frac{\pi^2 n^2 r}{900g} \approx \frac{n^2 r}{900}$$

分离因素 Z 越大，越容易实现固液分离，分离效果也越好。由上式可知，Z 与转速 n 的平方及旋转半径 r 的一次方呈正比，因此，可通过增大转速 n 和半径 r 提高离心力场的分离强度，且增大转速比增大半径更为有效。

2.2.2.2　离心分离设备

根据产生离心力的方式，离心分离设备可分成水力旋流器和离心分离机 2 种类型。前者是设备本身不动，由水流在设备中做旋流运动而产生离心力；后者则是靠设备本身旋转带动液体旋转而产生离心力。

（1）水力旋流器

水力旋流器的基本分离原理为离心沉降，即悬浮颗粒靠回转流所产生的离心力而进行分离沉降。这种离心分离设备本身没有运动部件，其离心力由流体的旋流运动产生。

水力旋流器又分为压力式和重力式两种。

1）压力式水力旋流器　压力式水力旋流器的结构如图 2-8 所示，旋流器的主体由空心的圆形筒体和圆锥体两部分连接组成。进水口设在圆形筒体上，圆锥体下部为底流排出口，器顶为出水溢流管。

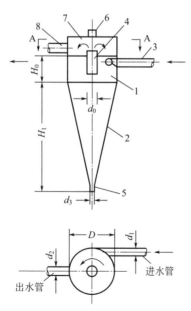

图 2-8　压力式水力旋流器结构

1—圆形筒体；2—圆锥体；3—进水管；4—中心管；

5—排泥管；6—通风管；7—顶盖；8—出水管

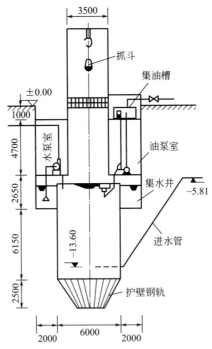

含有悬浮物的废水由进水口沿切线方向流入（进水流速可达 6～10m/s），并沿筒壁做高速旋转流动，废水中粒度较大的悬浮颗粒受惯性离心力作用被甩向筒壁，并随外旋流沿筒壁向下做螺旋运动，最终由底流出口排出；而粒度较小的颗粒所受惯性离心力较小，向筒壁迁移的速度也较慢，当该速度小到随水流向下运动至锥体顶部时仍未到达筒壁，就会在反转向上的内旋流的携带下进入溢流管而随出流排出。如此，含悬浮物的废水在流经水力旋流器的过程中，直接完成固-液分离操作。

压力式水力旋流器分离效率的具体影响因素可划分为结构参数和工艺参数两大类。结构方面的参数主要包括筒体直径、进水口尺寸、溢流管直径及插入深度、底流出口直径、锥角和圆筒筒体部分的高度等；工艺方面的参数则主要是废水浓度、悬浮物颗粒的粒度以及进水压力等。此外，尽管水力旋转器产生的离心力要远大于重力，但重力仍对旋流器的工作效率具有实质性影响，且其影响随水力旋转器进水压力的降低而增大。

2）重力式水力旋流器 重力式水力旋流器也称为水力旋流沉淀池。图 2-9 给出了采用重力式水力旋流器处理含油及重质悬浮物废水的系统构成。

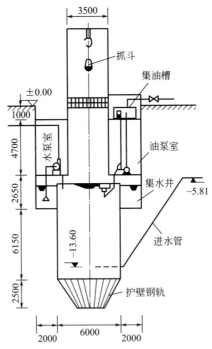

图 2-9　重力式水力旋流器（单位：mm）

废水沿切线方向由进水管进入沉淀池底部，借助于进、出水的压差，在分离器内做旋转升流运动，在离心力和重力的作用下，水中的重质悬浮颗粒被甩向器壁并下滑至底部，由抓斗定期排出；分离处理后的出水经溢流堰进入吸水井中，由水泵排出；分离出的浮油通过油泵抽入集油槽，重力式水力旋流器的表面负荷一般为 25～30m³/(m²·h)，作用水头一般为 0.005～0.006MPa。与压力式水力旋流器相比，重力式水力旋流器能耗低，且可避免水泵及设备的严重磨损，但设备容积大，池体下部深度较大，施工困难。

（2）离心分离机

离心分离机按分离因数 Z 的大小可分为高速离心机（$Z > 3000$）、中速离心机（$Z = 1500 \sim 3000$）、低速离心机（$Z = 1000 \sim 1500$）；按离心机形状可分为过滤离心机、转筒式离心机、管式离心机、盘式离心机和板式离心机等。

1）常速离心机　中、低速离心机统称为常速离心机，在废水处理中多用于污泥脱水和化学沉渣的分离，其分离效果主要取决于离心机的转速及悬浮颗粒的性质，如密度和粒度。在转速一定的条件下，离心机的分离效果随颗粒的密度和粒度的增大而提高，而对于悬浮物性质一定的废水和泥渣来说，离心机的转速越高，分离效果越好。因此，使用时要求悬浮物与水之间有较大的密度差。常速离心机按原理可分为离心过滤和离心沉降两种。

① 间歇式过滤离心机。间歇式过滤离心机属离心过滤式，将要处理的废水加入绕垂直轴旋转的多孔转鼓内，转鼓壁上有很多的圆孔，壁内衬有滤布，在离心力的作用下，悬浮颗粒在转鼓壁上形成滤渣层，而水则透过滤渣层和转鼓滤布的孔隙排出，从而实现了固液的分离，待停机后将滤渣取出，可进行下一批次废水的处理，这种离心机适用于小量废水处理。

② 转筒式过滤离心机。转筒式过滤离心机属离心沉降式，废水从旋转筒壁的一端进入并随筒壁旋转，离心力作用使固体颗粒沉积在筒壁上，固体颗粒中的水分受离心力挤压进入离心液中，过滤分离后的澄清水由另一侧排出，所形成的筒壁沉渣由安装在旋转筒壁内的螺旋刮刀进行刮卸，从而实现悬浮物与水的分离。由于是依靠离心沉降作用进行分离，因此适用的废水浓度范围较宽，分离效率可达 $60\% \sim 70\%$，并且能连续稳定工作，适应性强，分离性能好。

离心分离效果的提高可以通过提高离心机的转速或是增大离心机的直径实现，但由于转速过高时设备会产生振动，而直径过大时设备的动平衡不易维持，因而通常多根据实际情况将两种方法结合使用。例如，小型离心机采用小直径、高转速，而大型离心机则采用大直径、低转速。

2）高速离心机　高速离心机的转速一般大于 3000r/min，有管式和盘式两种，主要用于废水中乳化油脂类、细微悬浮物以及有机分散相类物质（如羊毛脂、玉米蛋白质等）的分离。

2.2.3　过滤

过滤是废水处理的单元操作之一，目的是截留废水中所含的悬浮颗粒，包括胶体粒子、细菌、各种浮游生物、滤过性病毒与漂浮油、乳化油等，从而降低废水的浊度、COD 和 BOD 等。

根据不同的目的，废水处理中过滤的主要作用是：a. 经化学处理或生物处理后的出水，进一步去除废水中的悬浮颗粒和生物絮体，使出水浊度大幅降低；b. 进一步降低出水的有机物含量，对重金属、细菌、病毒也有很高的去除率；c.去除化学除磷时产生的沉淀；d.废水活性炭处理或离子交换之前的预处理，可提高后续处理设施的安全性和处理效率；e.进一步去除水中的污染物质，可减少后续的杀菌消毒费用。

过滤的种类有很多，下面介绍格栅和筛网过滤及粒状介质过滤（深层过滤）。

2.2.3.1 格栅和筛网过滤

（1）格栅的作用

格栅由一组或数组平行的金属栅条、塑料齿钩或金属筛网、框架及相关装置组成，倾斜安装在污水渠道、泵房集水井的进口处或工业废水处理厂的前端，用来截留污水中较粗大的漂浮物和悬浮物，如纤维、碎皮、毛发、果皮、蔬菜、木片、布条、塑料制品等，防止其堵塞和缠绕水泵机组、曝气器、管道阀门、处理构筑物配水设施、进出水口，减少后续处理产生的浮渣，保证工业废水处理设施的正常运行。

格栅设计的主要参数是确定栅条间隙宽度。栅条间隙宽度与处理规模、污水的性质及后续处理设备的选择有关，一般以不堵塞水泵和工业废水处理厂的处理设备，保证整个工业废水处理系统能正常运行为原则。

（2）格栅的种类

按栅条净间隙，格栅可分为粗格栅（50～100mm）、中格栅（10～50mm）和细格栅（1.5～10mm）3种。

按形状，格栅可分为平面格栅和曲面格栅。平面和曲面格栅都可做成粗、中、细3种。

平面格栅由栅条与框架组成，基本形式见图2-10，安装方式见图2-11，基本参数与尺寸包括宽度B、长度L、栅条间隙b和d、栅条间净间距e，可根据污水渠道、泵

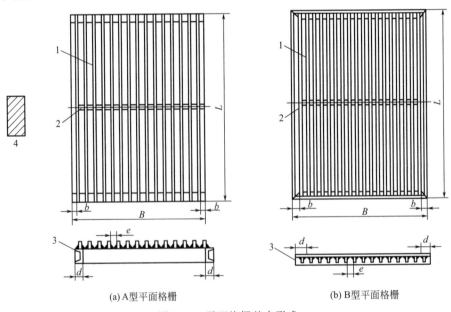

(a) A型平面格栅　　　　　　　　　(b) B型平面格栅

图 2-10　平面格栅基本形式

1—栅条；2—横向肋条；3—框架；4—栅条断面

房集水井进口尺寸、水泵型号等参数选用不同的数值。

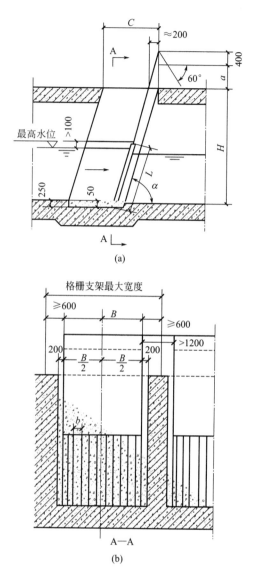

图 2-11　平面格栅安装方式（单位：mm）

　　曲面格栅可分为固定曲面格栅和旋转鼓筒式格栅两种，曲面格栅可采用水力桨板清渣，电动旋转齿耙清渣，或旋转鼓筒用穿孔冲洗水管冲渣，见图 2-12。

　　按清渣方式，格栅可分为人工清渣和机械清渣两种。

　　处理流量小或所能截留的污染物量较少时，可采用人工清渣的格栅。这类格栅用直钢条制成，为了便于人工清渣作业，避免清渣过程中栅渣回落水中，格栅安装角度一般与水平面成 30°～60°，倾斜角小时，清渣时较省力，栅渣不易回落，但需要较大的占地面积。人工格栅还常作为机械清渣格栅的备用格栅。

　　人工清渣的格栅，其设计过水面积应采用较大的安全系数，一般不小于进水灌渠有效面积的 2 倍，以免清渣过于频繁。在污水泵站前集水井中的格栅，应特别注意有害气

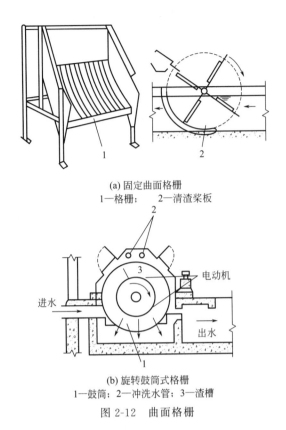

(a) 固定曲面格栅

1—格栅； 2—清渣桨板

(b) 旋转鼓筒式格栅

1—鼓筒；2—冲洗水管；3—渣槽

图 2-12　曲面格栅

体对操作人员的危害，并采取有效的防护措施。

　　每天的栅渣量大于 $0.2m^3$ 时，为改善劳动和卫生条件，都应采用机械清渣方法。目前，机械清渣的方式有很多种，常用的有回转式移动耙机械格栅、往复式移动耙机械格栅、阶梯式机械格栅、转鼓式机械格栅等，见图 2-13～图 2-16。机械清渣的格栅，除转鼓式机械格栅除污机外，其余安装倾斜角一般为 60°～90°；格栅过水面积一般应不小于进水灌渠有效面积的 1.2 倍。

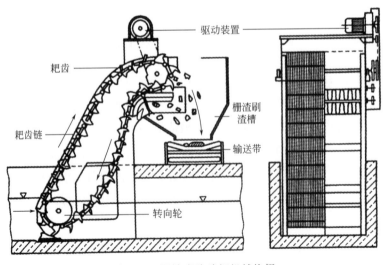

图 2-13　回转式移动耙机械格栅

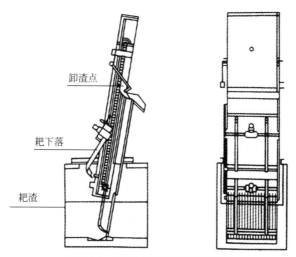

图 2-14　往复式移动耙机械格栅

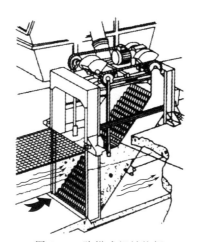

图 2-15　阶梯式机械格栅

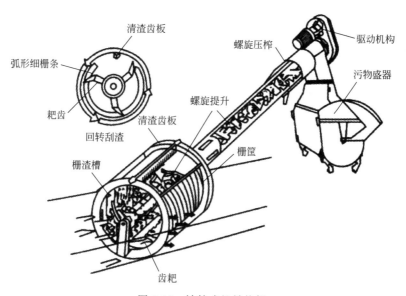

图 2-16　转鼓式机械格栅

回转式移动耙机械格栅是一种可以连续自动清除栅渣的格栅。它由许多相同的耙齿机件交错平行组装成一组封闭的耙齿链，在电动机和减速机的驱动下，通过一组槽轮和链条形成的连续不断的自下而上的循环运动，达到不断清除栅渣的目的。当耙齿链运转到设备上部及背部时，由于链轮和弯轨的导向作用，可以使平行的耙齿排产生错位，使固体污物靠自重下落到渣槽内，脱落不干净时，这类格栅容易把污物带到栅后渠道中。

往复式移动耙机械格栅通过设在水面上部的驱动装置将渣耙从格栅的前部或者后部嵌入栅条，并做往复运动，不断地将栅渣从栅条上剥离下来。

阶梯式机械格栅的截污条由2组错开的格子状薄金属片组成，其形状如自动扶梯，在驱动电动机的作用下，一组相对于另一组做往复提升动作，将污物一个台阶接一个台阶地向上提升，直至将截留的污物输送到收集设备中。

转鼓式机械格栅是一种集细格栅除污机、栅渣螺旋提升机和栅渣螺旋压榨机于一体的设备。栅渣片按栅间隙制成鼓形栅筐，处理水从栅筐前端流入，通过格栅过滤，流向栅筐后的渠道，栅渣被截留在栅筐内栅面上，当栅内外的水位差达到一定值时，安装在中心轴上的旋转齿耙回转清污，当清渣耙齿把污物耙集至栅筐顶点的位置时，通过栅渣自重、水的冲洗及挡渣板的作用，栅渣卸入中间渣槽，再由渣槽底螺旋输送器提升，至上部压榨段压榨脱水后外运，栅渣含固量可达35%～45%。

（3）格栅的选择

格栅栅条的断面形式、栅条间距和清渣方式是选择格栅应考虑的主要因素。格栅栅条常用的断面形式有圆形、正方形、矩形、半圆形等。圆形断面的水力条件好，但刚度较差。矩形断面的刚度好，但水力条件不如圆形。半圆形断面的水力条件和刚度都较好，但形状相对复杂。一般多采用矩形断面。

格栅的栅条间距与格栅用途有关。设置在水泵前的格栅栅条间距应满足水泵的要求；设置在污水处理系统前的格栅栅条间距最大不能超过40mm，其中人工清渣为25～40mm，机械清渣为16～25mm。

粗格栅的栅条间距为50～100mm，一般是设在泵前的第一道格栅，主要用来拦截污水中粗大的漂浮物，保护水泵不受损害。细格栅的栅条间距为3～10mm，主要用来拦截经粗格栅处理后仍漂浮在水面的包括树叶、菜渣等的细小漂浮物，一般设在提升泵之后、沉砂池之前。由于格栅是物理处理的重要构筑物，故在新设计的污水厂一般采用粗、中2道格栅，甚至采用粗、中、细3道格栅。

栅渣清除方式与栅渣量有关。当栅渣量大于$0.2m^3/d$时，一般采用机械清渣格栅；当栅渣量小于$0.2m^3/d$时，可采用人工清渣的方式，也可采用机械清渣方式。

（4）格栅的设计与计算

格栅设计如图2-17所示。

通过格栅的水头损失h_1可按下式计算：

$$h_1 = h_0 k$$

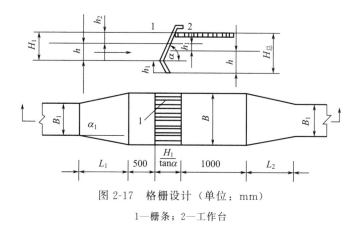

图 2-17　格栅设计（单位：mm）

1—栅条；2—工作台

$$h_0 = \xi \frac{v^2}{2g} \sin\alpha$$

式中，h_0 为计算水头损失，m；v 为污水流经格栅的速度，m/s；ξ 为阻力系数，其值与栅条断面的几何形状有关；α 为格栅的放置倾角；g 为重力加速度，m/s²；k 为考虑到格栅受污染物堵塞后水头损失增大的倍数，一般采用 $k=3$。

1）格栅的间隙数量 n

$$n = \frac{Q_{\max}\sqrt{\sin\alpha}}{dhv}$$

式中，$Q_{\max}$ 为最大设计流量，m³/s；d 为栅条间距，m；h 为栅前水深，m；v 为污水流经格栅的速度，m/s。

2）格栅的建筑宽度 B

$$B = s(n-1) + dn$$

式中，B 为格栅的建筑宽度，m；s 为栅条的宽度，m。

3）栅后槽的总高度 $H_{总}$

$$H_{总} = h + h_1 + h_2$$

式中，h 为栅前水深，m；h_1 为栅前的水头损失，m；h_2 为栅前渠道超高，m，一般 $h_2 = 0.3$m。

4）格栅的总建筑长度 L

$$L = L_1 + L_2 + 1.0 + 0.5 + \frac{H_1}{\tan\alpha}$$

式中，L_1 为进水渠道渐宽部位的长度，m；L_2 为格栅槽与出水渠道连接处的渐窄部位的长度，m，一般 $L_2 = 0.5L_1$；H_1 为格栅前的渠道深度，m。

$$L_1 = \frac{B - B_1}{2\tan\alpha_1}$$

式中，B_1 为进水渠道宽度，m；α_1 为进水渠道渐宽部位的展开角度，（°），一般 $\alpha_1 = 20°$。

5）每日栅渣量 W

$$W = \frac{Q_{max} W_1 \times 86400}{K_Z \times 1000}$$

式中，W_1 为栅渣量（按每立方米污水计），$m^3/10^3 m^3$；K_Z 为生活污水流量总变化系数。

（5）筛网过滤

筛网能去除水中不同类型和大小的悬浮物，如纤维、纸浆、藻类等，相当于一个初沉池的作用。筛网过滤装置有很多，有振动式筛网、水力回转筛网、转鼓式筛网、转盘式筛网、微滤机等。

振动式筛网如图 2-18 所示，它由振动筛和固定筛组成。污水通过振动筛时，悬浮物等杂质被留在振动筛上，并通过振动卸到固定筛网上，以进一步脱水。

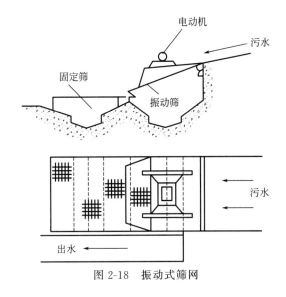

图 2-18　振动式筛网

图 2-19 为水力回转筛网，它由旋转的锥筒回转筛和固定筛组成。锥筒回转筛呈圆锥形。中心轴呈水平放置，进水端在回转筛网小端，废水在从小端到大端流动的过程

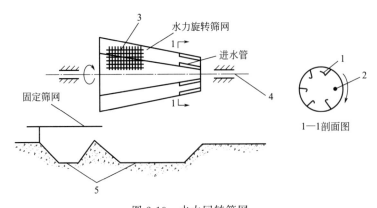

图 2-19　水力回转筛网

1—进水方向；2—导水叶片；3—筛网；4—转动轴；5—集水渠

中，纤维等杂质被筛网截留，并沿倾斜面卸到固定筛以进一步脱水。水力筛网的动力来自进水水流的冲击力和重力作用。

筛网具有简便、占地较小、不必投加化学药剂、运行费用低及维修方便等特点。目前我国已有许多定型的筛网设备出售，可按处理要求选定。采用时应注意下列事项：a.当废水呈酸性或碱性时，筛网的设备应选用耐腐蚀材料制作；b.筛网的尺寸应按需截留的微粒大小选定，最好通过试验确定；c.废水中如含油类物质，应先除去油污，以防止堵塞网孔。筛网的应用较为广泛，可应用于工业废水中。

（6）工程设计

格栅的设计参数主要包括：格栅过栅流速不宜小于 0.6m/s，不宜大于 1.0m/s；格栅前渠道内水流速度一般采用 0.4～0.9m/s；栅前水深应与入厂污水管规格相适应；格栅尺寸 B、$H_总$ 参见设备说明书，宜选中间值；通过格栅的水头损失为 0.08～0.15m；如水泵前格栅间隙不大于 25mm，污水处理系统前可不设格栅；栅渣的含水率一般为 80%，密度约为 960kg/m³；每日栅渣量大于 0.2m³ 时，一般采用机械格栅；其他参数见表 2-3。

表 2-3　格栅的其他设计参数

格栅类型	栅条间隙/mm	格栅倾角/(°)	栅渣量/(m³/10³)
人工清渣	25～40	45～70	0.05～0.03
机械清渣	16～25	70～90	0.10～0.05

2.2.3.2　粒状介质过滤（深层过滤）

（1）深层过滤的工艺过程

深层过滤的基本过程是废水由上到下通过一定厚度的由一定粒度的粒状介质组成的床层，由于粒状介质之间存在大小不同的孔隙，废水中的悬浮物被这些孔隙截留而除去，如图 2-20(a) 所示。随着过滤过程的进行，孔隙中截留的污染物越来越多，到一定程度时过滤不能进行，需要进行反洗，以除去截留在介质中的污染物。反洗的过程是通过上升水流的作用使滤料呈悬浮状态，滤料间的孔隙变大，污染物随水流被带走，如图 2-20(b) 所示。反冲洗完成后再进行过滤。所以深层过滤是间断进行的。

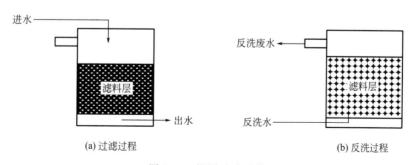

(a) 过滤过程　　(b) 反洗过程

图 2-20　深层过滤过程

粒状介质过滤是在滤池中完成的，普通快滤池结构如图 2-21 所示，以此为例介绍快滤池的工作过程。

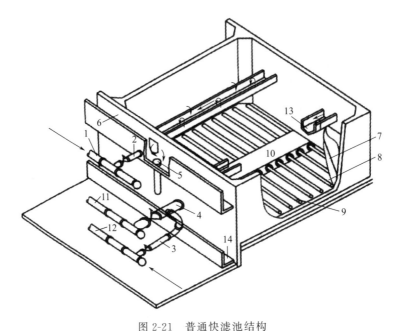

图 2-21　普通快滤池结构

1—进水总管；2—进水支管；3—出水支管；4—反冲洗水支管；5—排水阀；
6—进水渠；7—滤料层；8—承托层；9—配水支管；10—配水干管；
11—冲洗水总管；12—清水总管；13—反冲洗总管；14—废水渠

普通快滤池一般是钢筋混凝土结构，池内有排水槽、滤料层、承托层和配水系统；池外有集中管廊，配有浑水进水管、清水进水管、冲洗水总管、冲洗水排出管等管道及阀门等附件。其中，滤池冲洗废水由排水槽排出，在过滤时排水槽也是分配待滤水的装置；滤料层是滤池中起过滤作用的主体；承托层的作用主要是防止滤料从配水系统中流失，同时对均匀分布冲洗水也有一定作用；而配水系统的作用在于使冲洗水在整个滤池面积上均匀分布。

在快滤池的运行过程中，主要是过滤和冲洗两个过程的重复循环。过滤就是生产清水的过程。过滤时，开启进水支管与出水支管的阀门，关闭反冲洗水支管的阀门与排水阀，进水就经进水总管、进水支管从进水渠进入滤池。进水由进水渠进入滤池时，从洗砂排水槽的两边溢流而出，通过槽的作用使水均匀分布在滤池整个面积上。然后经过滤料层、承托层后，由配水系统的配水支管汇集起来再经配水干管、出水支管、清水总管流往清水池。

随着过滤时间的延长，可能会出现 2 种情况：a. 由于砂粒表面不断吸附水中的杂质，砂粒间的空隙不断减小，水流阻力不断增大，当水头损失达到允许的最大值时，继续过滤会使滤池产水量锐减；b. 水头损失仍在允许范围内，但出水水质参数不合格。出现上述任何一种情况，滤池都需停止过滤进行冲洗。冲洗就是把砂粒上截留的杂质冲洗下来的过程。冲洗的流向与过滤完全相反，是从滤池的底部朝滤池上部流动的，所以叫反冲洗，冲洗水使用过滤后的出水（又称滤后水）。冲洗时，关闭进水支管与出水支管的阀门，停止过滤，但要保持池子水位在砂面以上至少 10cm 处，以防止空气进入滤层。开启排水阀与反冲洗水支管的阀门，冲洗水即由冲洗水总管、反冲洗水支管经配水系统的干管、支管及支管上的许多孔眼流出，自下而上穿过承托层及滤料层，均匀地分布于整个滤池平面上。滤料层在自下而上均匀分布的水流中处于悬浮状态，滤料得到清洗。冲洗废水流入反冲洗总管，再经进水渠、排水管和废水渠排入下水道。冲洗一直进行到冲洗排水变清，滤料基本洗干净为止。一般从停止过滤至冲洗完毕需 20～30min，在这段时间内，滤池停止生产。冲洗所消耗的清水占滤池生产水量的 1%～3%（视处理规模而异）。冲洗结束后过滤重新开始。

从过滤开始到过滤终止的运行时间称滤池的过滤周期，一般以小时（h）计。冲洗操作包括反冲洗和其他辅助冲洗方法，所需的时间称为滤池的冲洗周期，过滤周期与冲洗周期以及其他辅助时间之和称为滤池的工作周期或运转周期，也称为过滤循环，一般为 12～24h。快滤池单位时间的产水量取决于滤速。滤速也称滤池负荷，是指单位时间、单位滤池横截面积的过滤水量，单位为 $m^3/(m^2 \cdot h)$ 或 m/h。

（2）普通快滤池结构

从图 2-21 可见，快滤池本身包括废水渠、反冲洗水槽、滤料层、承托层（也称垫层）及配水系统 5 个部分，下面分别介绍各部分的结构和作用。

普通快滤池又称四阀滤池，是应用历史最久和采用较广泛的一种滤池布置形式。每格滤池的进水、出水、反冲洗水和排水管上均设置阀门，以控制过滤和反冲洗过程。为减少阀门，可用虹吸管取代进水阀和排水阀，习惯上称为"双阀滤池"。实际上它与四阀滤池的构造和工艺过程完全相同，只是以 2 个虹吸管代替 2 个阀门而已，故仍称为普通快滤池。

因为过滤过程是间断进行的，为保证整个处理过程的连续性，实际使用时都是多个滤池并联运行，少数滤池在反冲洗，多数滤池在过滤，所以就涉及多个滤池如何布置的问题。普通快滤池的布置，根据其规模大小，可采用单排或双排布置。滤池的布置应使阀门相对集中、管理简单，便于操作管理和安装维修。对于小型单排滤池，一般阀门集中布置在一侧，如图 2-21 所示。快滤池的管廊内主要是进水、出水、冲洗来水、冲洗排水（或称废水渠）等管道以及与其相应的控制阀门。

1）管廊的布置　集中布置滤池的管渠、配件及阀门的场所称为管廊。管廊的上面为操作室，设有控制台。管廊的布置要满足下列要求：a. 保证设备安装及维修所必要的空间，但同时布置要紧凑；b. 管廊内要有通道，管廊与过滤室要便于联系；c. 管廊内要求适当的采光及通风。管廊的布置与滤池的数目和排列有关，一般滤池的个数少于 5 个时宜用单行排列，管廊位于滤池的一侧；超过 5 个时宜用双行排列，管廊在两排滤池中间。后者布置紧凑，但采光、通风不如前者，检修也不方便。管廊中有管道、阀门及测量仪表等设备，主要管道有进水管、出水管、冲洗水管及排水管等。管道可采用金属材料，也可用钢筋混凝土渠道代替。

2）滤池配水系统　滤池配水系统的作用是均匀收集滤后水和均匀分配反冲洗水，后者更为重要。目前，快滤池常用的配水方式为大阻力配水系统，通过系统的水头损失一般大于3m，主要形式为配水干管（渠）和配水支管（穿孔管）组成的配水系统。大阻力配水系统具有布局简单、配水均匀性较好和造价低的优点。其缺点是水头损失大，因而耗能较其他方式高。

图 2-22 为穿孔管式大阻力配水系统。

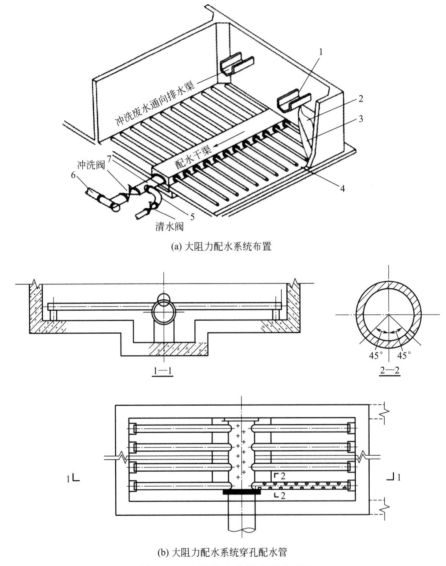

(a) 大阻力配水系统布置

(b) 大阻力配水系统穿孔配水管

图 2-22　穿孔管式大阻力配水系统

1—反冲洗排水槽；2—滤料层；3—承托层；4—穿孔配水管；5—清水管；6—冲洗水总管；7—冲洗水支管

3）滤池排水设施　滤池排水设施包括冲洗水排水槽和废水渠 2 部分。废水渠将排水槽的排水收集后集中排出。反冲洗水排水槽布置在滤层表面上方，主要用于均匀收集滤层反冲洗水，断面一般有三角形槽底和半圆形槽底两种形式。

4）承托层　承托层的作用是防止过滤时滤料通过配水系统的孔眼进入出水中，同时在反冲洗时保持稳定，并对均匀配水起协助作用。承托层由若干层卵石或者经破碎的石块、重质矿石构成，承托层中的颗粒粒度按上小下大的顺序排列。承托层常用的石块为卵石，因此也称卵石层。最上一层承托层与滤料直接接触，根据滤料底部的粒度确定卵石粒度的大小。最下一层承托层与配水系统接触，需根据配水孔的大小来确定粒度的大小，大致按孔径的 4 倍考虑。最下一层承托层的顶部至少应高于配水孔眼 100mm。常用于管式大阻力配水系统的承托层规格见表 2-4。

表 2-4　承托层规格

层次（自下而上）	粒径/mm	厚度/mm	层次（自下而上）	粒径/mm	厚度/mm
1	2～4	100	3	8～16	100
2	4～8	100	4	16～32	100

为保证承托层的稳定，并对配水的均匀性起充分作用，对材料的机械强度、化学稳定性、形状和密度都有一定的要求。对前三者的要求与对滤料的要求类似，承托层应由坚硬的、不被水溶解的、形状接近球形的材料构成。承托层的密度直接与滤层的密度有关。为了防止反冲洗时承托层中那些与滤料粒度接近的层次发生浮动，或者处于不稳定状态，这部分承托层的密度必须至少与滤料的密度一样。例如，当用卵石做石英砂滤层或双层滤料承托层时，其相对密度必须大于 2.25，当采用三层滤料或单层重质滤料（如锰砂）时，至少承托层中粒度小于 8mm 的部分要由同样的重质材料构成。同样的道理，当采用无烟煤一类相对密度较小的材料为单层滤料或多层材料的底层时，承托层就不一定要采用卵石那样相对密度大的材料了。

5）滤池个数、单池面积和滤池深度　滤池个数直接影响滤池造价、冲洗效果和运行管理等方面。池子多则冲洗效果好，不会超过允许的强制滤速，可保证总出水量。而且，因滤速增加对水质的影响也会小一些，运转上的灵活性也比较大。但如果池子太多，会导致冲洗过于频繁，运转管理也不方便；反之，若滤池个数太少，单池面积较大，则在个别滤池检修期间对出水量的影响较大，冲洗水分布不均匀，冲洗效果不佳。目前，我国建造的比较大的滤池面积为 130m² 左右。设计中，滤池的个数一般经过技术、经济比较来确定，并考虑其他处理构筑物和总体布局等因素，但不得少于 2 个。

滤池深度包括：保护高 0.25～0.3m；滤层表面以上水深 1.5～2.0m；滤层厚度 0.7～0.8m；承托层厚度 0.4m。

据此，滤池总深度一般为 3.0～3.5m。单层砂滤池深度一般稍小，双层和三层滤料的滤池池深稍大。

（3）过滤机理

为说明问题，首先以简化的球形滤料的单层砂滤池为例，其滤料粒径通常为 0.5～1.2mm，经反冲洗水力分选后，滤料粒径自下而上大致按由细到粗的顺序依次排列，称为滤料的水力分级，滤层中孔隙尺寸也因此由上而下逐渐增大。假设砂滤料的直径为 0.5mm（以球体计），以最紧密的方式规则排列，滤料间孔隙直径约为 80μm。而进入滤池的悬浮物颗粒尺寸大部分小于 $30\mu m$，仍然能被滤层截留下来，而且在滤层深处（孔隙大于 $80\mu m$）也会被截留，说明过滤显然不是简单的机械筛滤作用的结果。经过众多研究者的研究，认为过滤主要是悬浮颗粒与滤料颗粒之间黏附作用的结果。

水流中的悬浮颗粒能够黏附于滤料颗粒表面上，涉及 2 个问题：a. 被水流挟带的颗粒如何与滤料颗粒表面接近或接触，这就涉及颗粒脱离水流流线而向滤料颗粒表面靠近的迁移机理；b. 当颗粒与滤粒表面接触或者接近时，依靠哪些力的作用使得它们黏附于滤粒表面上，这就涉及黏附机理。应说明的是，过滤过程非常复杂，目前还没有完全研究清楚，以下只是一些假说。

1）迁移机理　悬浮颗粒脱离流线与滤料接触的过程就是迁移机理。在过滤过程中，滤层孔隙中水流速度较慢，被水流挟带的颗粒由于受到某种或几种物理-力学作用就会脱离流线而与滤料颗粒表面接近，悬浮颗粒脱离流线而与滤料接触的过程就是迁移过程。一般认为，迁移过程由筛滤、拦截、重力沉降、惯性、扩散和水力作用等产生。

① 筛滤。比孔隙大的颗粒被机械筛分，截留于滤料层的表面上，然后这些被截留的颗粒形成孔隙更小的滤饼层，使过滤水头增加，甚至发生堵塞。显然，这种表面筛滤没能发挥整个滤层的作用。

② 拦截。沿流线流动的颗粒在流线会聚处与滤料表面接触产生拦截作用。其去除率与颗粒直径的平方成正比，与滤料粒径的立方成反比。

③ 重力沉降。如果悬浮物的粒径和密度较大，将存在一个沿重力方向的相对沉降速度。在重力作用下，颗粒偏离流线沉淀到滤料表面上。沉淀效率取决于颗粒沉速和过滤水流速的相对大小和方向。此时，滤层中的每个小孔隙起着一个浅层沉淀池的作用。

④ 惯性。当流线绕过滤料表面时，具有较大动量和密度的颗粒因惯性冲击而脱离流线与滤料表面接触。

⑤ 扩散作用。微小的悬浮颗粒在布朗运动较剧烈时会扩散至滤料表面。

⑥ 水力作用。也称为水动力作用，是因为在滤粒表面附近存在速度梯度，非球体颗粒在速度梯度作用下会转动而脱离流线，从而与滤料颗粒表面接触。

对于上述迁移机理，目前只能定性描述，其相对作用的大小尚无法定量估算。虽然也有某些数学模型，但还不能解决实际问题。在实际过滤中，悬浮颗粒的迁移将受到上述各种作用的影响，可能几种作用同时存在，也可能只有某些作用存在。它们的相对重要性取决于颗粒本身的性质（粒度、形状、密度等）、水流状况、滤层孔隙形状等。

2）黏附机理　黏附作用是一种物理化学作用。在上述迁移过程中，与滤料接触的悬浮颗粒被黏附于滤料颗粒表面上，或者黏附在滤料表面上原先黏附的颗粒上，这就是附着过程。引起颗粒附着的因素主要有以下几种。

① 范德华引力和静电力。由于颗粒表面上所附电荷和由此形成的双电层产生静电力，同时颗粒之间还存在范德华引力、某些化学物质和某些特殊的化学吸引力，从而使颗粒之间产生黏附。

② 接触凝聚。在原水中投加混凝剂，压缩悬浮颗粒和滤料颗粒表面的双电层，在

尚未形成微絮凝体时立即进行过滤，此时水中脱稳的胶体很容易与滤料表面凝聚，即发生接触凝聚作用。原水经加药后直接进入滤池过滤，即采用直接过滤的方式时接触凝聚是主要的附着机理。

③ 吸附。悬浮颗粒细小，具有很强的吸附趋势，吸附作用也可能通过絮凝剂的架桥作用实现。絮凝物的一端附着在悬浮颗粒上。某些聚合电解质能降低双电层的排斥力或者在两表面活性点间起关键作用，从而改善附着性能。

当然，在颗粒黏附的同时，还存在由于孔隙中水流的剪切作用导致颗粒从滤料表面脱落的趋势，黏附与脱落的程度往往取决于黏附力和水流剪力的相对大小。随着过滤的进行，悬浮颗粒黏附，滤料间的孔隙逐渐减小，水流速度加快，水流剪力增大，最后黏附的颗粒由于黏附力较弱就可能优先脱落。脱落的颗粒以及没有黏附的颗粒会被水流挟带向下层推移，下层滤料的截留作用得到发挥。

3）脱落机理　过滤一定时间后，由于滤层阻力过大或出水水质发生恶化，过滤必须停止，进行滤层冲洗，使滤池恢复工作能力。滤池通常用高速水进行反冲洗，或气、水反冲洗，或表面助冲加高速水流冲洗。无论采取何种方式，在反冲洗时，滤层均膨胀一定高度，滤料处于流化状态，截留和附着于滤料上的悬浮物受到高速反冲洗水或气的冲刷而脱落。滤料颗粒在水流中旋转、碰撞和摩擦，也是悬浮物脱落的主要原因之一。反冲洗效果主要取决于冲洗强度、时间及滤层膨胀度。

（4）滤池反冲洗

随着过滤的进行，滤料的孔隙逐渐被堵塞。当滤层水头损失达到允许值或者出水浊度不能满足要求时，就需要对滤层进行冲洗，以清除滤层中截留的污物，进行下一周期的过滤。反冲洗过程非常重要，从某种意义上来说，它比过滤过程更重要，因为很多问题都是反冲洗不好造成的。

一般认为，吸附在滤料上的污泥分为两种：一种是滤料直接吸附的污泥，称为一次污泥，较难脱落；另一种为滤料间隙中沉积的污泥，称为二次污泥，比较容易去除。反冲洗时去除二次污泥主要可通过水流剪力来完成，而去除一次污泥则需要滤料颗粒之间的碰撞和摩擦。滤池冲洗时的主要作用是冲洗水流的剪力和颗粒之间的碰撞作用。

1）滤池反冲洗的方式　按冲洗时滤层的状态分类，反冲洗可分为滤层膨胀冲洗和微膨胀冲洗。滤池反冲洗的方式有单独水反冲洗，气、水反冲洗和表面冲洗 3 种。

① 单独水反冲洗要除去滤料上吸附的污泥，达到较好的冲洗效果，必须给滤料提供足够的碰撞、摩擦机会，因此一般采用高速冲洗，冲洗强度比较大，在冲洗过程中滤料膨胀流化，呈悬浮状态，颗粒在悬浮流化状态下相互碰撞，完成剥落污泥和排出污泥的任务。冲洗强度是指单位时间内单位滤池面积通过的反冲洗水量，单位是 $L/(m^2 \cdot s)$。单独水反冲洗的优点是只需要一套反冲洗系统，比较简单。其缺点是冲洗耗水量大，冲洗能力弱，当冲洗强度控制不当时，可能发生砾石承托层走动现象，导致漏沙。单独水反冲洗后滤料通过水力分级呈上细下粗的分层结构状态。

② 采用气、水反冲洗时，空气快速通过滤层，微小气泡加剧滤料颗粒之间的碰撞、摩

擦，并对颗粒进行擦洗，有效地加速污泥的脱落，反冲洗水主要起漂洗作用，将已与滤料脱离的污泥带出滤层，因而水洗强度小，冲洗过程中滤层基本不膨胀或微膨胀。气、水反冲洗的优点是冲洗效果好、耗用水量小、冲洗过程中不需要滤层流化、可选用较粗的滤料等。其缺点是需增加空气系统，包括鼓风机、控制阀以及管路等，设备较单纯水冲洗要多。

③ 表面冲洗一般作为单独水反冲洗的辅助冲洗手段。由于过滤过程中滤料表层截留污泥最多，泥球往往截在滤料上层，因此在滤层表面设置高速冲洗系统，利用高速水流对表层滤料加以搅拌，增加滤料颗粒的碰撞机会，同时，高速水流的剪力作用也明显高于反冲洗。表面冲洗有固定式和旋转式 2 种，如图 2-23 和图 2-24 所示。

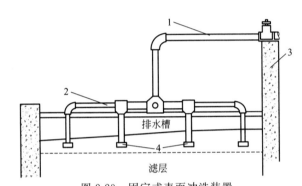

图 2-23　固定式表面冲洗装置

1—压力水总管；2—压力水支管；3—滤池池壁；4—喷嘴

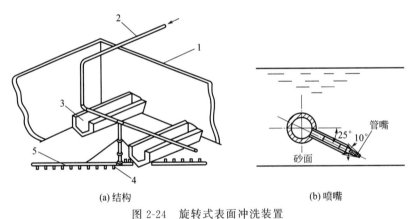

(a) 结构　　　　　　　　　　　　(b) 喷嘴

图 2-24　旋转式表面冲洗装置

1—滤池池壁；2—压力水管；3—滤池反洗水槽；4—喷嘴；5—旋转臂

2）滤池反冲洗水的来源

① 直接采用出水泵房的出水进行滤池清洗。由于处理水出水压力一般高于滤池冲洗时所需压力且压力有一定变化，因此，引出的冲洗管上必须设置压力调节阀或控制设备。采用出水泵房的出水直接冲洗一般能耗较大。

② 采用高位冲洗水箱。高位冲洗水箱必须有足够的冲洗容量，高位水箱进水充水泵的规模小于冲洗水泵。冲洗水箱的高度可按下式确定：

$$H = H_0 + h_1 + h_2 + h_3 + h_4 + h_5$$

式中，H 为水箱底距地面的高度，m；H_0 为滤池排水槽距地面的高度，m；h_1 为滤料层的水头损失，m；h_2 为承托层的水头损失，m；h_3 为配水系统的总水头损失，m；h_4 为水箱至滤池冲洗管的总水头损失，m；h_5 为富裕水头，m，一般取 1~2m。

其中，滤料层水头损失 h_1 可按下式计算：

$$h_1 = -(1-m_0)HLh_1 = \frac{\gamma_1}{\gamma_0}(1-m_0)HL$$

式中，γ_1 为滤料重度，kN/m^2；γ_0 为水的重度，kN/m^2；m_0 为滤料孔隙率，%；HL 为滤料厚度，m。

承托层水头损失可按下式计算：

$$h_2 = 0.022HCq$$

式中，HC 为承托层厚度，m；q 为反冲洗强度，$L/(m^2 \cdot s)$。

③ 采用专用冲洗水泵。专用冲洗水泵可根据滤池冲洗压力和水量进行配置，冲洗强度容易得到控制，能量浪费少，但需增加相应设备。

④ 滤池自冲洗。即利用其他滤池的出水和滤后水位与反冲洗排水堰的水位差进行冲洗，如下列介绍的无阀滤池和虹吸滤池的冲洗方式。这种冲洗方式冲洗水头小，要求配套小阻力配水系统，冲洗强度不易调节。

（5）其他形式的滤池

1）虹吸滤池　虹吸滤池是快滤池的一种形式，它的特点是利用虹吸原理进水和排走反洗水。此外，它利用小阻力配水系统和池子本身的水位来进行反冲洗，不需要另设冲洗水箱或水泵，加之较易自动控制池子的运行，所以已较多地得到应用。

① 虹吸滤池的构造及工作原理。虹吸滤池由 6~8 个单元滤池组成。滤池的形状主要是矩形，水量小时也可建成圆形。图 2-25 为圆形虹吸滤池工作过程。滤池中心部分

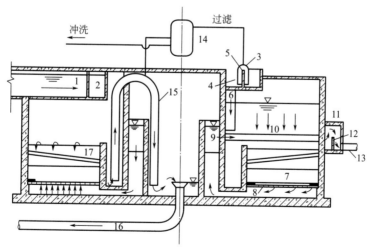

图 2-25　圆形虹吸滤池工作过程

1—进水槽；2—环形配水槽；3—进水虹吸管；4—单元滤池进水槽；5—进水堰；6—布水管；7—滤层；
8—配水系统；9—集水槽；10—出水管；11—出水井；12—出水堰；13—清水管；14—真空控制系统；
15—冲洗虹吸管；16—冲洗排水管；17—冲洗排水槽

相当于普通快滤池的管廊，滤池进水和冲洗水的排除由虹吸管完成，管廊上部设有真空控制系统。

图 2-25 的右半部分表示过滤时的情况。进水由进水槽进入滤池上部的环形配水槽，经进水虹吸管流入单元滤池进水槽，在经过进水堰和布水管流入滤池。水经过滤层和配水系统而流入集水槽（实际是反冲洗水储存槽），在经出水管流入出水井，通过出水堰流出滤池。

随着过滤的进行，滤层中的含污量不断增加，水头损失不断增大，要保持出水堰上的水位，即维持一定的滤速，则滤池内的水位会不断上升。当滤池内水位上升到预定的高度时，水头损失达到了最大的允许值（一般采用 1.5～2.0m），滤层就需要进行反冲洗。

图 2-25 的左半部分表示滤池冲洗时的情况。首先破坏进水虹吸管的真空，使该单元滤池停止进水，滤池内水位逐渐下降，当滤池水位无显著下降时，利用真空系统抽出冲洗虹吸管中的空气，使之形成虹吸，并把滤池内的存水通过冲洗虹吸管抽到池中心的下部，再由冲洗排水管排走。此时滤池内水位降低，当清水槽的水位与池内水位形成一定的水位差时，反冲洗开始。当滤池水位降低至冲洗排水槽的顶端时，反冲洗强度达到最大值。此时，其他各滤池的全部过滤水量都通过集水槽源源不断地供给该滤池进行冲洗。当滤料冲洗干净后，破坏冲洗虹吸管的真空，冲洗立即停止，然后，再启动进水虹吸管，滤池又可以进行过滤。各单元滤池轮流进行反冲洗。

冲洗水头一般采用 1.0～1.2m，是由集水槽的水位与冲洗排水槽顶部的高差来控制的。滤池平均冲洗强度一般采用 10～15L/(m² · s)，冲洗历时 5～6min。一个单元滤池在冲洗时，其他滤池会自动调整增加滤速使总处理水量不变。

供给单元滤池的冲洗强度的大小与采用的单元的滤池个数有关，它们的关系可用下式表示：

$$q \leqslant \frac{nQ}{F}$$

式中，q 为冲洗强度，L/(m² · s)；n 为一组滤池分格数；Q 为每格滤池的过滤水量，L/s；F 为单格滤池的面积，m²。

该式也可以用滤速表示，即：

$$n \geqslant \frac{3.6q}{v}$$

式中，v 为过滤速度，m/h。

② 配水系统。虹吸滤池通常采用小阻力配水系统，有格栅式（包括钢格栅、木格栅和钢筋混凝土格栅）、平板孔式和滤头等。

虹吸滤池的主要优点是不需要大型的阀门及相应的电动或水力等控制设备；可以利用滤池本身的出水量、水头进行冲洗，不需要设置冲洗水塔或水泵；由于过滤水位永远高于滤层，可保持正水头过滤，不至于发生负水头现象。其主要缺点是池深较大，一般为5～6m，冲洗效果不明显。

2）无阀滤池 无阀滤池工作原理如图2-26所示，其平面形状一般采用圆形或方形。过滤过程为：原水经进水分配槽、进水管及配水挡板的消能和分散作用后，比较均匀地分布在滤层上部，水流通过滤料层、承托层与小阻力配水系统进入底部配水系统集水空间，然后经连通渠上升到冲洗水箱。随着过滤的进行，冲洗水箱中的水位逐渐上升，当水位达到出水渠的溢流堰顶后，进入渠内，最后流入清水池。

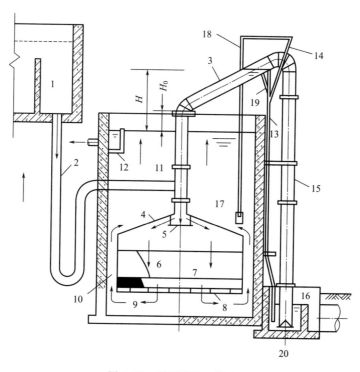

图 2-26 无阀滤池工作原理

1—进水分配槽；2—进水管；3—虹吸上升管；4—伞形顶盖；5—配水挡板；6—滤料层；

7—承托层；8—小阻力配水系统；9—底部配水系统集水空间；10—连通渠；11—冲洗

水箱；12—出水渠；13—虹吸辅助管；14—抽气管；15—虹吸下降管；16—水封井；

17—虹吸破坏斗；18—虹吸破坏管；19—强制冲洗管；20—冲洗强度调节器

无阀滤池的冲洗用水全靠其上部的冲洗水箱暂时储存。冲洗水箱的容积是按照一个滤池的一次冲洗水量设计的。无阀滤池常用小阻力配水系统。

当滤池刚投入运转时，滤层较清洁，虹吸上升管与冲洗水箱的水位差为过滤初期水头损失。随着过滤的进行，水头损失逐渐增大，使虹吸上升管内的水位缓慢上升，也就使得滤层上的过滤水头加大，用以克服滤层中增加的阻力，使滤速不变，过滤水量也因此不变。当虹吸上升管内的水位上升到虹吸辅助管前（即过滤阶段）时，上升管中被水排挤的空气受到压缩，从虹吸下降管的下端穿过水封进入大气。当虹吸上升管中的水位超过虹吸辅助管的上端管口时，水便从虹吸辅助管中流下，依靠下降水流在管中形成的真空和水流挟气作用，抽气管不断把虹吸管中的空气带走，使管中产生负压。虹吸上升管中的水位继续上升，同时虹吸下降管中的水位也在上升，当上升管中的水越过虹吸管顶端而下落时，管中真空度急剧增加，达到一定程度，虹吸上升管和虹吸下降管中的两股水柱汇合后，水流便冲出管口流入水封井，把管中残留空气全部带走，形成连续虹吸水流，冲洗就开始了。虹吸形成后，冲洗水箱的水便沿着与过滤相反的方向，通过连通渠，通过底部配水系统集水空间的分配，均匀地从下而上经过滤池，自动进行冲洗，冲洗后的水进入虹吸上升管，经虹吸下降管流到排水井中。

在冲洗过程中，冲洗水箱的水位逐渐下降，当降到虹吸破坏斗缘口以下时，虹吸破坏管把斗中水吸光，管口露出水面，空气便大量地由破坏管进入虹吸管，虹吸被破坏，冲洗即停止，虹吸上升管中的水位回降，过滤又重新开始。

无阀滤池的优点是：a.运行自动，操作方便，工作稳定可靠；b.在运转过程中滤层内不会出现负水头；c.结构简单，节省材料，造价比普通快滤池低 30%～50%。但是由于冲洗水箱建于滤池上部，滤池的总高度较大，滤池冲洗时，进水管照样进水，并被排走，浪费了一部分澄清水，并且增加了一部分虹吸管管径。由于采用的是小阻力配水系统，所以滤池面积不能太大，适用于工矿、城镇的小型废水处理。

（6）均质滤料气、水反冲洗滤池

1）构造　均质滤料气、水反冲洗滤池是根据法国德利满公司 V 形滤池设计的一种滤池形式。该滤池采用较粗的均质石英砂滤料，滤层较厚，冲洗采用气、水联合反冲洗。常用的石英砂滤料 d10 在 0.9mm 左右，K80 在 1.35～1.40mm，滤层厚度约1.2m。反冲洗时先进行气洗，然后气、水联合冲洗，最后关闭气冲并加大水冲强度。水冲时 V 形槽小孔出流形成表面扫洗。冲洗时滤层呈微膨胀状态。配水采用长柄滤头。该滤池具有截污能力大、反冲洗干净、过滤周期长、处理水质稳定等优点，目前在国内外得到较广泛的应用，其缺点是所需设备较多。图 2-27 为均质滤料滤池的布置。

2）气、水反冲洗配水、配气系统　为保证气、水反冲洗时配水、配气均匀，一般可采用下列形式：气、水共用一套大阻力配水配气系统，只适用于先气冲、后水冲洗，不适用于气、水同时冲洗；气、水各用一套大阻力配水配气系统；采用长柄滤头等适用于气、水反冲的专用配水系统。

长柄滤头是目前在气、水反冲洗滤池中应用最普遍的配水配气系统，其构造如图 2-28 所示。长柄滤头由滤帽、滤柄和预埋套组成。滤柄可分为固定式和可调式。冲洗时空气从滤柄上部的气孔进入，水则在滤柄下部的缝隙和底部进入。

长柄滤头的滤头固定，底板的接缝必须严密、可靠，不得漏气、漏水。固定式滤头固定板的上表面应平整，每块板的水平误差不得大于 2mm，整个池内板面的水平误差不得大于 5mm。在安装基本完成后，可通过调节滤柄使滤头处于水平，因此滤头固定板的水平度可放宽一些。

长柄滤头配气配水系统的滤帽缝隙总面积与滤池过滤面积之比一般为 1.25%。每平方米的滤头数量约为 50 个。冲洗水通过长柄滤头的水头损失和冲洗空气通过长柄滤头的压力损失可按产品实测资料确定。

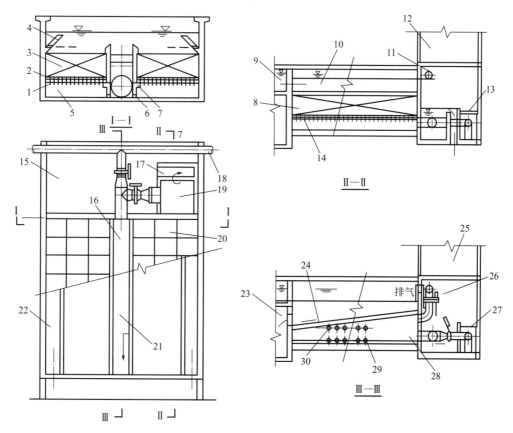

图 2-27　均质滤料滤池

1、14—长柄滤头；2、20—滤板；3、8—滤料层与垫料层；4、10、22—V 形进水槽；5—配水（气）室；6、29—配水孔；
7、30—配气孔；9—进水渠；11、15、26—管廊；12、25—控制室；13、27—走道；16—清水渠；17—出水口；
18—反洗水干管；19—水封井；21、23、24—反洗水排水渠；28—冲洗水配水渠

（7）压力滤池

压力滤池是在密闭的容器中进行压力过滤的滤池，是快滤池的一种形式，通常采用钢制外壳。现成产品一般不超过 3m，立式安装，如图 2-29 所示。滤池内装滤料及进水和配水系统，滤料厚 1.0～1.2m，配水系统通常用小阻力的缝隙式滤头或开缝、开孔的支管上包尼龙网。滤池外设各种管道和阀门。压力滤池在压力下进行过滤，进水用泵直接打入，滤后水借压力直接送到用水设备或后续处理设备中。为提高冲洗效果，一般用压缩空气辅助冲洗。

压力滤池常用于工业给水处理、中水回用处理、污水深度处理等。当用于工业给水处理时，压力滤池常与离子交换器串联使用。

（8）滤池的主要设计指标

1）滤池设计一般要求　滤池设计应首先满足以下要求：a.应确保滤后水水质达到要求，特别是对浊度的去除；b.应考虑有一定的缓冲能力，以适应进水水质和水量的变化；c.有良好的冲洗系统，能根据滤层堵塞情况进行充分的冲洗，以确保滤池长期有

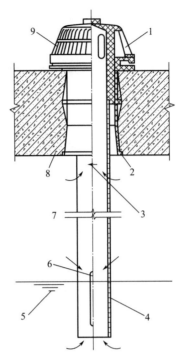

图 2-28 长柄滤头构造

1—滤帽；2—预埋套管；3—进气孔；4—滤柄；5—反冲洗水；

6—进水、进气孔；7—气垫层；8—多孔滤板；9—条缝

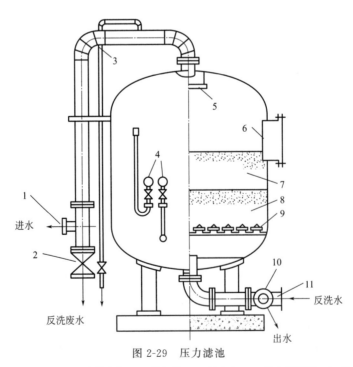

图 2-29 压力滤池

1—进水管；2—反冲洗水排出管；3—排气管；4—压力表；5—进水分配板；6—检查孔；

7—无烟煤滤层；8—石英砂滤层；9—滤头；10—出水管；11—反冲洗水进水管

效地工作；d. 还应对前处理情况进行分析，如是否有混凝沉淀、是否投加助滤剂等，设计时应根据具体情况采用不同的滤池形式和设计参数；e. 滤池形式的选择应根据设计生产能力、水质条件、工艺流程和高程布置等因素，结合当地条件，通过技术、经济比较确定。

2）滤速　过滤速度是滤池的重要指标。滤速的确定取决于进入滤池的水质、滤层的组成和级配以及要求的过滤周期等。

当采用直接过滤时，设计滤速宜采用低值；当采用双层滤料或均质滤料时，由于滤层的纳污能力比较强，可以采用高滤速；当过滤周期比较长时，采用低滤速。正常滤速是指水厂全部滤池工作时的滤速；强制滤速是指一格或两格滤池停役检修、冲洗或翻砂时其他工作滤池的滤速。

3）滤池格数和单格面积　滤池的格数应根据生产规模和运行维护等条件通过技术、经济比较确定，但不得少于 2 格。采用冲洗方式的滤池（如虹吸滤池、移动罩滤池）应不少于 6 格，否则难以保证要求的冲洗水量。小型水处理厂滤池的格数主要取决于运行的可靠性。为避免其中一格滤池冲洗或检修时对其他工作滤池滤速有过大影响，滤池应有一定的分格数。

对于规模较大的水处理厂来说，其分格数主要取决于允许的最大单格面积和经济性。滤池分格少，单格面积大，相应配套的闸、阀数量减少，但闸、阀的口径增大，与冲洗配套的设备容量也相应增加。对于不同的滤池形式，其影响程度也不相同。因此，需通过经济比较来确定合理的分格数。

为了保证过滤和冲洗的配水均匀，单格滤池的最大面积有一定的限制。不同配水系统，其最大面积也不相同。小阻力配水系统的滤池单格面积多在 $30m^2$ 以下；大阻力配水系统的滤池单格面积可超过 $100m^2$；采用长柄滤头气水反冲的均质滤料滤池，国内已建的较大单池面积为 $160m^2$（按法国德利满公司的标准池型，其最大面积可达 $210m^2$）。

4）冲洗方式和冲洗强度　滤池的冲洗强度主要取决于滤料的特性、冲洗方式和水温。滤池的冲洗可以采用单独水反冲洗、水反冲洗和表面冲洗以及气水反冲洗 3 种。

① 单独水反冲洗。一般采用滤层膨胀的冲洗方式，其冲洗强度和冲洗时间按表 2-5 确定。

表 2-5　单独水反冲洗滤池的冲洗强度和冲洗时间

序号	类别	冲洗强度/[L/(s·m²)]	膨胀率/%	冲洗时间/min
1	单层细砂级配滤料过滤	12～15	45	5～7
2	双层滤料过滤	13～16	50	6～8
3	三层滤料过滤	16～17	55	5～7

滤料膨胀率随冲洗强度和水温的变化而变化，表中所列膨胀率是从不利情况出发考虑的，仅作为计算滤池排水槽高度之用。表中所列数据适用于水温 20℃ 的情况，水温越高，要求的冲洗强度也越高，当水温相差较大时，计算时应给予修正。

② 水反冲洗和表面冲洗。当采用表面冲洗设备时，反冲洗强度可取表 2-5 中的低

值，当采用固定式时表面冲洗的冲洗强度一般为 $2\sim3L/(m^2\cdot s)$，当采用旋转式时一般为 $0.5\sim0.75L/(m^2\cdot s)$。

③ 气水反冲洗。气水反冲洗一般可采用先气冲洗、后水冲洗或先气冲洗、再气水同时冲洗、后水冲洗的方式。其中，在水冲阶段，按滤料层膨胀情况又可分为膨胀和微膨胀 2 种情况。

双层滤料宜采用先气冲洗、后水冲洗方式。在水冲阶段，滤层处于膨胀状态。级配石英砂滤料采用上述 2 种方式均可，在水冲时滤层处于膨胀状态。均质滤料宜采用先气冲洗、再气水同时冲洗、后水冲洗的方式，冲洗时滤层只发生微膨胀。气水反冲洗的冲洗强度和冲洗时间见表 2-6。

表 2-6 气水反冲洗的冲洗强度和冲洗时间

滤料种类	先气冲洗		气水同时冲洗			后水冲洗		后水冲洗	
	强度 /[L/(m²·s)]	时间 /min	气强度 /[L/(m²·s)]	水强度 /[L/(m²·s)]	时间 /min	强度 /[L/(m²·s)]	时间 /min	强度 /[L/(m²·s)]	时间 /min
单层细砂级配滤料	15~20	1~3	—	—	—	8~10	5~7	—	—
双层煤、砂级配滤料	15~20	1~3	—	—	—	6.5~10	5~6	—	—
单层粗砂均匀级配滤料	13~17 (13~17)	1~2 (1~2)	13~17 (13~17)	3~4 (2.5~3)	3~4 (4~5)	4~8 (4~6)	5~8 (5~8)	1.4~2.3	全程

注：表中单层粗砂均匀级配滤料中，无括号的数值适用于无表面扫洗水的滤池，括号内的数值适用于有表面扫洗水的滤池。

2.3 工业废水的化学处理

工业废水的化学处理是应用化学原理和化学作用将废水中的污染物转化为无害物质，它的处理对象主要是废水中的有机或无机（难于生物降解）溶解性或胶体状态的污染物，是一种使污染物和水分离或改变污染物的性质使工业废水得到净化的方法。常用的化学处理方法可分为中和、化学沉淀、臭氧氧化、电解等。

化学处理法与生物处理法相比，能较迅速、有效地去除更多的污染物，可作为生物处理后的三级处理措施。此法还具有设备容易操作、容易实现自动检测和控制、便于回收利用等优点，且化学处理法能有效地去除废水中多种剧毒和高毒污染物。

2.3.1 中和

工业废水中常含有较高浓度的酸和碱。酸性废水主要来源于化工厂、化纤厂、电镀厂、煤加工厂及金属酸洗车间等，其中常见的酸性物质主要有硫酸、硝酸、盐酸、氢氟酸、氢氰酸、磷酸等无机酸及乙酸、甲酸、柠檬酸等有机酸，并常溶解有金属盐。碱性废水主要来源于印刷厂、造纸厂、炼油厂和金属加工厂等，其中常见的碱性物质主要有苛性钠、碳酸钠、硫化钠及胺等。酸性废水的危害程度比碱性废水要大。

我国《废水综合排放标准》规定排放废水的 pH 值应在 6～9 之间。酸碱废水以 pH 值表示，可分为：强酸性废水 pH<4.5；弱酸性废水 pH=4.5～6.5；中性废水 pH=6.5～8.5；弱碱性废水 pH=8.5～10.0；强碱性废水 pH>10.0。

工业废水中所含酸、碱的量往往相差很大，因而有不同的处理方法。一般酸含量大于 5%～10% 的高浓度含酸废水常称为废酸液；碱含量大于 3%～5% 的高浓度含碱废水常称为废碱液，对于这类废酸液、废碱液，可因地制宜采用特殊的方法回收其中的酸和碱，或者进行综合利用，例如蒸发浓缩回收苛性钠，用扩散渗析法回收钢铁酸洗废液中的硫酸，利用钢铁酸洗废液作为制造硫酸亚铁、氧化亚铁、聚合硫酸铁的原料等。对于酸含量小于 5%～10% 或碱含量小于 3%～5% 的低浓度酸性废水或碱性废水，由于其中酸、碱含量低，回收价值不大，常采用中和法处理，使废水的 pH 恢复到中性附近的一定范围，消除其危害。

2.3.1.1 基本原理

废水中和处理法是利用中和作用处理废水的方法。其基本原理是：使酸性废水中的 H^+ 与外加 OH^-，或使碱性废水中的 OH^- 与外加 H^+ 相互作用，生成弱解离的水分子，同时生成可溶解或难溶解的其他盐类，从而消除它们的有害作用。中和反应服从当量定律。采用此法可以处理并回收利用酸性废水和碱性废水，可以调节酸性或碱性废水的 pH 值。中和处理发生的主要反应是酸与碱生成盐和水的中和反应。由于酸性废水中常溶有重金属盐，在用碱中和处理时，还可生成难溶的金属氢氧化物。

中和处理适用于废水处理中的下列情况。

① 废水排入受纳水体前，其 pH 值指标超过排放标准，这时应采用中和处理的方式，以减少对水生生物的影响。

② 工业废水排入城市污水管网系统前，采用中和处理，避免废水对管道系统造成腐蚀，且在排入前对工业废水进行中和比对工业废水与其他废水混合后的大量废水进行中和要经济得多。

③ 化学处理或生物处理过程中，对生物处理而言，需将处理系统的 pH 值维持在 6.5～8.5 范围内，以确保最佳的生物活力。

中和处理的方法因废水的酸碱性不同而不同。针对酸性废水，主要有酸性废水和碱性废水相互中和、药剂中和、过滤中和三种方法；而对于碱性废水，主要有酸性废水和碱性废水相互中和、药剂中和、烟气中和等。中和处理工业废水首先要考虑以废治废的原则，优先考虑酸性废水和碱性废水的相互中和处理，只有当不具备相互中和条件时才选择其他方法。除了针对含酸或碱类废水所含酸类或碱类的性质、浓度、水量及其变化规律来选择适当的中和方法外，还应尽量考虑寻找能就地取材的酸性或碱性废料、本地中和药剂和滤料（如石灰石、白云石等）的供应情况、接纳废水水体性质、城市下水道容纳废水的条件及后续处理（如生物处理）对 pH 值的要求等因素。

2.3.1.2　酸碱废水相互中和

（1）中和反应

酸碱废水相互中和是一种简单又经济的以废治废的处理方法。酸碱废水相互中和一般是在混合反应池内进行，池内设有搅拌装置。两种废水相互中和时，由于水量和浓度难以保持稳定，所以会给操作带来困难。在此情况下，一般在混合反应池前设有调节池口。图 2-30 为投加苛性钠中和不同强度的几种酸的中和曲线。

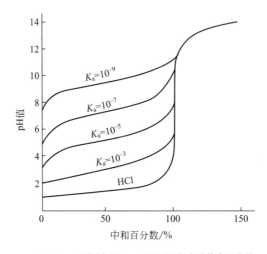

(a) 0.1 mol/L强碱和0.1 mol/L不同强度酸的中和曲线

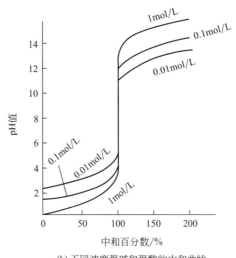

(b) 不同浓度强碱和强酸的中和曲线

图 2-30　强碱和强酸的中和曲线

若碱性废水的含碱量为 G_b（kg/h），中和酸性废水所需碱量为 G_a（kg/h），则用碱性废水中和酸性废水可能有 3 种情况：a. $G_b=G_a$；b. $G_b<G_a$；c. $G_b>G_a$。第一种情况最为理想，但不易遇到，最常遇到的是后两种情况。当 $G_b<G_a$ 时，碱量不足以中和酸，此时应补以投药中和。当 $G_b>G_a$ 时，碱量过剩，此时可能出现 2 种情况：a. 反应后的 pH 值虽大于要求值（如＞6.5），但仍小于极限值（8～9），此时可不进行二次处理；b.反应后的 pH 值大于 8.5～9，此时必须进行二次处理，即用酸中和碱。

实际废水的成分比较复杂，干扰酸碱平衡的因素较多，例如酸性废水中往往含有重金属离子，在用碱进行中和时，由于生成难溶的金属氢氧化物而消耗部分碱性药剂，使中和曲线向右发生位移（图 2-31）。这时可通过实验绘制中和曲线，以确定中和药剂的投药量。

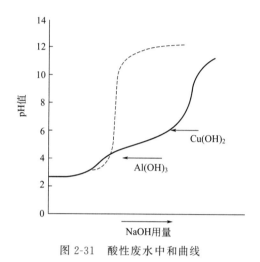

图 2-31　酸性废水中和曲线

（2）中和处理设施

要达到有效的中和，主要的问题是设置合理的中和设备，即中和池应有足够的容积和有效的搅拌措施。

1）单池中和　这是使用最广泛的一种中和方法，为使这种中和池达到较理想的中和效果，在设计时应考虑下列问题。

① 排液方式。采用溢流排液方式效果不好，这不但使中和池没有调节的余地，而且不可能有良好的混合、中和效果。如果采用排液泵排液就能将搅拌调节后的混合液一次抽吸排空，排液时间为 1～2h。

② 搅拌。设置压缩空气管进行搅拌，将废弃或将加入作调节用的酸（或碱）与废液混合均匀、互相中和。空气管可设计成母管支管式，搅拌强度为 $1m^3$ 空气/（m^3 废液·h），时间约为 1min。

2）二池中和　设置一个废酸池和一个废碱池，再将两种废液通过一定的方式混合、中和而后排放，这种方式的优点是混合、中和都比较容易进行，还有一定的调节余地。

3）烟道气中和　酸性的烟道气可以用来中和碱性废水，反应一般在喷淋塔中进行。废水从塔顶布水器均匀喷出，烟道气则从塔底进入，二者在填料层间进行逆流接触，完成中和过程，使碱性废水和烟道气都得到净化。根据资料介绍，用烟道气中和碱性废水，出水的 pH 值可由 10～12 降到中性。该法的优点是以废治废、投资省、运行费用低；缺点是出水中的硫化物、耗氧量和色度都明显增加，还需进一步处理。

中和过程中常用的中和设施主要包括集水井、混合槽、连续流中和池及间歇式中和池等。在中和设施选用和设计时应遵循以下原则。

① 当水质、水量变化较小，或废水缓冲能力较大、后续建筑物对 pH 值适用范围较宽时可以不单独设中和池，而在集水井或管道内进行连续流式混合反应。

② 当水质、水量变化不大，废水也有一定的缓冲能力时，为了使出水 pH 值更有保证，应单独设置连续流中和池。

③ 当水质、水量变化较大，连续流式中和池无法保证出水 pH 值要求，或出水水质要求较高，废水中还含有其他杂质或重金属离子时，较稳妥的做法是采用间歇式中和池，池内先后完成混合、反应、沉淀、排泥等工序。这时中和池至少要有 2 座，以便交替使用，每池的容积可按一班或一昼夜排放的废水量计算。

④ 当工业废水的流量和浓度变化波动较大时，应当分别设置酸、碱废水调节池加以调节，再单独设置中和池进行中和反应，此时中和池容量应按 1.5～2.0h 的废水量考虑。

（3）投药中和

投药中和方法既适用于酸性废水，又适用于碱性废水。药剂中和法能处理任何浓度、任何性质的酸性和碱性废水，对水质和水量波动适应性强。

1）中和试剂　酸性废水中和处理经常采用的中和药剂有石灰（CaO）、石灰石、白云石（$MgCO_3 \cdot CaCO_3$）、苛性钠（NaOH）、苏打（Na_2CO_3）等。碱性废水中和处理一般采用硫酸、盐酸、硝酸等。苏打和苛性钠组成均匀，易于储存和投加，反应迅速，易溶于水且溶解度较高，但由于价格较高，所以很少采用。石灰来源广泛，价格便宜，故使用广泛，但它有以下缺点：石灰粉末极易飘扬，劳动卫生条件差；装卸、搬运劳力量较大；成分不纯，含杂质较多；沉渣量较多，不易脱水；配置溶液和投加需要较多的机械设备等。石灰石、白云石为开采的石料，在产地使用较为便宜，除了劳动卫生条件比石灰较好外，其他情况与石灰一样。碱性废水的处理药剂最常用的是相对较经济的工业盐酸。

投加石灰有干投法和湿投法 2 种方式。石灰乳与酸性废水中主要酸的反应如下：

$$Ca(OH)_2 + H_2SO_4 \longrightarrow CaSO_4 \downarrow + 2H_2O$$
$$Ca(OH)_2 + 2HNO_3 \longrightarrow Ca(NO_3)_2 + 2H_2O$$
$$Ca(OH)_2 + 2HCl \longrightarrow CaCl_2 + 2H_2O$$

① 石灰干投法。首先将生石灰或石灰石粉碎，使其达到技术上要求的粒径（0.5mm）。投加时，为了保证石灰能均匀地加到废水中去，可用具有电磁振荡装置的石灰投加器。石灰投入废水渠，经混合槽折流混合 0.5～1min，然后进入沉淀池将沉渣进行分离。干投法的优点是设备简单；缺点是反应不彻底，反应速率慢，投药量大，为理论值的 1.4～1.5 倍，石灰破碎、筛分等劳动强度大。

② 石灰湿投法。当石灰呈块状时，则不宜用干投法，可采用湿投法，即将石灰在消解槽内先消解到 40％～50％浓度后，投入乳液槽，经搅拌配成 5％～10％浓度的

氢氧化钙乳液，然后投加。消解槽和乳液槽中可用机械搅拌或水泵循环搅拌，以防产生沉淀。投配系统采用溢流循环方法，即输送到投配槽的乳液量大于投加量，剩余乳液溢流回乳液槽，这样可维持投配槽内液面稳定，易于控制投加量。投加量由投加器孔口的开启度来控制。当短时间停止投加石灰乳时，石灰乳可在系统内循环，不易堵塞。石灰消解槽及乳液槽不宜采用压缩空气搅拌，因为石灰乳与空气中的 CO_2 会生成 $CaCO_3$ 沉淀，既浪费中和剂，又易引起堵塞，一般采用机械搅拌。与干投法相比，湿投法的设备多，但湿投法反应迅速、彻底，投药量较少，仅为理论值的 1.05～1.10 倍。

在选择中和试剂时，需要考虑以下因素：a.反应速率；b.污泥产量和处理方法；c.加药和储存操作安全方便；d.包括化学进料和存放设备的总费用；e.副反应，包括盐的溶解、形成的水垢和产生的热；f.过量加药效果。

2）酸性废水的投药中和　投药中和是应用广泛的一种中和方法，能处理任何浓度、任何性质的酸性废水，对水质和水量波动适应性强，且中和药剂利用率高。中和酸性废水的药剂主要包括石灰、苛性钠、碳酸钠、石灰石、电石渣等。药剂的选用应考虑药剂的供应情况、溶解性、反应速率、成本、二次污染等因素。

① 工艺流程。投药中和法的工艺过程主要包括中和药剂的制备与投配、混合与反应、中和产物的分离、泥渣的处理与利用。酸性废水投药中和流程如图 2-32 所示。

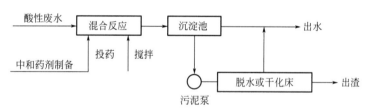

图 2-32　酸性废水投药中和流程

酸性废水在投药中和之前有时需要进行预处理。预处理包括悬浮杂质的澄清、水质及水量的均衡。前者可以减少投药量，后者可以创造稳定的处理条件。中和反应在反应池内进行，由于反应较快，可将混合池和反应池合并，采用隔板式或进行机械搅拌，停留时间取 5～10min。中和槽有两种类型，应用广泛的是带搅拌的混合反应池，池中常设置隔板将其分成多室以利于混合反应，反应池的容积通常按 5～20min 的停留时间设计。另一种是带折流板的管式反应器，反应器中混合搅拌的时间很短，仅适用于中和产物溶解度大、反应速率快的中和过程。中和过程中形成的各种泥渣（如白膏、铁矾等）应及时分离，以防止堵塞管道。分离设备可采用沉淀池或浮上池，分离出来的沉淀（或浮渣）需进一步浓缩、脱水。

投药中和法有 2 种运行方式：a.当废水量少或间断排出时，可采用间歇处理，并设置 2～3 个池子进行交替工作；b.当废水量大时，可采用连续流式处理，并可采用多级串联的方式，以获得稳定可靠的中和效果，应采用多级式 pH 值自动控制系统。图 2-33 为二级 pH 值自动控制的中和工艺流程。

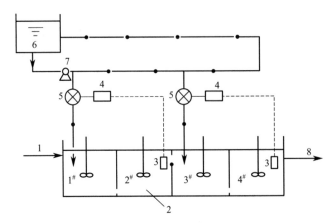

图 2-33　二级 pH 值自动控制的中和工艺流程

1—进水管；2—四室隔板混合反应池；3—pH 电极；4—自动控制器；

5—隔膜阀；6—石灰乳槽；7—石灰乳泵；8—出水管（至沉淀池）

② 工艺计算。废水在混合反应池中的停留时间一般不大于 5min，实际混合时间 t（min）可按下式计算：

$$t = \frac{V}{Q} \times 60$$

式中，Q 为废水流量，m^3/h；V 为混合反应池容积，m^3。

中和酸性废水时，投药量 G_b（kg/h）可按下式计算：

$$G_b = G_a \frac{ak}{a} \times 100$$

式中，G_a 为废水中酸含量，kg/h；ak 为中和剂比耗量；a 为中和剂纯度，%，一般生石灰含 CaO 60%～80%，熟石灰含 $Ca(OH)_2$ 65%～75%，电石渣含 CaO 60%～70%，石灰石含 $CaCO_3$ 90%～95%，白云石含 $CaCO_3$ 45%～50%；k 为反应不完全系数，一般取 1.0～1.2，以石灰乳中和硫酸时取 1.1，中和盐酸和硝酸时可取 1.05。

中和过程中形成的沉渣体积庞大，约占处理出水体积的 2%，脱水烦琐，应及时清除，以防堵塞管道。一般可采用沉淀池进行分离。沉渣量 w（kg/h）可根据试验确定，也可按下式进行计算：

$$w = G_b(B+e) + Q(s-c-d)$$

式中，G_b 为投药量，kg/h；Q 为废水量，m^3/h；B 为消耗单位药剂所产生的盐量；e 为单位药剂中杂质含量；s 为原废水中悬浮物含量，kg/m^3；c 为中和后废水中溶解盐含量，kg/m^3；d 为中和后出水悬浮物含量，kg/m^3。

3）碱性废水的投药中和　碱性废水常用的中和药剂是硫酸、盐酸及压缩二氧化碳。硫酸的价格较低，应用最广。盐酸的优点是反应物溶解度高，沉渣量少，但价格较高。用无机酸中和碱性废水的工艺流程、设备与药剂中和酸性废水的基本相同。用 CO_2 中和碱性废水，采用的设备与烟道气处理碱性废水类似，均为逆流接触反应塔，用 CO_2

作中和剂可以不需 pH 值控制装置，但由于成本较高，在实际工程中使用不多，实际工程中一般均采用烟道气。酸性中和剂比耗量见表 2-7。

表 2-7 酸性中和剂比耗量

碱	中和 1kg 碱所需酸的比耗量/kg					
	H_2SO_4		HCl		HNO_3	
	100%	98%	100%	36%	100%	65%
NaOH	1.22	1.24	0.91	2.53	1.37	2.42
KOH	0.88	0.90	0.65	1.80	1.13	1.74
$Ca(OH)_2$	1.32	1.34	0.99	2.74	1.70	2.62
NH_3	2.88	2.93	2.12	5.9	3.71	5.70

（4）过滤中和

1）滤料的选择　过滤中和是指使废水通过具有中和能力的滤料进行中和反应，这种方法适用于含酸浓度不大于 2～3mg/L 且生成易溶盐的各种酸性废水的中和处理。过滤中和法与投药中和法相比，具有操作方便、运行费用低及劳动条件好等优点，它产生的沉渣量只有废水体积的 0.1%，主要缺点是进水硫酸浓度受到限制。当废水中含大量悬浮物、油脂、重金属盐和其他毒物时，不宜采用过滤中和法。

具有中和能力的滤料有石灰石、大理石、白云石等，前两种的主要成分是 $CaCO_3$，后一种的主要成分是 $CaCO_3 \cdot MgCO_3$。滤料的选择和中和产物的溶解度有密切的关系，滤料的中和反应发生在颗粒表面上，如果中和产物的溶解度很小，就在滤料颗粒表面形成不溶性的硬壳，阻止中和反应的继续进行，使中和处理失败。各种酸在中和后形成的盐具有不同的溶解度，其顺序大致为：$Ca(NO_3)_2$、$CaCl_2 > MgSO_4 > CaSO_4 > CaCO_3 > MgCO$。由此可知，中和处理硝酸、盐酸时，滤料选用石灰石、大理石或白云石都行；中和处理碳酸时，含钙或镁的中和剂都不行，不宜采用过滤中和法；中和硫酸时，最好选用含镁的中和滤料（白云石），但是白云石的来源少、成本高、反应速率慢，所以如能准确控制硫酸浓度，使中和产物（$CaSO_4$）的生成量不超过其溶解度，则也可以采用石灰石或大理石。根据硫酸钙的溶解度数据可以算出，以石灰石为滤料时，硫酸的允许浓度为 1～1.2g/L。如硫酸浓度超过上述允许值，可使中和后的出水回流，用以稀释原水，或改用白云石滤料。

采用碳酸盐作中和滤料，均有 CO_2 气体产生，它能附着在滤料表面，形成气体薄膜，阻碍反应的进行。酸的浓度越大，产生的气体就越多，阻碍作用也就越严重。采用升流过滤方式和较大的过滤速度，有利于消除气体的阻碍作用。另外，过滤中和产物 CO_2 溶于水使出水的 pH 值约为 5，经曝气吹脱 CO_2，则 pH 值可上升到 6 左右。脱气方式可用穿孔管曝气吹脱、多级跌落自然脱气、板条填料淋水脱气等。为了进行有效的过滤，还必须限制进水中悬浮杂质的浓度，以防堵塞滤料。滤料的粒径也不宜过大。另外，失效的滤渣应及时清除，并随时向滤池补加滤料，直至滤床换料。

2）主要工艺类型　过滤中和所使用的设备为中和滤池，常用的中和滤池为普通中和滤池、滚筒式中和滤池。

① 普通中和滤池。普通中和滤池为固定床形式，按水流方向分平流式和竖流式 2 种。目前较常用的为竖流式，其又可分为升流式和降流式两种，见图 2-34。

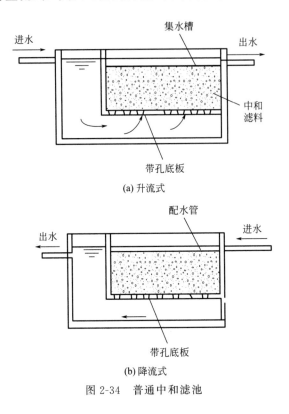

(a) 升流式

(b) 降流式

图 2-34　普通中和滤池

普通中和滤池的滤料粒径一般为 30～50mm，不能混有粉料杂质。当废水中含有可能堵塞滤料的杂质时，应进行预处理。过滤速率一般不大于 5m/h，接触时间不小于 10min，滤床厚度一般为 1～1.5m。

② 升流膨胀式中和滤池。升流膨胀式中和滤池（图 2-35）与普通中和滤池相比，

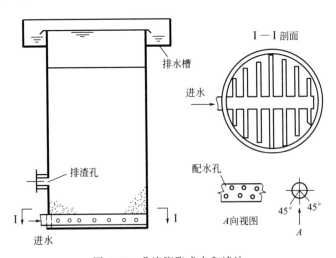

图 2-35　升流膨胀式中和滤池

滤料粒径小，滤速高，中和效果好。在升流式中和滤池中，废水自下而上运动，流速高达 30~70m/h，滤料呈悬浮状态，滤层膨胀，类似于流化床，滤料间不断发生碰撞摩擦，使沉淀难以在滤料表面形成，因而进水含酸浓度可以适当提高，生成的 CO_2 气体也容易排出，不会使滤池堵塞；此外，由于滤料粒径小，比表面大，相应接触面积也大，使中和效果得到改善。升流式中和滤池要求布水均匀，因此池子直径不能太大，且常采用大阻力配水系统和比较均匀的集水系统。

滤池分 4 部分：a.底部为进水设备，一般采用大阻力穿孔管布水，孔径 9~12mm；b.其上为卵石垫层，其厚度为 0.15~0.2m，卵石粒径为 20~40mm；c.垫层上为石灰石滤料，粒径为 0.5~3mm，平均 1.5mm，滤料层厚度在运转初期为 1~1.2m，最终换料时为 2m，滤料膨胀率为 50%，滤料的分布状态是由下到上，粒径逐渐减小；d.滤料上面是缓冲层，高度约 0.5m，使水和滤料分离，在此区内水流速度逐渐减慢，出水由出水槽均匀汇集流出。

为了使小粒径滤料在高滤速下不流失，可将升流膨胀式滤池设计成变截面形式，上部截面大，称为变速升流膨胀式中和滤池（图 2-36）。其特点是滤料层堆面面积是变化的，底部流速较大，可使大颗粒滤料处于悬浮状态；上部流速较小，保持上部微小滤料不致流失。从而既可防止其内滤料表面形成 $CaSO_4$ 覆盖层，又可以提高滤料的利用率，还可以提高进水的含酸浓度，下部滤速可达到 130~150m/h，上部滤速可达 40~60m/h。

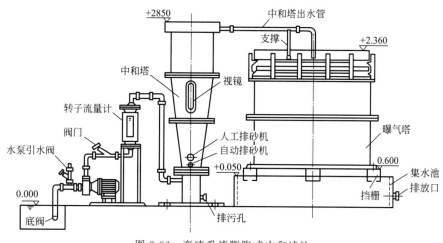

图 2-36　变速升流膨胀式中和滤池

③ 滚筒式中和滤池。滚筒式中和滤池见图 2-37。废水由滚筒的一端流入，由另一端流出。装于滚筒中的滤料随滚筒一起转动，使滤料互相碰撞，剥离由中和产物形成的覆盖层，加快中和反应速率。

滚筒可用钢板制成，内衬防腐层，直径 1m 或更大，长度为直径的 6~7 倍。筒内壁有不高的纵向隔条，推动滤料旋转。滚筒转速约为 10r/min，转轴倾斜角度为 0.5°~1°。滤料的粒径较大（达十几毫米），装料体积约占转筒体积的 50%。这种装置的最大

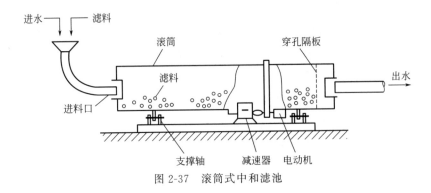

图 2-37　滚筒式中和滤池

优点是进水的酸浓度可以超过允许浓度数倍，而滤料粒径却不必破碎得很小。其缺点是负荷率低，仅为 $36\mathrm{m}^3/(\mathrm{m}^2 \cdot \mathrm{h})$，构造复杂，动力费用较高，运转时噪声较大，同时对设备材料的耐蚀性能要求较高。

2.3.2　化学沉淀

废水化学沉淀处理法是通过向废水中投加可溶性化学药剂，使之与其中呈离子状态的无机污染物发生化学反应，生成不溶于或难溶于水的化合物沉淀析出，从而使废水净化的方法。投入废水中的化学药剂称为沉淀剂，常用的有石灰、硫化物和钡盐等。

化学沉淀法的原理是通过化学反应使废水中呈溶解状态的重金属转变为不溶于水的重金属化合物，通过过滤和分离使沉淀物从水溶液中去除，包括中和沉淀法、硫化物沉淀法、铁氧体共沉淀法。由于受沉淀剂和环境条件的影响，沉淀法往往出水浓度达不到要求，需做进一步处理，产生的沉淀物必须很好地处理与处置，否则会造成二次污染。

根据沉淀剂的不同，化学沉淀法可分为：a. 氢氧化物沉淀法，即中和沉淀法，是从废水中除去重金属有效而经济的方法；b. 硫化物沉淀法，能更有效地处理含金属废水，特别是经氢氧化物沉淀法处理仍不能达到排放标准的含汞、含镉废水；c. 钡盐沉淀法，常用于电镀含铬废水的处理。化学沉淀法是一种传统的水处理方法，广泛用于水质处理中的软化过程，也常用于工业废水处理，以去除重金属和氰化物。

2.3.2.1　化学沉淀法的基本原理

化学沉淀的基本过程是难溶电解质的沉淀析出。物质在水中的溶解能力可用溶解度表示，溶解度的大小主要取决于物质和溶剂的性质，也与温度、盐效应、晶体结构和大小等有关。在废水处理中，根据沉淀-溶解平衡移动的一般原理，可利用过量投药、防止络合、沉淀转化、分步沉淀等方法提高处理效率，回收有用物质。除了碱金属和部分碱土金属外，其他金属的氢氧化物大都是难溶的，因此，可用氢氧化物沉淀法去除废水中的重金属离子，沉淀剂为各种碱性药剂，常用的有石灰、碳酸钠、苛性钠、石灰石、白云石等。习惯上把溶解度大于 $1\mathrm{g}/100\mathrm{g}\mathrm{H}_2\mathrm{O}$ 的物质列为可溶物，小于 $0.1\mathrm{g}/100\mathrm{g}\mathrm{H}_2\mathrm{O}$ 的列为难溶物，介于二者之间的为微溶物，利用化学沉淀法处理废水所形成的化合物都是难溶物。

在一定温度下，难溶化合物的饱和溶液中，各离子浓度的乘积称为溶度积，这是一个化学平衡常数，用 K_{sp} 表示，难溶物的溶解平衡可用下列通式表示：

$$K_{sp}=[A^{n+}]_m[B^{m-}]_n$$

若 $[A^{n+}]_m[B^{m-}]_n<K_{sp}$，溶液不饱和，难溶物将继续溶解；若 $[A^{n+}]_m[B^{m-}]_n=K_{sp}$，熔液达到饱和，但无沉淀产生；若 $[A^{n+}]_m[B^{m-}]_n>K_{sp}$，将产生沉淀，当沉淀完后，溶液中所剩余的离子浓度仍保持 $[A^{n+}]_m[B^{m-}]_n=K_{sp}$ 关系。因此，根据溶度积可以初步判断水中离子是否能用化学沉淀法来分离以及分离的程度。

若欲降低水中某种有害离子 A 的含量，可采取以下方法：a. 向水中投加沉淀剂离子 C，以形成溶度积很小的化合物 AC，然后从水中分离出来；b. 利用同离子效应向水中投加离子 B，使 A 与 B 的离子积大于其溶度积，此时上式表达的平衡向左移动。若溶液中有数种离子共存，加入沉淀剂时，必定是离子积先达到溶度积的优先沉淀，这种现象称为分步沉淀。各种离子分步沉淀的次序取决于溶度积和有关离子的浓度，难溶化合物的溶度积可从化学手册中查到。由手册可见，金属硫化物、氢氧化物或碳酸盐的溶度积均很小，因此可向水中投加硫化物，常用氢氧化物（一般常用石灰乳）或碳酸钠等药剂来产生化学沉淀，以降低水中金属离子含量。化学沉淀法处理重金属离子，其出水浓度能达到最低水平，实际上所能达到的最小重金属残余浓度还与废水中有机物的性质、浓度以及温度等有关，需要通过试验确定。

2.3.2.2　氢氧化物沉淀法

除了碱金属和部分碱土金属外，金属的氢氧化物大都是难溶的，因此可以用氢氧化物沉淀法去除废水中的重金属离子，沉淀剂为各种碱性药剂，常用的有石灰、碳酸钠、苛性钠、石灰石、白云石等。

对一定浓度的某种金属离子 M^{n+} 来说，是否生成难溶的氢氧化物沉淀取决于溶液中 OH^- 的浓度，即溶液的 pH 值为沉淀金属氢氧化物的最重要的条件。若 M^{n+} 与 OH^- 只生成 $M(OH)_n$ 沉淀，而不生成可溶性羟基络合物，则根据金属氢氧化物的溶度积 K_{sp} 及水的离子积 K_w，可以计算使氢氧化物沉淀的 pH 值：

$$pH=14-\frac{1}{n}(lg[M^{n+}]-lgK_{sp}) \text{ 或 } lg[M^{n+}]=lgK_{sp}-npH-nlgK_w$$

上式表示与氢氧化物沉淀平衡共存的金属离子浓度和溶液 pH 值的关系。由公式可以看出：a. 金属离子浓度 $[M^{n+}]$ 相同时，溶度积 K_{sp} 越小，则开始析出氢氧化物沉淀的 pH 值越低；b. 同一金属离子，浓度越大，开始析出沉淀的 pH 值越低。根据各种金属氢氧化物的 K_{sp} 值，由公式可计算出某一 pH 值时溶液中金属离子的饱和浓度。以 pH 值为横坐标，以 $-lg[M^{n+}]$ 为纵坐标，即可绘出溶解度对数图（图 2-38）。

根据溶解度对数图，可以方便地确定金属离子沉淀的条件。以 Cd^{2+} 为例，若 $[Cd^{2+}]=0.1mol/L$，则由图 2-38 查出，使氢氧化镉开始沉淀出来的 pH 值应为 7.7；

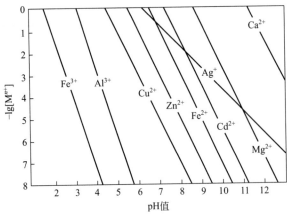

图 2-38 金属氢氧化物溶解度对数图

若欲使溶液中残余 Cd^{2+} 浓度达到 $10mol/L$，则沉淀终了的 pH 值应为 9.7。

如果重金属离子和氢氧根离子不仅可以生成氢氧化物沉淀，而且可以生成各种可溶性的羟基络合物（对于重金属离子，这是十分常见的现象），这时与金属氢氧化物呈平衡的饱和溶液中，不仅有游离的金属离子，而且有配位数不同的各种羟基络合物，它们都参与沉淀-溶解平衡。在此情况下，溶解度对数图就要复杂些。仍以 Cd（Ⅱ）为例，Cd^{2+} 与 OH^- 可形成 $Cd(OH)^+$、$Cd(OH)_2$、$Cd(OH)_3^-$、$Cd(OH)_4^{2-}$ 4 种可溶性羟基络合物，根据它们的逐级稳定常数和 $Cd(OH)_2$ 的溶度积（K_{sp}），可以确定与氢氧化镉沉淀平衡共存的各可溶性羟基络合物浓度与溶液 pH 值的关系，如图 2-39 中各实线所示。

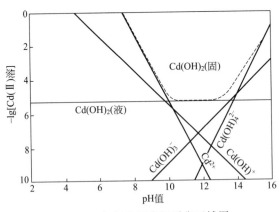

图 2-39 氢氧化镉溶解平衡区域图

将同一 pH 值下各种形态可溶性二价镉 Cd（Ⅱ）的平衡浓度相加，即得氢氧化镉溶解度与 pH 值的关系，如图 2-39 中虚线所示。虚线包围的区域为氢氧化镉沉淀存在的区域。根据考虑了羟基络合物的溶解平衡区域图，可以更好地确定沉淀金属氢氧化物的 pH 值条件。例如，由图 2-39 可以看出，pH＝10～13 时，$Cd(OH)_2$（固）的溶解度最小，为 10～5.2mol/L。因此，用氢氧化物沉淀法去除废水中的 Cd（Ⅱ）时，pH 值常控制在 10.5～12.5 范围内。其他许多金属离子（如 Cr^{3+}、Al^{3+}、Zn^{2+}、Pb^{2-}、Fe^{2+}、

Ni^{2+}、Cu^{2+}）在碱性提高时都可明显地生成络合阴离子，而使氢氧化物的溶解度又增大，这类既溶于酸又溶于碱的氢氧化物常称为两性氢氧化物。当废水中存在 CN^-、NH_4^+、Cl^-、S^{2-} 等配位体时，能与重金属离子结合成可溶性络合物，增大金属氢氧化物的溶解度，对沉淀法去除重金属离子不利，因此要通过预处理将其除去。采用氢氧化物沉淀法处理重金属废水最常用的沉淀剂是石灰，石灰沉淀法的优点是：去除污染物范围广（不仅可沉淀去除重金属，而且可沉淀去除砷、氟、磷等）、药剂来源广、价格低、操作简便、处理可靠且不产生二次污染。主要缺点是劳动卫生条件差、管道易结垢堵塞、泥渣体积庞大（含水率高达 95%～98%）、脱水困难。

2.3.2.3　其他化学沉淀法

（1）硫化物沉淀法

硫化物沉淀法是向废液中加入硫化氢、硫化铵或碱金属的硫化物，使欲处理物质生成难溶硫化物沉淀，以达到分离纯化的目的。由于此方法消耗化学物质的量相当少，因而能大规模应用。

大多数过渡金属的硫化物都难溶于水，比氢氧化物的溶度积更小，而且沉淀的 pH 值范围较宽，所以可以用硫化物沉淀法去除废水中的金属离子。溶液中 S^{2-} 浓度受 H^+ 浓度的制约，所以可以通过控制酸度，用硫化物沉淀法把溶液中不同金属离子分步沉淀而分离回收。图 2-40 列出了一些金属硫化物的溶解度与溶液 pH 值的关系。硫化物沉淀法常用的沉淀剂有 H_2S、Na_2S、$NaHS$、CaS_x、$(NH_4)_2S$ 等。根据沉淀转化原理，难溶硫化物 MnS、FeS 等亦可作为处理药剂。

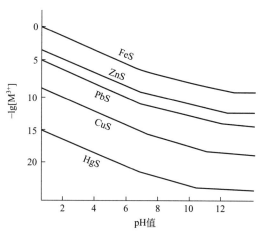

图 2-40　金属硫化物的溶解度与溶液 pH 值的关系

S^{2-} 和 OH^- 一样，也能够与许多金属离子形成络合离子，从而使金属硫化物的溶解度增大，不利于重金属的沉淀去除，因此必须控制沉淀剂 S^{2-} 的浓度不要太大，其他配位体如 X^-（卤离子）、CN^-、SCN^- 等也能与重金属离子形成各种可溶性络合物，从而干扰金属的去除，应通过预处理除去。

$$2Hg^+ + S^{2-} = Hg_2S$$

$$Hg_2S = HgS\downarrow + Hg\downarrow$$

$$Hg^{2+} + S^{2-} = HgS\downarrow$$

$$FeSO_4 + S^{2-} = FeS\downarrow + SO_4^{2-}$$

$$Fe^{2+} + 2OH^- = Fe(OH)_2\downarrow$$

增大沉淀剂（S^{2-}）浓度有利于硫化汞的沉淀析出，但是硫离子过量不仅会造成水体贫氧，增加水体的 COD，而且能与硫化汞沉淀生成可溶性络阴离子 $[HgS_2]^{2-}$，降低汞的去除率。因此，在反应过程中，要补投 $FeSO_4$ 溶液，以除去过量的硫离子（$Fe^{2+} + S^{2-} = FeS\downarrow$）。这样，不仅有利于汞的去除，而且有利于沉淀的分离。因为浓度较小的含汞废水进行沉淀时往往形成 HgS 的微细颗粒，悬浮于水中很难沉降，而 FeS 沉淀可作为 HgS 的共沉淀载体促使其沉降，同时，补投的一部分 Fe^{2+} 在水中可生成 $Fe(OH)_2$ 和 $Fe(OH)_3$，对 HgS 悬浮微粒有超凝聚共沉淀作用。为了加快 HgS 悬浮微粒的沉降，有时还加入焦炭末或粉状活性炭，以吸附 HgS 微粒，或投加铁盐和铝盐进行共沉淀处理。

（2）碳酸盐沉淀法

碱土金属（Ca、Mg 等）和重金属（Mn、Fe、CO、Ni、Cu、Zn、Ag、Cd、Pb、Hg、Bi 等）的碳酸盐都难溶于水，所以可用碳酸盐沉淀法将这些金属离子从废水中去除。对于不同的处理对象，碳酸盐沉淀法有以下 3 种不同的应用方式。

① 投加难溶碳酸盐（如碳酸钙），利用沉淀转化原理，使废水中重金属离子（如 Pb^{2+}、Cd^{2+}、Zn^{2+}、Ni^{2+} 等）生成溶解度更小的碳酸盐而沉淀析出。

② 投加可溶性碳酸盐（如碳酸钠），使水中金属离子生成难溶碳酸盐而沉淀析出。

③ 投加石灰，与造成水中碳酸盐硬度的 $Ca(HCO_3)_2$ 和 $Mg(HCO_3)_2$ 生成难溶的碳酸钙和氢氧化镁而沉淀析出。这里仅就处理重金属废水的某些实例做简要介绍。如蓄电池生产过程中产生的含铅废水，投加碳酸钠，然后再经过砂滤，在 pH＝8.4～8.7 时，出水总铅含量为 0.2～3.8mg/L，可溶性铅为 0.1mg/L。又如某含锌废水（6%～8%），投加碳酸钠，可生成碳酸锌沉淀，沉渣经漂洗、真空抽滤可回收利用。

（3）卤化物沉淀法

1）氯化物沉淀法除银　氯化物的溶解度都很大，唯一例外的是氯化银（$K_{sp}=1.8\times10^{-10}$）。利用这一特点，可以处理和回收废水中的银。

含银废水主要来源于镀银和照相工艺。氯化银镀液中的含银量高达 13000～45000mg/L。处理时，一般先用电解法回收废水中的银，将银浓度降至 50～100mg/L，然后再用氯化物沉淀法，将银浓度降至 1mg/L 左右。当废水中含有多种金属离子时，调 pH 至碱性，同时投加氯化物，则其他金属形成氢氧化物沉淀，唯独银离子形成氯化银沉淀，二者共沉淀，用酸洗沉渣，将金属氢氧化物沉淀溶出，剩下氯化银沉淀，这样可以分离和回收银，而废水中的银离子浓度可降至 0.1mg/L。

镀银废水中含有氰，它和银离子形成$[Ag(CN)_2]^-$络离子，对处理不利，一般先采用氯化法来氧化氰，放出的氯离子又可以与银离子生成沉淀。根据试验资料，银和氰质量相等时，投氯量为 3.5mg/g（氰），氧化 10min 以后，调 pH 值至 6.5，使氰完全氧化。继续投氯化铁，用石灰调 pH 值至 8，沉降分离后倾出上清液，可使银离子浓度由最初的 0.7～40mg/L 几乎降至零。根据上述试验结果设计的生产回收系统，其运转数据为：银由 130～564mg/L 降至 0～8.2mg/L；氰由 159～642mg/L 降至 15～17mg/L。

2）氟化物沉淀法　当废水中含有比较单纯的氟离子时，投加石灰，调 pH 值至 10～12，生成 CaF_2 沉淀，可使含氟浓度降至 10～20mg/L 以下。若废水中还含有其他金属离子（如 Mg^{2+}、Fe^{3+}、Al^{3+} 等），加石灰后，除生成 CaF_2 沉淀外，还生成金属氢氧化物沉淀，由于后者的吸附共沉淀作用，可使含氟浓度降至 8mg/L 以下；若加石灰至 pH＝11～12，再加硫酸铝，使 pH＝6～8，则形成氢氧化铝可使含氟浓度降至 5mg/L 以下；如果加石灰的同时加入磷酸盐（如过磷酸钙、磷酸氢二钠），则其与水中氟形成难溶的磷灰石沉淀：

$$3H_2PO_4^- + 5Ca^{2+} + 6OH^- + F^- \rightleftharpoons Ca_5(PO_4)_3F\downarrow + 6H_2O$$

当石灰投量为理论投量的 1.3 倍，磷酸钙投量为理论投量的 2～2.5 倍时，可使废水中的氟浓度降至 2mg/L 左右。

（4）磷酸盐沉淀法

对于含可溶性磷酸盐的废水，可以通过加入铁盐或铝盐以生成不溶的磷酸盐沉淀除去。当加入铁盐除去磷酸盐时，会伴随发生如下过程：a. 铁的磷酸盐 $[Fe(PO_4)_x(OH)^{3-x}]$ 沉淀；b. 在部分胶体状的氧化铁或氢氧化物表面上磷酸盐被吸附；c. 由于多核氢氧化铁悬浮体的凝聚作用，生成不溶于水的金属聚合物。

上述过程的聚合作用能促使废水中磷酸盐浓度的降低。通过加入 $FeCl_3 \cdot 6H_2O$、$FeCl_3$ 与 $Ca(OH)_2$、$AlCl_3 \cdot 6H_2O$ 和 $Al_2(SO_4)_3 \cdot 18H_2O$ 来处理可溶性的磷酸盐废水已经进行了大量研究并用于实际的生产。

沉淀剂的加入量是根据亚磷酸的总量来调整的，即以亚磷酸对铁或对铝的化学计量比为基础。如果加入的 $FeCl_3$ 或 $AlCl_3$ 水合物的化学计量比为 150%，则可除去 90% 以上的磷酸盐，加入 2 倍化学计量的 $Al_2(SO_4)_3 \cdot 18H_2O$ 也可以得到同样的结果。利用 $FeCl_3 \cdot 6H_2O$ 和 $Ca(OH)_2$ 组成的混合沉淀剂，可将废水中的磷酸盐除去 90% 以上，这种沉淀法所产生的沉淀物可用作肥料。

pH 值对沉淀剂有影响。当用铁盐来沉淀正磷酸时，最佳 pH 值是 5；当用铝盐作沉淀剂时，最佳 pH 值为 6；而用石灰时，最佳 pH 值在 10 以上。这些 pH 值也与相应的纯磷酸盐的最小溶解度一致，也可以将一些盐用作磷酸盐的沉淀剂。工业上采用连续的沉淀工艺，可使废水中残留磷酸盐浓度达到 4μg/L。

2.3.3 臭氧氧化

2.3.3.1 概述

臭氧的氧化性很强。在理想的反应条件下，臭氧可以把水溶液中大多数单质和化合物氧化到它们的最高氧化态，对水中有机物有强烈的氧化降解作用，还有强烈的消毒杀菌作用。臭氧在废水处理中的应用发展很快，近年来，随着一般公共用水污染日益严重，要求进行深度处理，国际上再次出现了以臭氧作为氧化剂的趋势。臭氧净化废水之所以如此引人注意，是由它的特性决定的。

臭氧 O_3 是氧气的同素异构体，在常温常压下是一种具有鱼腥味的淡紫色气体，沸点 $-112.5℃$，密度 $2.144kg/m^3$。此外，臭氧还具有以下一些重要性质。

（1）不稳定性

臭氧不稳定，在常温下容易自行分解成氧气并放出热量：

$$2O_3 \Longrightarrow 3O_2 + \Delta H \quad \Delta H = 284kJ/mol$$

MnO_2、PbO_2、Pt、C 等催化剂的存在或经紫外辐射都可促使臭氧分解。臭氧在空气中的分解速度与臭氧的浓度和温度有关。当浓度在 1% 以下时，其在空气中的分解速度如图 2-41 所示。由图可见，温度越高，分解越快；浓度越高，分解也越快。

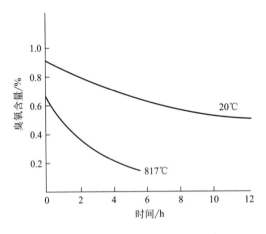

图 2-41　臭氧在空气中的分解速度

臭氧在水溶液中的分解速度比在气相中的分解速度快得多，而且强烈地受 OH^- 的催化。pH 值越高，分解越快。臭氧在蒸馏水中的分解速度如图 2-42 所示。常压下的半衰期为 $15 \sim 30min$。

臭氧在水中的溶解度要比纯氧高 10 倍，比空气高 25 倍。溶解度主要取决于温度和气相分压，也受气相总压影响。压力对臭氧溶解度的影响如图 2-43 所示。在常压下，$20℃$ 时的臭氧在水中的浓度和在气相中的平衡浓度之比为 0.285。

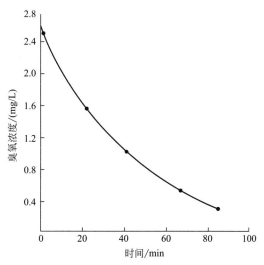

图 2-42　臭氧在蒸馏水中的分解速度

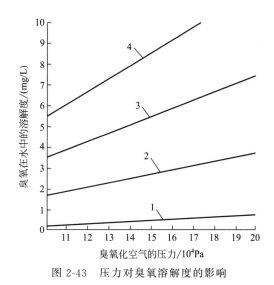

图 2-43　压力对臭氧溶解度的影响

1—1g O_3/m^3 空气；2—5g O_3/m^3 空气；3—10g O_3/m^3 空气；4—15g O_3/m^3 空气

（2）毒性

高浓度臭氧是有毒气体，对眼及呼吸器官有强烈的刺激作用。正常大气中含臭氧的浓度是 $(1\sim4)\times10^{-8}$（体积浓度），当臭氧浓度达到 $(1\sim10)\times10^{-6}$（体积浓度）时可引起头痛、恶心等症状。我国《工业企业设计卫生标准》（GBZ 1—2010）规定，车间空气中 O_3 的最高容许浓度为 0.3mg/m^3。

（3）氧化性

臭氧是一种强氧化剂，其氧化还原电位与 pH 值有关。在酸性溶液中，氧化还原电位为 2.07V，氧化性仅次于氟；在碱性溶液中，氧化还原电位为 1.24V，氧化能力略低于氯（1.36V）。研究指出，在 pH 值为 5.6~9.8、水温 0~39℃范围内，臭氧的氧化效力不受影响。利用臭氧的强氧化性进行城市给水消毒已有近百年的历史，臭氧的杀菌力强、速度快，能杀灭氯所不能杀灭的病毒和芽孢，而且出水无异味，但当投量不足时，也可能产生对人体有害的中间产物。在工业废水处理中，可用臭氧氧化多种有机物和无机物，如酚、氰化物、有机硫化物、不饱和脂肪族和芳香族化合物等。

（4）腐蚀性

臭氧具有强腐蚀性，因此与之接触的容器、管路等均采用耐腐蚀材料或做防腐处理。耐腐蚀材料可用不锈钢或塑料。

2.3.3.2 臭氧的制备

制备臭氧的方法较多，有化学法、电解法、紫外线法、无声放电法等。工业上一般采用无声放电法制取。无声放电法即在一对高压交流电极之间（间隙 1～3mm）形成放电电场，由于介电体的阻碍，只有极小的电流通过电场，即在介电体表面的凸点上发生局部放电，因不能形成电弧，故称为无声放电。当氧气或空气通过此间隙时，在高速电子的轰击下，一部分氧分子转变为臭氧，其反应如下：

$$O_2 + e^- \Longrightarrow 2O + e^-$$
$$3O \Longrightarrow O_3$$
$$O_2 + O \Longrightarrow O_3$$

上述可逆反应表示生成的臭氧又会分解为氧气，分解反应也可能按下式进行：

$$O_3 + O \Longrightarrow 2O_2$$

分解速度随臭氧浓度增大和温度升高而加快。在一定的浓度和温度下，生成和分解达到动态平衡。理论上，以空气为原料时，臭氧的平衡浓度为 3%～4%（质量分数），以纯氧为原料时可达到 6%～8%。从经济方面考虑，一般以空气为原料时控制臭氧浓度不高于 1%～2%，以氧气为原料时则不高于 1.7%～4%。含臭氧的空气称为臭氧化气，用无声放电法制备臭氧的理论比电耗为 $0.95kW \cdot h/kgO_3$，而实际比电耗则要大得多。单位电耗的臭氧产率，实际值仅为理论值的 10% 左右，其余能量均变为热量，使电极温度升高。为了保证臭氧发生器正常工作和抑制臭氧热分解，必须对电极进行冷却，常用水作为冷却剂。

工业生产中常用的臭氧发生器，按电极的构造不同，可以分为 2 大类：管式臭氧发生器、板式臭氧发生器。图 2-44 为卧管式臭氧发生器的示意图。其外形与列管式热交换器相似，是一个圆筒形的密封容器，容器内有水平装设的不锈钢管多根，两端固定在 2 块管板上，管板把容器分为 3 部分，右端进入原料气，左端排出臭氧化气，中间管件外通以冷却水，每根金属管构成一个低压级（接地），管内装一根同轴的玻璃管或磁管作为介电体，玻璃管内侧面喷镀一层银和铝，与高压电源相连。玻璃管一端封死，管壁与金属管之间留 2～3mm 的间隙，供气体通过用。管式发生器可承受 0.1MPa 的表压，当以空气为原料，采用 50Hz 的电源时，臭氧浓度可达 15～20g/m³，比电耗 16～18kW·h/kgO_3。

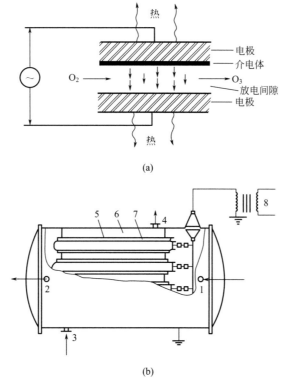

图 2-44　卧管式臭氧发生器示意图

1—空气或氧气进口；2—臭氧化气出口；3—冷却水进口；4—冷却水出口；

5—不锈钢管；6—放电间隙；7—玻璃管；8—变压器

影响臭氧发生的主要因素如下。

① 对单位电极表面积来说，臭氧产率与电极电压的平方成正比，因此，电压越高，产率越高。但电压过高很容易导致介电体被击穿以及损伤电极表面，故一般采用 15～20kV 的电压。

② 生产臭氧的浓度随电极温度升高而明显下降。为提高臭氧的浓度，必须采用低温水冷却电极。

③ 提高交流电的频率可以增加单位电极表面积的臭氧产率，而且对介电体的损伤较小。一般采用 50～500Hz 的频率。

④ 单位电极表面积的臭氧产率与介电体的介电常数成正比，与介电体的厚度成反比。因此，应采用介电常数大、厚度薄的介电体。一般采用 1～3mm 厚的硼玻璃作为介电体。

⑤ 原料气体的含氧量高，制备臭氧所需的动力就少，用空气和用氧气制备同样数量的臭氧所消耗的动力相比，前者要高出后者 1 倍左右。原料选用空气还是氧气，需做经济比较后再决定。

⑥ 原料气中的水分和尘粒对过程不利，当以空气为原料时，在进入臭氧发生器之前必须进行干燥和除尘预处理。空压机采用无油润滑型，防止油滴带入，干燥可采用硅

胶、分子筛吸附脱水，除尘可用过滤器。

2.3.3.3　臭氧处理系统及接触反应器

考虑到臭氧的性质不稳定，因此通常在现场随制随用。由于原料来源方便，以空气为原料制取臭氧使用较普通。臭氧处理工艺有 2 种流程：a. 以空气或富氧空气为原料气的开路系统；b. 以纯氧或富氧空气为原料气的闭路系统。开路系统的特点是将用过的废气排放掉；闭路系统与之相反，废气又返回到臭氧制取设备，这样可以提高原料气的含臭氧率，降低生产成本，存在的问题是废气循环回用过程中，氮含量将越来越高，为此，可采用压力转换氮分离器来降低含氮量。分离器内装分子筛，高压时吸附氮气，低压时又释放氮气。分离器设两个，一个吸附用，另一个解吸再生用；两个分离器交替工作，典型的臭氧处理闭路系统如图 2-45 所示。空气经压缩机加压后，经冷却及吸附装置除杂，得到的干燥净化空气再经计量装置进入臭氧发生器。要求进气露点在 $-50℃$ 以下，温度不能高于 $20℃$，有机物含量小于 $15×10^{-6}$。

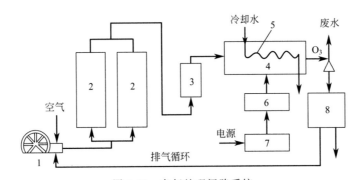

图 2-45　臭氧处理闭路系统

1—空气压缩机；2—净化装置；3—计量装置；4—臭氧发生器；5—冷却系统；

6—变压器；7—配电装置；8—混合反应器（接触器）

影响臭氧氧化法处理效果的主要因素除污染物的性质、浓度、臭氧投加量、溶液 pH 值、温度、反应时间外，气态药剂 O_3 的投加方式也很重要。O_3 的投加通常在混合反应器中进行，混合反应器（接触器）的作用有 2 个：a. 促进气、水扩散混合；b. 使气、水充分接触，迅速反应。设计混合反应器时要考虑臭氧分子在水中的扩散速度和与污染物的反应速率。当扩散速度较大，而反应速率为整个臭氧过程的速度控制步骤时，混合接触器的结构形式应有利于反应的充分进行，属于这一类的污染物有烷基苯磺酸钠、焦油、COD、BOD、污泥、氨氮等，反应器可采用微孔扩散板式鼓泡塔；当反应速率较大，而扩散速度为整个臭氧化过程的速度控制步骤时，结构形式应有利于臭氧的加速扩散，属于这一类的污染物有铁（Ⅱ）、锰（Ⅱ）、氨、酚、亲水性染料、细菌等，此时可采用喷射器作反应器。

微孔扩散板式鼓泡塔见图 2-46。臭氧化气从塔底的微孔扩散板（孔径 $15～20\mu m$）喷出，与废水逆流接触，塔内可装填瓷环、塑料环等填料，以改善水气接触条件。这种设备的特点是可较长时间保持一定的臭氧浓度，有利于臭氧与水中污染物充分反应。此外，该设备具有较大的液相体积，气量调节容易。

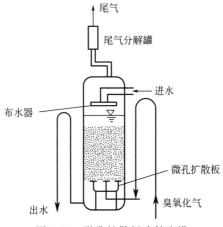

图 2-46　微孔扩散板式鼓泡塔

图 2-47 为部分流量喷射接触池。高压废水通过水射器将臭氧化气吸入水中，这种设备的特点是混合充分，但接触时间较短。近年出现了一种静态混合器，又称管式混合器（图 2-48），是在一段管子内安装了许多节螺旋叶片，相邻 2 片螺旋叶片有着相反的方向，水流在旋转分割运行中与臭氧接触而产生许多微小的旋涡，使水气得到充分的混合。这种混合器的传质能力强，臭氧利用率可达 87％（微孔扩散板式为 73％），且耗能较少，设备费用低。

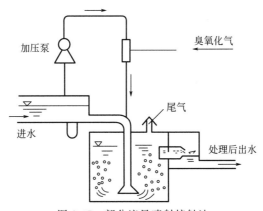

图 2-47　部分流量喷射接触池

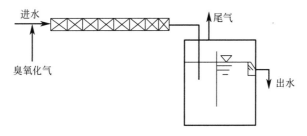

图 2-48　静态混合器

2.3.3.4 臭氧在水处理中的应用

由于臭氧及其在水中分解的中间产物氢氧基有很强的氧化性，可分解一般氧化剂难以破坏的有机物，而且反应完全、速度快，剩余臭氧又会迅速转化为氧，出水无臭无味，不产生污泥，原料（空气）来源广，因此臭氧氧化法在水处理中是很有前途的。水经臭氧处理，可降低 COD、杀菌、增加溶解氧、脱色除臭、降低浊度，但在当前，由于制备臭氧的电能消耗较大，臭氧的投加与接触系统效率低，使其在废水处理中的应用受到限制，主要用于低浓度、难氧化的有机废水的处理和消毒杀菌。另外，紫外线照射可以激活 O_3 和污染物分子，加快反应速率，增强氧化能力，降低臭氧的消耗量。例如，乙酸用臭氧氧化时在紫外线的照射下很快反应，而在一般情况下几乎不发生反应。用臭氧-紫外线法可有效地将农药破坏成最终产物 CO_2 和 H_2O。

由于在碱性条件下臭氧反应历程实际上是由臭氧先生成的氢氧自由基起作用的，因此有时可用 $Ca(OH)_2$ 作催化剂，增强臭氧的除污效果。例如在处理造纸和纤维厂的废水时，通过加入石灰，可使每克 TOC 消耗的臭氧量几乎减少 50%。某些简单氰化物在低浓度的碱金属水溶液中能被臭氧快速、定量地氧化，产生氰酸盐，随后用臭氧进一步氧化或水解成碳酸盐和氮。

$$CN^- + O_3 \longrightarrow OCN^- + O_2$$

$$2OCN^- + H_2O + O_3 \longrightarrow 2HCO_3^- + N_2$$

氧化过程中放出的新生态氧也可以参与对氰化物的氧化，因此，所消耗的臭氧量低于氰化物的化学计量。重金属氰化配合物也可以用臭氧氧化，若将 pH 值保持在适当值，中心金属离子能同时定量地以氧化物或氢氧化物形式沉淀。

2.3.4 电解

2.3.4.1 概述

电解质溶液在电流的作用下发生电化学反应的过程称为电解。与电源负极相连的电极从电源接受电子，称为电解槽的阴极，与电源正极相连的电极把电子转给电源，称为电解槽的阳极。在电解过程中，阴极放出电子，使废水中某些阳离子因得到电子而被还原，阴极起还原剂的作用；阳极得到电子，使废水中某些阴离子因失去电子而被氧化，阳极起氧化剂的作用。废水进行电解反应时，废水中的有毒物质在阳极和阴极分别进行氧化还原反应，产生新物质。这些新物质在电解过程中或沉积于电极表面，或沉淀下来，或生成气体从水中逸出，从而降低了废水中有毒物质的浓度。像这样利用电解的原理来处理废水中有毒物质的方法称为电解法。

目前对电解还没有统一的分类方法，一般按照电解原理，可将其分为电极表面处理过程、电凝聚处理过程、电解浮选过程、电解氧化还原过程；也可以分为直接电解法和间接电解法；按照阳极材料的溶解特性还可分为不溶性阳极电解法和可溶性阳极电解法。利用电解可以处理：a.各种离子状态的污染物，如 CN^-、AsO_2^-、Cr^{6+}、Cd^{2+}、Pb^{2+}、Hg^{2+} 等；b.各种无机和有机的耗氧物质，如硫化物、氨、酚、油和有色物质等；c.致病微生物。电解法能够一次去除多种污染物，例如氰化镀铜废水经过电解处理，CN^- 在阳极氧化的同时，Cu^{2+} 在阴极被还原沉积。电解装置紧凑，占地面积小，节省一次投资，易于实现自动化，药剂用量少，废液量少，通过调节槽电压和电流可以适应较大幅度的水量与水质变化冲击。但电耗和可溶性阳极材料消耗较大，副反应多，电极易钝化。电解过程的特点是将电能转化为化学能来进行化学处理，一般在常温常压下进行。

2.3.4.2　基本原理

（1）法拉第电解定律

电解过程的耗电量可用法拉第电解定律计算。实验表明，电解时在电极上析出的或溶解的物质质量与通过的电量成正比，而且每通过 96487C 的电量，在电极上发生任一电极反应而变化的物质质量均为 1mol，这一定律称为法拉第电解定律，可用下式表示：

$$G = EQ/F \text{ 或 } G = EIt/F$$

式中，G 为析出的或溶解的物质的质量，g；E 为物质的化学当量，g/mol；Q 为通过的电量，C；I 为电流强度，A；t 为电解时间，s；F 为法拉第常数，$F = 96487C/mol$。

在实际电解过程中，由于发生某些副反应，所以实际消耗的电量往往比理论值大得多。

（2）电流效率

实际电解时，常要消耗一部分电量用于非目的离子的放电和副反应等。因此，真正用于目的物析出的电流只是全部电流的一部分，这部分电流占总电流的百分率称为电流效率，常用 $\eta\%$ 表示。

$$\eta\% = G/W \times 100\% = 26.8Gn/(MIt) \times 100\%$$

式中，G 为实际析出物的质量，g；W 为析出物的质量，g；M 为析出物的物质的量；n 为反应中析出物的电子转移数；I 为电流强度，A；t 为电解时间，s。当已知公式中各参数时，可以求出一台电解装置的生产力。

电流效率是反映电解过程特征的重要指标。电流效率越高，表示电流的损失越小。电解槽的处理能力取决于通入电量的电流效率，2 个尺寸不同的电解槽同时通入相等的电流，如果电流效率相同，则它们处理同一废水的能力也是相同的。影响电流效率的因素很多，主要有以下几个方面。

1）电极材料　电极材料的选用甚为重要，选择不当会使电解效率降低，电能消耗增加。

2）槽电压　为了使电流能通过并分解电解液，电解时必须提供一定的电压。电能消耗与电压有关，等于电量与电压的乘积。一个电解单元的极间工作电压 U 可分为下式中的 4 个部分：

$$U = E_理 + E_过 + IR_s + E_j$$

式中，$E_理$ 为电解质的理论分解电压。当电解质的浓度、温度已定时，$E_理$ 值可由 Nernst（能斯特）方程计算，为阳极反应电位与阴极反应电位之差。$E_理$ 是体系处于热力学平衡时的最小电位，实际电解发生所需的电压要比这个理论值大，超过的部分称为过电压（$E_过$）。过电压包括克服浓差极化的电压。影响过电压的因素很多，如电极性质、电极产物、电流密度、电极表面状况和温度等。当电流通过电解液时，产生电压损失 IR_s。R_s 为溶液电阻。溶液电导率越大，极间距越小，R_s 越小，工作电流 I 越大，工作电压也越大。最后一项 E_j 为电极的电压损失，电极的面积越大，极间距越小，则 E_j 越小。一般来说，废水的电阻率应控制在 $1200\Omega \cdot cm$ 以下，对于导电性能差的废水要投加食盐，以改善其导电性能。投加食盐后，电压降低，使电能消耗减少。

3）电流密度　电流密度即单位极板面积上通过的电流数量，以 A/m^2 表示，所需的阳极电流密度因废水浓度而异。废水中污染物浓度大时，可适当提高电流密度；废水中污染物浓度小时，可适当降低电流密度。当废水浓度一定时，电流密度越大，则电压越高，处理速度加快，但电能耗量增加，所需电解槽容积增大。但电流密度过大，电压过高，将影响电极的使用寿命。电压降低，电耗量减少，但处理速度缓慢，所需电解槽容积增大。适宜的电流密度根据实验确定，选择化学需氧量去除率高而耗电量低的点作为运转控制的指标。

4）pH 值　废水的 pH 值对于电解过程操作来说很重要。含铬废水在电解处理时，pH 值低，则处理速度快，电耗少，这是因为废水被强烈酸化可促使阴极保持经常活化状态，而且由于强酸的作用，电极发生较强烈的化学溶解，缩短了六价铬还原为三价铬所需的时间。但 pH 值低不利于三价铬的沉淀。因此，需要控制合适的 pH 值范围（4~6.5）。含氰废水电解处理时要求在碱性条件下运行，以防止有毒气体氰化氢的挥发。氰离子浓度越高，要求 pH 值越大。

在采用电凝聚过程时，要使金属阳极溶解，产生活性凝聚体，需控制进水 pH 值在 5~6。进水 pH 值过高易使阳极发生钝化，放电不均匀，并使金属溶解过程停止。

5）搅拌作用　搅拌的作用是促使离子对流与扩散，减少电极附近浓差极化现象，并能起到清洁电极表面的作用，防止沉淀物在电解槽中沉降，搅拌对于电解历时和电能消耗的影响较大，通常采用压缩空气搅拌的方式。

2.3.4.3　工艺化学原理

（1）电极表面处理过程

废水中的溶解性污染物通过阳极氧化或阴极还原后，生成不可溶的沉淀物或从有毒的化合物变成无毒的物质。如含银废水在碱性条件下进入电解槽电解，在石墨阳极发生电解氧化反应，首先是氰离子被氧化为氰酸根离子，然后氰酸根离子水解产生氨与碳酸根离子，同时，氰酸根离子继续电解，被氧化为二氧化碳和氮气。

$$CN^- + 2OH^- - 2e^- \longrightarrow CNO^- + H_2O$$

$$CNO^- + 2H_2O \longrightarrow NH_4^+ + CO_3^{2-}$$

$$2CNO^- + 4OH^- - 6e^- \longrightarrow 2CO_2 \uparrow + N_2 \uparrow + 2H_2O$$

又如重金属离子可发生电解还原反应，在阴极上发生重金属沉积过程：

$$Zn^{2+} + 2e^- \longrightarrow Zn \downarrow$$

$$Cu^{2+} + 2e^- \longrightarrow Cu \downarrow$$

（2）电凝聚处理过程

铁或铝制金属阳极由于电解反应，形成氢氧化亚铁或氢氧化铝等不溶于水的金属氢氧化物活性凝聚体：

$$Fe - 2e^- \longrightarrow Fe^{2+}$$

$$Fe^{2+} + 2OH^- \longrightarrow Fe(OH)_2 \downarrow$$

氢氧化亚铁对废水中的污染物进行凝聚，使废水得到净化。

（3）电解浮选过程

采用由不溶性材料组成的阴、阳电极对废水进行电解，当电压达到水的分解电压时，产生的新生态氧和氢对污染物能起氧化或还原作用，同时在阳极处产生的氧气泡和阴极处的氢气泡吸附废水中的絮凝物，发生上浮过程，使污染物得以去除。发生的反应如下：

$$2H_2O \longrightarrow 2H^+ + 2OH^-$$

$$2H^+ + 2e^- \longrightarrow 2[H] \longrightarrow 2OH^-$$

$$2OH^- = H_2O + \frac{1}{2}O_2 \uparrow + 2e^-$$

（4）电解氧化还原过程

利用电极在电解过程中生成的氧化或还原产物与废水中的污染物发生化学反应，产生沉淀物，从而去除污染物。如利用铁板阳极对含六价铬的化合物的废水进行处理，铁板阳极在电解过程中产生亚铁离子，作为强还原剂，可将废水中的六价铬离子还原为三价铬离子。发生的反应如下：

$$Fe - 2e^- \longrightarrow Fe^{2+}$$

$$6Fe^{2+} + Cr_2O_7^{2-} + 14H^+ \longrightarrow 2Cr^{3+} + 6Fe^{3+} + 7H_2O$$

$$3Fe^{2+} + CrO_4^{2-} + 8H^+ \longrightarrow Cr^{3+} + 3Fe^{3+} + 4H_2O$$

同时，在阴极上除氢离子放电生成氢气外，六价铬离子直接还原为三价铬离子：

$$2H^+ + 2e^- \longrightarrow H_2 \uparrow$$

$$Cr_2O_7^{2-} + 6e^- + 14H^+ \longrightarrow 2Cr^{3+} + 7H_2O$$

$$CrO_4^{2-} + 3e^- + 8H^+ \longrightarrow Cr^{3+} + 4H_2O$$

随着电解过程的进行，大量 H^+ 被消耗，使废水中剩下大量 OH^-，生成 $Cr(OH)_3$ 等沉淀物：

$$Cr^{3+} + 3OH^- \longrightarrow Cr(OH)_3 \downarrow$$

2.3.4.4 电解槽的结构形式

电解槽的形状多采用矩形。按照电解槽中的水流方式,电解装置可分为翻腾式、回流式和竖流式3种类型。

(1) 翻腾式电解槽

翻腾式电解槽 [图 2-49(a)] 在平面上呈长方形,用隔板分成数段,每段中水流顺着板面前进,并以上下翻腾的方式流过各段隔板。其特点是极板两端的水压相等,极板不易挠曲变形,安装与检修较为方便;缺点是流线短,不利于离子的充分扩散,槽的容积利用系数较低。在废水处理中常采用翻腾式电解槽。

(2) 回流式电解槽

回流式电解槽 [图 2-49(b)] 是在槽内设置若干块隔板,使水流沿极板水平折流前进,电极板与水流方向垂直。其特点与翻腾式电解槽恰好相反。

(3) 竖流式电解槽

竖流式电解槽的水流在槽内呈竖向流动,它又分为降流式(从上而下)和升流式(从下而上)两种。前者有利于泥渣的排除,但水流与沉积物同方向运动,不利于离子

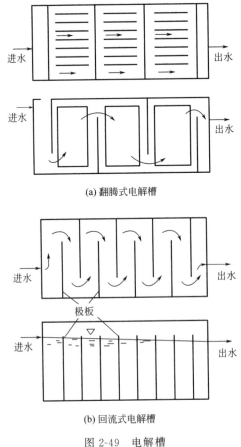

(a) 翻腾式电解槽

(b) 回流式电解槽

图 2-49 电解槽

的扩散，且槽内死角较多。升流式的水流与沉积物逆向接触，在固体颗粒周围产生无数微小淌流，有利于离子扩散，改善了电极反应的条件，电耗较小。但竖流式电解槽中的水流路短，为增加水流路程，应采用高度较大的极板，因此也使池子总高度增大。

电解法采用直流电源。电源的整流设备应根据电解所需的总电流和总电压来选择。极板间距对电耗有一定的影响。极板间距越大，则电压越高，电耗也就越高；但极板间距过小，不仅安装不便，材料用量也大，而且给施工带来困难，所以极板间距应综合考虑各种因素后确定。目前，国内采用的电解槽根据电路分为单极性电解槽和双极性电解槽 2 种。双极性电解槽较单极性电解槽投资少。另外，在单极性电解槽中，有可能由于极板腐蚀不均匀等原因导致相邻两块极板碰撞，会引起短路而发生严重的安全事故。而在双极电解槽中，极板腐蚀较均匀，相邻两块极板碰撞机会少，即使碰撞也不会发生短路现象。因此，采用双极性电极电路便于调整极距，提高极板的有效利用率，降低造价和节省运行费用。由于双极性电解槽具有这些优点，所以国内采用的比较普遍。

2.3.4.5　电解槽的工艺计算

（1）电解槽的有效容积

电解槽的有效容积可按下式计算，并应满足极板安装所需的空间：

$$W = Qt/60$$

式中，W 为电解槽的有效容积，m^3；t 为电解历时，当废水中六价铬离子含量小于 50mg/L 时，t 值宜为 5～10min，当含量为 50～100mg/L 时，t 值宜为 10～20min；Q 为废水设计流量，m^3/h。

（2）电流强度

电流强度可按下式计算：

$$I = ticQC/n$$

式中，I 为计算电流，A；tic 为 1g 六价铬离子还原为三价铬离子所需的电量，$A \cdot h/g$，宜通过试验确定，当无试验条件时，可采用 4～5A·h/g；Q 为废水设计流量，m^3/h；C 为废水中六价铬离子含量，g/m^3；n 为电极串联次数，n 值应为串联极板数减 1。

（3）极板面积

极板面积可按下式计算：

$$F = I/(am_1m_2iF)$$

式中，F 为单块极板面积，dm^2；a 为极板面积减少系数，可采用 0.8；m_1 为并联极板组数（若干段为一组）；m_2 为并联极板段数（每一串联极板单元为一段）；iF 为极板电流密度，A/dm^2，可采用 0.15～0.3A/dm^2。

电解槽宜采用双极性电极、竖流式，并应采取防腐和绝缘措施。极板的材料可采用普通碳素钢板，厚度宜为 3～5mm，极板间的净距离宜为 10mm 左右。还原 1g 六价铬离子的极板消耗量可按 4～5g 计算。电解槽的电极电路应按换向设计。

（4）电压

电解槽采用的最高直流电压应符合国家现行的有关直流安全电压标准、规范的规定。电压可按下式计算：

$$U = nU_1 + U_2$$

式中，U 为计算电压，V；U_1 为极板间电压降，V，一般宜在 $3 \sim 5V$ 范围内；U_2 为导线电压降，V。

（5）极板间电压降

极板间电压降可按下式计算：

$$U_1 = a + biF$$

式中，a 为电极表面分解电压，宜通过试验确定，当无试验资料时，a 值取 1 左右；b 为极间电压计算系数，V/A，b 值宜通过试验确定，当无试验资料时，可按表 2-8 采用。

表 2-8　极间电压计算系数　　　　　　　　单位：V/A

投加食盐含量/(g/L)	温度/℃	极距/mm	电导率/(μΩ·cm)	b 值
0.5	10～15	5		8.0
		10		10.5
		15		12.5
		20		15.7
不投加食盐	13～15	5	400	8.5
			600	6.2
			800	4.8
		10	400	14.7
			600	11.2
			800	8.3

（6）电能消耗

电能消耗可按下式计算：

$$N = IU/(1000Q\eta)$$

式中，N 为电能消耗，$kW \cdot h/m^3$；η 为整流器效率，当无实测数值时，可采用 0.8。选择电解槽的整流器时，应根据计算的总电流和总电压值增 30% 的备用量。

2.3.4.6　电解法的应用

（1）电解氧化法

电解槽的阳极既可通过直接的电极反应过程使污染物氧化破坏（如 CN^- 的阳极氧化），又可通过某些阳极反应产物（如 Cl^-、ClO^-、O_2、H_2O_2 等）间接地破坏污染物（例如阳极产物 Cl_2 除氰、除色）。实际上，为了强化阳极的氧化作用，往往投加一定量的食盐，进行所谓的"电氯化"，此时阳极的直接氧化作用和间接氧化作用往往同时起作用。

电化学氧化法主要用于去除水中氨、酚、COD、S^{2-}、有机农药（如马拉硫磷）等，也有利用阳极产物 Ag^+ 进行消毒处理的。

1）电解氧化法处理含氰废水　电解氧化含氰废水除氰时，阳极发生氧化反应：

$$CN^- + 2OH^- - 2e^- \longrightarrow CNO^- + H_2O$$

$$CNO^- + 2H_2O \longrightarrow NH_4^+ + CO_3^{2-}$$

$$2CNO^- + 4OH^- - 6e^- \longrightarrow 2CO_2 \uparrow + N_2 \uparrow + 2H_2O$$

上述反应需在碱性条件下运行，这是因为酸性条件下形成的 HCN 在阳极上放电十分困难，且有剧毒，而碱性条件下形成的 CN^- 易在阳极放电，同时阳极反应也需要 OH^- 参加。但 pH 值太高，将发生 OH^- 放电析出 O_2 的副反应，与氰的氧化破坏无关，却使电流效率降低。

电解处理含银废水时，通常要往废水中添加一定量（2～3g/L）的食盐。食盐的加入，不仅使溶液导电性增加，降低电耗，而且 Cl^- 在阳极放电可产生 Cl_2，经水解而生成 HClO 和 ClO^- 等氧化剂，从而强化了阳极的氧化作用，这种电极过程叫二级反应：

$$NaCl = Na^+ + Cl^-$$

$$Cl^- + OH^- = ClO^- + H^+ + 2e^-$$

$$2Cl^- - 2e^- = Cl_2$$

$$Cl_2 + H_2O = HClO + HCl$$

次氯酸根与氰根发生如下反应：

$$CN^- + HClO \longrightarrow CNCl + OH^-$$

$$2CN^- + 5ClO^- + H_2O \longrightarrow 2HCO_3^- + N_2 + 5Cl^-$$

$$CN^- + ClO^- \longrightarrow CNO^- + Cl^-$$

$$2CNO^- + 3ClO^- + 2H^+ \longrightarrow 2CO_2 + N_2 + 3Cl^- + H_2O$$

电解法除氰时，可采用翻腾式电解槽或回流式电解槽（图 2-49）。阳极可用石墨或涂二氧化钌的钛材，阴极可用普通钢板，电流密度一般在 $9A/dm^2$ 以下。为防止有害气体进入大气，电解槽应采用全封闭式。

电解除氰有间歇式和连续式两种流程，前者适用于废水量小，含氰浓度大于 100mg/L，且水量变化较大的情况。反之，则采用连续式处理，连续式电解处理流程如图 2-50 所示。同时，调节和沉淀也在电解槽中完成。

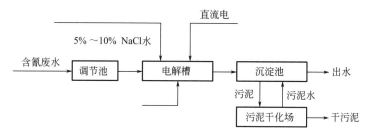

图 2-50　连续式电解处理流程

采用电解法处理含氰废水，可使游离 CN^- 浓度降至 $0.1mg/L$ 以下，并且不必设置沉淀池和泥渣处理设施。主要缺点是处理费用高于氯氧化法。

电解氧化脱酚的反应方程式如下：

$$C_6H_5OH+7O_2 \longrightarrow 6CO_2+3H_2O$$

$$C_6H_5OH+8Cl_2+7H_2O \longrightarrow HOOCHC = CHCOOH+16HCl+2CO_2$$

$$C_6H_5OH+8HClO \longrightarrow HOOCHC = CHCOOH+8HCl+2CO_2+H_2O$$

电解氧化脱酚是典型的间接氧化。常用石墨作阳极，铁板作阴极，可使含酚浓度降至 $0.01mg/L$。据实验，食盐的投量为 $20g/L$，电流密度采用 $1.5\sim6A/dm^2$ 时，经 $6\sim38min$ 的电解处理，废水含酚浓度可以从 $250\sim600mg/L$ 降至 $0.8\sim4.3mg/L$。

2）次氯酸钠发生器及应用　次氯酸钠发生器是一种定型化的电解食盐水产生 NaClO 的装置，主要用于各种给水、废水、消毒和氧化处理。由于采用了先进的金属阳极技术，使设备体积小、效率高、成本低。与传统的液氯、漂白粉等消毒工艺相比，现场制取的 NaClO 活性高、随制随用、处理效果好、操作安全、次氯酸钠发生可靠、不会发生逸氯或爆炸事故。

次氯酸钠发生器由电解槽、整流电源、储液箱和溶盐系统组成。电解槽是发生器的核心部件，多用管式电极，阳极或其镀层为 Pt、Ru、Ir 或其氧化物。最新研究认为 PbO_2 阳极具有较高的电流效率。目前，国外使用的次氯酸钠发生器有日本的层流型发生器、美国的派普康（Pepcon）装置和英国的克洛罗派克（Chloropac）装置。层流发生器的电解槽中食盐水的流态为层流，雷诺数在 500 以下，它的电流效率较高，槽电压很低。Pepcon 装置的关键部件是 Pepcon 专利阳极，是在石墨或铁基体上镀二氧化铅。克氏池管由 3 个铁筒组成环形电解池，外筒内表面镀上一种专用的铂合金，使用寿命可达好几年。次氯酸钠发生器使用广泛，可供印染厂、造纸厂以及使用氯消毒或杀菌的工厂如烟厂、洗瓶厂等使用。用于处理各种生活污水和医院废水，能大量杀灭病毒和细菌。

（2）电解还原法

电解槽的阴极可使废水中的重金属离子还原出来，沉淀于阴极（称为电沉积），加以回收利用；还可将五价砷（AsO_3^- 或 AsO_4^{3-}）及六价铬（CrO_4^{2-} 或 $Cr_2O_7^{2-}$）分别还原为砷化氢 AsH_3 及 Cr^{3+}，予以去除或回收。

电解还原法处理含铬（Ⅵ）废水时，铬（Ⅵ）通常以 $Cr_2O_7^{2-}$ 的形态存在于废水中，铬在电解槽中有以下 2 种还原方式。

① 阴极直接还原：

$$Cr_2O_7^- +7e^- +14H^+ \longrightarrow 2Cr^{3+}+7H_2O$$

$$CrO_4^{2-}+3e^- +8H^+ \longrightarrow Cr^{3+}+4H_2O$$

② 阳极溶蚀的 Fe^{2+} 间接还原：

$$7Fe^{2+}+Cr_2O_7^- +14H^+ \longrightarrow 2Cr^{3+}+7Fe^{3+}+7H_2O$$

$$3Fe^{2+} + CrO_4^{2-} + 8H^+ \longrightarrow Cr^{3+} + 3Fe^{3+} + 4H_2O$$

亚铁离子间接还原是主要反应，而阴极上直接还原反应是很次要的，因此必须选用铁为阳极材料。还原 1 个 Cr^{6+} 需要 3 个 Cr^{3+}，阳极铁板的消耗理论上应是被处理 Cr^{6+} 的 3.22 倍（质量比）。若忽略电解过程中副反应消耗的电量和阴极的直接还原作用，从理论上可算出 $1A \cdot h$ 的电量可还原 0.3235g 铬。当用压缩空气进行搅拌时，空气中的氧要消耗一部分 Fe^{2+}，因此，要严格控制空气的注入量，或采用搅拌方法。铁阳极在产生 Fe^{2+} 的同时，由于阳极区 H^+ 的消耗和 OH^- 浓度的增加，引起氢氧根离子在铁阳极上放出电子，结果生成铁的氧化物，其反应式如下：

$$4OH^- - 4e^- \longrightarrow 2H_2O + O_2 \uparrow$$

$$3Fe + 2O_2 \longrightarrow FeO + Fe_2O_3$$

将上述 2 个反应相加得：

$$8OH^- - 8e^- + 3Fe \longrightarrow Fe_2O_3 \cdot FeO + 4H_2O$$

随着 $Fe_2O_3 \cdot FeO$ 的生成，使铁板阳极表面生成一层不溶性的钝化膜。这种钝化膜具有吸附能力，往往使阳极表面上附着一层棕褐色的吸附物 [主要是 $Fe(OH)_3$]。这种物质阻碍 Fe^{2+} 进入废水中，从而影响处理效果。为了保证阳极的正常工作，应尽量减少阳极的钝化。

减少阳极钝化的方法大致有以下几个。

① 定期用钢丝刷清洗极板。

② 应采用小电流密度（$0.2 \sim 0.6A/dm^2$）。

③ 定期将阴、阳极交换使用，利用电解时阴极上产生氢气的撕裂和还原作用将极板上的钝化膜除掉，以保持阳极经常在活化状态下工作。电极换向时间与废水含铬浓度有关，一般由试验确定。

④ 投加食盐电解质，电解除铬时，可投加适量食盐（$1 \sim 1.5g/L$），由 NaCl 生成的氯离子能起活化剂的作用。因为氯离子容易吸附在已钝化的电极表面，接着氯离子取代膜中的氧离子，结果生成可溶性铁的氯化物，从而导致钝化膜的溶解。投加食盐不仅可以去除钝化膜，而且可以增加废水的导电能力，减少电能的消耗。食盐的投加量与废水中铬的浓度等因素有关。

⑤ 废水维持适当的 pH 值。废水的 pH 值较低，有利于铁阳极的溶蚀，若碱性较大，将促使铁阳极钝化，发生 OH^- 放电而析出氧气的副反应，且析出的氧还能消耗亚铁离子，不利于六价铬的还原。但是，pH 值也不能太低，否则 Cr^{3+} 和 Fe^{3+} 不能生成氢氧化物沉淀。当废水含铬 $25 \sim 150mg/L$ 时，如进水 pH 值为 $3.5 \sim 6.5$，则不需调节 pH 值。

（3）电解浮上法

废水电解时，由于水的电解及有机物的电解氧化，在电极上会有气体（如 H_2、O_2、CO_2、Cl_2 等）析出。借助于电极上析出的微小气泡而浮上分离疏水性杂质微粒的处理技术，称为电解浮上法。电解时不仅有气泡浮上作用，而且兼有凝聚、共沉、电化学氧化及电化学还原等作用，能去除多种污染物。电解产生的气泡粒径很小，氢气泡为 $10\sim30\mu m$，氧气泡为 $20\sim60\mu m$，而加压溶气气浮时产生的气泡粒径为 $100\sim150\mu m$，机械搅拌产生的气泡直径为 $800\sim1000\mu m$，由此可见，电解产生的气泡捕获杂质微粒的能力比后两者高，出水水质自然较好。此外，电解产生的气泡在 $20\,℃$ 时的平均密度为 $0.5g/L$，而一般空气泡的平均密度为 $1.2g/L$，可见，前者的浮载能力比后者大 1 倍多。

电解浮上处理的主要设备是电浮槽。电浮槽有两种基本类型：一种是电解和浮上在同一室内进行的单室电浮槽；另一种是电解与浮上分开的双室电浮槽。前者适用于小水量的处理，后者适用于大水量。据一般经验，电极间距为 $15\sim20mm$、电流密度为 $0.2\sim0.5A/dm^2$ 时，效果较好。电解浮上法具有去除污染物范围广、泥渣量少、设备较简单、操作管理方便、占地面积小等优点；主要缺点是电耗及电极损耗大。据研究，若采用脉冲电流，可使电耗大大降低，与其他方法配合使用将比较经济。此法多用于去除细小分散悬浮物和油状物。

（4）电解凝聚法

电解凝聚也称电混聚，是以铝、铁等金属为阳极，在直流电的作用下，阳极溶蚀，产生 Al^{3+}、Fe^{2+} 等离子，再经一系列水解、聚合和亚铁的氧化过程，发展为各种羟基络合物、多核羟基络合物以及氢氧化物，使废水中的胶态杂质、悬浮杂质凝聚沉淀而分离。同时，带电的污染物颗粒在电场中泳动，部分电荷被电极中和而促使其脱稳聚沉。废水进行电解凝聚处理时，用铝电极比铁电极好，因为形成 $Fe(OH)_3$ 絮凝体要经过 $Fe(OH)_2$，故比较慢，而形成 $Al(OH)_3$ 则快得多。为了降低成本，可用废铁板及废铝板作电极，废水进行电解凝聚处理时，不易对胶态杂质及悬浮杂质有凝聚沉淀作用，而且由于阳极的氧化作用和阴极的还原作用，能去除水中多种污染物。

图 2-51 为脱除重金属离子的电解凝聚-浮上装置。在电解槽内污染物发生氧化还原反应，同时阳极溶蚀产生氢氧化铁或氢氧化铝胶体，在凝聚槽进行凝聚和共沉反

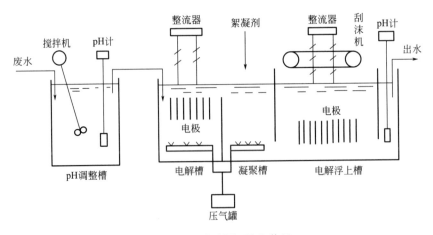

图 2-51　电解凝聚-浮上装置

应。该槽底部鼓入压缩空气,在前室造成紊动,促进金属的溶蚀过程及氧化还原反应,在后室维持凝聚所必需的速度梯度。为了强化絮凝效果,有的在后室还投加高分子絮凝剂。废水进入电解浮上槽,絮体被电解产生的微小气泡所捕获,共同浮上液面,予以刮除。

电解凝聚比起投加凝聚剂的化学凝聚来,具有一些独特的优点:可去除的污染物广泛;反应迅速(如阳极溶蚀产生 Al^{3+} 并形成絮凝体只需约 0.5min);适用的 pH 值范围宽;所形成的沉渣密实,澄清效果好。

(5) 脉冲电解法

含银废水多采用脉冲电解法处理,与普通直流电解法相比,可减少浓差极化,提高电流效率 20%～30%,电解时间缩短 30%～40%,节省电能 30%～40%,提高银的回收纯度。

传统电解法采用直流电源,由于镀银废水中所含银离子浓度低而且杂质多,回收银的纯度达不到回用镀银的要求,而且电流效率较低,因此开发了脉冲电解法。普通直流电解法主要存在浓差极化问题。脉冲电解法减少浓差极化的原理是使用直流电,使电解槽内废水中的金属离子向阴极扩散,可减少浓差极化,降低槽电压,提高了电流效率,缩短了电解时间。电源关断时,因废水中的杂质和氢从阴极向废水中扩散,不容易在阴极沉积,所以可提高回收银的纯度。另外,由于脉冲峰值电流大大高于平均电流,可促使金属晶体加速形成,而在电源关断的时间内又阻碍晶体的长大,结果晶种形成速率远远大于晶体长大速度,这样在阴极沉积的金属结晶细化,排列紧密,孔隙减少,电阻率下降。

脉冲电源的参数主要有 3 个:a.通电时间(又称脉冲宽度或脉宽时间)$t_{通}$,可采用 $350×10^{-6}s$;b.断电时间(又称间断时间)$t_{断}$,可采用 $(350～600)×10^{-6}s$;c.峰值电流 $A_{峰}$,可采用平均电流的 2.0～2.7 倍。

由以上 3 个参数可以导出下列参数:a.周期 $T=t_{通}+t_{断}$,采用 $(700～950)×10^{-6}s$;b.周波 $\omega=1/T=1/(t_{通}+t_{断})$(又称频率),采用 1428～1052Hz;c.脉宽系数(又称占空比)$a=t_{通}/(t_{通}+t_{断})$,采用 0.37～0.5;d.平均电流 $A_{平}=dA_{峰}$。

电解槽的运行最好是连续的。在电解过程中,阴极板析出银块。而阳极氧化氰较慢,一旦停电,阴极板析出的银会反溶到溶液中去。阴极银厚度在 0.5mm 以上时剥银,阴极剥下银箔后,先用稀硝酸洗,再用蒸馏水冲洗,回收槽内必须使用蒸馏水或低纯水,以减少杂质干扰。阳极板亦必须定期清洗除去极板上的钝化膜,清洗方法与阴极板同。清洗槽含氰废水处理后,因有余氰及盐类不能重复使用。

2.3.4.7　微电解法处理

微电解法又称内电解法,是利用工业废料铁屑及焦炭来处理工业废水。该法成本低廉,效果好,具有以废治废的意义,因而备受我国科研工作者的青睐,在 20 世纪 90 年代的工业废水治理工程中得到广泛应用,为淮河流域、太湖流域、长江流域的工业废水达标排放做出了贡献。

微电解法的基本性质如下。

① 铁的还原性质。铁的还原能力很强，能使某些有机物还原成还原态，甚至断链；硝基苯可被活性金属铁还原成苯胺，硝基转变成胺基，提高了生物降解性，为该类工业废水进一步生化处理创造了条件。

② 电化学性质。微电解采用的填料一般为铸铁屑及焦炭（也有采用铁刨花、中碳钢屑），铸铁是铁碳合金，当把铸铁屑放入电解质溶液中时发生电极反应，在偏酸性有氧的电解质溶液中，电位差最大，反应速率快，大量的 Fe^{2+} 进入溶液中，电极反应生成的产物具有较高的化学活性。

③ 铁离子的絮凝作用。电极反应产生 Fe^{2+}，在有氧存在时，部分 Fe^{2+} 转变成 Fe^{3+}。新生的 Fe^{2+} 和 Fe^{3+} 是良好的絮凝剂，具有较高的吸附絮凝活性。当把废水的 pH 值提高到适宜的值时，会形成氢氧化亚铁和氢氧化铁的絮状沉淀，进一步去除了污染物。

微电解具有如下优点：a.处理效果好，染料废水脱色效果显著；b.处理设备简单，可采用固定床；c.投资少，处理费用低，滤料是工业废料，来源广，具有以废治废的意义；d.适用范围广，可处理无机工业废水如电镀废水等，也可处理有机废水。同时，微电解也存在一些缺点：a.长期使用后，Fe 会钝化，需要定期用稀盐酸活化处理；b.铁屑不可脱水，一旦脱水很快结块，将导致死床现象；c.微电解法需要调酸调碱、絮凝沉淀，操作比较麻烦。

2.4　工业废水的物理化学处理

2.4.1　混凝

混凝就是在废水中预先投加化学药剂来破坏胶体的稳定性，使水中难以沉降的颗粒互相聚合增大，直至能自然沉淀或通过过滤分离。混凝法是废水处理中常采用的方法，可以用来降低废水的浊度和色度，去除多种高分子有机物、某些重金属物质和放射性物质。此外，混凝法还能改善污泥的脱水性能。混凝法与废水的其他处理法比较；其优点是设备简单，维护操作易于掌握，处理效果好，间歇或连续运行均可以；缺点是由于不断向废水中投药，经常性运行费用较高，沉渣量大，且脱水较困难。

2.4.1.1　机理

（1）废水中胶体的稳定性

胶体微粒都带有电荷，胶粒在水中的相互作用受到以下 3 个方面的影响。

① 带相同电荷的胶粒产生静电斥力，而且电动电位越高，胶粒间的静电斥力越大。

② 水分子热运动的撞击使微粒在水中做不规则的运动，即"布朗运动"。

③ 胶粒之间还存在着相互引力——范德华力。当分子间距较大时，此引力略去不计。

由于 3 种作用中第 1 种最强烈，同时，带电胶粒将极性水分子吸引到它的周围形成一层水化膜，同样能阻止胶粒间相互接触，故胶体微粒不能相互聚结而长期保持稳定的分散状态。

（2）胶体结构

胶体的结构很复杂，它由胶核、吸附层及扩散层 3 部分组成（图 2-52）。胶核是胶体粒子的核心，表面有一层离子，称为电位离子，胶核因电位离子而带有电荷。胶核表面的电位离子层通过静电作用把溶液中电荷符号相反的离子吸引到胶核周围，被吸引的离子称为反离子，它们的电荷总量与电位离子的相等而符号相反。这样，在胶核周围介质的相间界面区域就形成了所谓的双电层。内层是胶核固相的电位离子层，外层是液相中的反离子层。反离子中有一部分被胶核吸引较为牢固，同胶核比较靠近，随胶核一起运动，称为吸附层；另一部分反离子距胶核稍远，吸引力较小，不与胶核一起运动，称为扩散层。胶核、电位离子层和吸附层共同组成运动单体，即胶体颗粒（简称胶粒）。把扩散层包括在内，合起来总称为胶团。

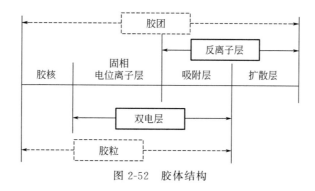

图 2-52　胶体结构

胶体带电是由于吸附层和扩散层之间存在电位差，由于这个电位差是胶粒与液体做相对运动时产生的，所以称为界面动电位，又称 ζ 电位（图 2-53）。ζ 电位越高，带电量越

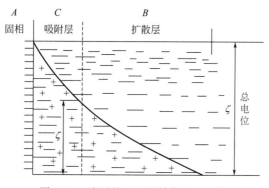

图 2-53　胶团的双电层结构和 ζ 电位

大，胶粒也就越稳定而不易沉降；如果 ζ 电位越低或接近于零，胶粒就很少带电或不带电，胶粒就不稳定，易于相互接触黏合而沉降。因此，要使胶体颗粒沉降，就必须破坏胶体的稳定性。促使胶体颗粒相互接触，成为较大的颗粒，关键在于减少胶粒的带电量，这可以通过压缩扩散层厚度从而降低 ζ 电位来达到，这个过程也叫作胶体颗粒的脱稳作用。

向废水中加入带相反电荷的胶体，使它们之间产生电中和作用，如向带负电的胶体中加入金属盐类电解质，立即电离出阳离子，进入胶团的扩散层。同时，在扩散层中增加阳离子浓度可以减小扩散层的厚度从而降低 ζ 电位，所以电解质的浓度对压缩双电层有明显作用。另外，电解质阳离子的化合价对降低 ζ 电位也有显著作用，化合价越高效果越明显。因此，常向废水中加入与水中胶体颗粒电荷相反的高价离子的电解质（如 Al^{3+}），使得高价离子从扩散层进入吸附层，以降低 ζ 电位。

（3）混凝原理

水处理中的混凝现象比较复杂。混凝剂种类不同以及水质条件不同，混凝剂的作用机理都有所不同。许多年来，水处理专家从铝盐和铁盐混凝现象开始，对混凝剂的作用机理进行不断研究，理论也获得不断发展。当前，看法比较一致的是，混凝剂对水中胶体颗粒的混凝作用有双电层作用、化学架桥作用、絮体-网捕共沉淀作用和去溶剂化作用 4 种。

1）双电层作用　这一原理主要考虑低分子电解质对胶体微粒产生电中和，以引起胶体微粒凝聚。以废水中胶体微粒带负电荷，投加低分子电解质硫酸铝 $[Al_2(SO_4)_3]$ 作混凝剂进行混凝为例说明。

① 将硫酸铝 $[Al_2(SO_4)_3]$ 投入水中，首先在废水中离解，产生正离子 Al^{3+} 和负离子 SO_4^{2-}。

$$Al_2(SO_4)_3 \Longrightarrow 2Al^{3+} + 3SO_4^{2-}$$

Al^{3+} 是高价阳离子，它大大增加废水中的阳离子浓度，在带负电荷的胶体微粒的吸引下，Al^{3+} 由扩散层进入吸附层，使 ζ 电位降低。于是带电的胶体微粒趋向电中和，消除了静电斥力，降低了它们的悬浮稳定性，当再次相互碰撞时，即凝聚结合为较大的颗粒而沉淀。

② Al^{3+} 在水中水解后最终生成 $Al(OH)_3$ 胶体。

$$Al^{3+} + 3H_2O \Longrightarrow Al(OH)_3（胶体）+ 3H^+$$

$Al(OH)_3$ 是带电胶体，当 pH<8.2 时，带正电。它与废水中带负电的胶体微粒互相吸引，中和其电荷，凝结成较大的颗粒而沉淀。

③ $Al(OH)_3$ 胶体有长的条形结构，表面积很大，活性较高，可以吸附废水中的悬浮颗粒，使呈分散状态的颗粒形成网状结构，成为更粗大的絮凝体（矾花）而沉淀。

2）化学架桥作用　这一原理是考虑到胶体微粒对高分子物质具有强烈的吸附作用而提出来的。当废水中加入少量的高分子聚合物时，聚合物分子即被迅速吸附结合在胶体微粒表面上。开始时，高聚物分子的链节吸附在一个微粒表面上，该分子未被吸附的一端就伸展到溶液中去。这些伸展的分子链节又会被其他微粒吸附，于是出现一个高分子链状物同时吸附在两个以上胶体微粒表面的情况。各微粒依靠高分子的连接作用构成某种聚集体，结合为絮状物，这种作用称为黏结架桥作用。由高分子架桥形成的聚集体中，各微粒并未达到直接接触，而且也未达到电中和脱稳状态，因此，黏结架桥实质上仍是一种絮凝作用。起架桥作用的物质可以称为絮凝剂。如果投加的高分子聚合物过量，胶体微粒将被过多的聚合物所包围，反而会失去同其他微粒架桥结合的可能性，处于稳定状态，因此，投入高分子聚合物时并不是越多越好，而是应该适量。

3）絮体-网捕共沉淀作用 絮凝剂的金属离子水解，水解产物迅速沉淀析出，或使胶体作为晶核析出。此时，絮体具有较大的比表面积，能吸附网捕胶体而共同沉淀下来，在吸附、网捕过程中，胶体不一定脱稳，却能被卷带网罗除去。一般来说，废水中胶粒越多，网捕共沉淀的速度也越快，因此，胶体物质的数量越大，这种金属离子的絮凝剂投加量反而越少。因此，废水中胶体浓度越大，投加的絮凝剂的剂量不一定相应地增加，必须寻找最佳絮凝剂投加量，一般要通过小试确定。

4）去溶剂化作用 由水化或溶剂化作用形成的胶体，只要设法除去外层水壳（或称水化膜），即压缩扩散层，进而压缩双电层，就能使胶体脱稳。一般可以加入固体电解质，固体溶解时需要水分，同时电解质离子在与胶粒电性中和时，使两胶粒靠近而挤出水分，破坏了水化膜。

（4）混凝效果的影响因素

1）废水的性质

① pH 值 各种药剂产生混凝作用时都有一个适宜的 pH 值范围。例如硫酸铝作为混凝剂时，合适的 pH 值范围是 $5.7 \sim 7.8$，不能高于 8.2。如果 pH 值过高，硫酸铝水解后生成的 $Al(OH)_3$ 胶体就要溶解，即：

$$Al(OH)_3 + OH^- \rightleftharpoons AlO_2^- + 2H_2O$$

生成的 AlO_2^- 对含有负电荷胶体微粒的废水没有作用。再如铁盐只有当 pH 值大于 4 时才有混凝作用，而亚铁盐则要求 pH 值大于 9.5。一般通过试验得到最佳的 pH 值，往往需要加酸或碱来调整 pH 值，通常加碱的较多。

② 水温 水温对混凝效果的影响很大，水温高时效果好，水温低时效果差。因无机盐类混凝剂的水解是吸热反应，水温低时水解困难，如硫酸铝，当水温低于 5℃ 时，水解速率变慢，不易生成 $Al(OH)_3$ 胶体，要求最佳温度是 $35 \sim 40℃$。其次，低温时水的黏度大，水中杂质的热运动减慢，彼此接触碰撞的机会减少，不利于相互凝聚。水的黏度大，水流的剪力增大，絮凝体的成长受到阻碍，因此水温低时混凝效果差。

③ 胶体杂质的浓度 胶体杂质的浓度过高或过低都不利于混凝。用无机金属盐作混凝剂时，胶体不同，所需脱稳的 Al^{3+} 和 Fe^{3+} 的用量亦不同。

④ 共存杂质的种类和浓度

a.有利于混凝的物质。除硫、磷化合物以外，其他各种无机金属盐均能压缩胶体粒子的扩散层厚度，促进胶体粒子凝聚。离子浓度越高，促进能力越强，并可使混凝范围扩大。二价金属离子 Ca^{2+}、Mg^{2+} 等对阴离子型高分子絮凝剂凝聚带负电的胶体粒子有很大的促进作用，表现在能压缩胶体粒子的扩散层，减小微粒间的排斥力，并能降低絮凝剂和微粒间的斥力，使它们的表面彼此接触。

b. 不利于混凝的物质。磷酸根离子、亚硫酸根离子、高级有机酸离子等阻碍高分子的絮凝作用。另外，氯、螯合物、水溶性高分子物质和表面活性物质都不利于混凝。

2）混凝剂

① 无机金属盐混凝剂。无机金属盐水解产物的分子形态、荷电性质和荷电量等对混凝效果均有影响。

② 高分子絮凝剂。高分子絮凝剂的分子结构形式和分子量均直接影响混凝效果。一般线状结构较支链结构的絮凝剂好，分子量较大的单个链状分子的吸附架桥作用比小分子的好，但水溶性较差，不易稀释搅拌。分子量较小时，链状分子短，吸附架桥作用差，但水溶性好，易于稀释搅拌。因此，分子量应适当，不能过高或过低，一般以 $300 \times 10^4 \sim 500 \times 10^4$ 为宜。此外，还要求沿链状分子分布有足够的发挥吸附架桥作用的官能基团。高分子絮凝剂链状分子上所带电荷量越大，电荷密度越高，链状分子越能充分伸展，吸附架桥的空间作用范围也就越大，絮凝作用就越好。另外，混凝剂的投加量对混凝效果也有很大的影响，应根据实验确定最佳的投药量。

3）水力条件

混凝过程中的水力条件对絮凝体的形成影响极大。整个混凝过程可以分为混合和反应两个阶段。水力条件的配合对这两个阶段非常重要。其中有 2 个主要的控制指标是搅拌强度和搅拌时间 t。

对于无机混凝剂来说，混合阶段要求快速和剧烈搅拌，在几秒钟或 $1min$ 内完成；对于高分子混凝剂来说，混合反应可以在很短的时间内完成，而且不宜进行过分剧烈的搅拌。反应阶段要求搅拌强度或水流速度应随着絮凝体的结大而逐渐降低，以免结大的絮凝体被打碎。

搅拌强度用速度梯度 G 来表示。速度梯度是指由于搅拌在垂直水流方向上引起的速度差 dv 与垂直水流距离 dy 间的比值，即：

$$G = \frac{dv}{dy}$$

速度梯度实质上反映了颗粒碰撞机会的大小。速度梯度越大，颗粒越容易发生碰撞。速度梯度计算公式的推导如下：根据流体力学原理，两层水流间摩擦力为 F、接触面积为 A 时，有：

$$F = \mu A \frac{dv}{dy}$$

而单位体积液体搅拌时所需功率为：

$$P = FA^{-1} \frac{dv}{dy}$$

故有：

$$G = \sqrt{\frac{P}{\mu}}$$

速度梯度 G 与搅拌时间 t 的乘积 Gt 可间接表示整个反应时间内颗粒碰撞的总次数，可用来控制反应效果。一般，Gt 控制在 $10^4 \sim 10^5$。在 G 给定的情况下，可调节 t 来改善反应效果。在混合阶段，要求混凝剂与废水迅速均匀地混合，使药剂迅速均匀地扩散到全部水中，以创造良好的水解和聚合条件，因此，在该阶段要求快速和剧烈搅拌（但对高分子絮凝剂来说，不宜进行过分剧烈的搅拌），通常要求 G 在 $700 \sim 1000 \text{s}^{-1}$，搅拌时间 t 应在 $10 \sim 30\text{s}$。而到了混凝反应阶段，既要创造足够的碰撞机会和良好的吸附条件，让絮体有足够的成长机会，又要防止生成的小絮体被打碎，因此，搅拌强度要逐渐减小，而反应时间要延长，相应的 G 和 t 分别为 $20 \sim 70\text{s}^{-1}$ 和 $15 \sim 30\text{min}$。最佳的水力条件应当通过试验来确定。

2. 4. 1. 2　混凝剂

能够使水中的胶体微粒相互黏结和聚集的物质称为混凝剂，它具有破坏胶体的稳定性和促进胶体絮凝的功能。混凝剂可分为无机混凝剂、有机混凝剂和微生物混凝剂。

（1）无机混凝剂

传统的无机混凝剂主要为低分子的铝盐和铁盐，铝盐主要有硫酸铝 $[Al_2(SO_4)_3 \cdot 18H_2O]$、明矾 $[Al_2(SO_4)_3 \cdot K_2SO_4 \cdot 24H_2O]$、氯化铝、铝酸钠（$NaAlO_2$）等，铁盐主要有三氯化铁（$FeCl_3 \cdot 6H_2O$）、硫酸亚铁（$FeSO_4 \cdot 7H_2O$）和硫酸铁 $[Fe_2(SO_4)_3 \cdot 2H_2O]$ 等。无机低分子混凝剂的价格低、货源充足，但用量大、残渣多、效果较差。20 世纪 60 年代，新型无机高分子混凝剂（IPF）研制成功，目前在生产和应用上都取得了迅速发展，被称为第二代无机混凝剂。IPF 不仅具有低分子混凝剂的特征，而且分子量大，具有多核络离子结构，且电中和能力强，吸附桥连作用明显，用量少，价格比有机高分子混凝剂（OPF）低廉，因此被广泛应用于污水处理中，逐渐成为主流混凝剂。

（2）有机混凝剂

有机高分子混凝剂与无机高分子混凝剂相比，具有用量少，絮凝速度快，受共存盐类、pH 值及温度影响小，污泥量少等优点。但有机混凝剂普遍存在未聚合单体有毒的问题，而且价格昂贵，这在一定程度上限制了它的应用。目前使用的有机高分子混凝剂主要有合成的与改性的两种。

污水处理中大量使用的有机混凝剂仍然是人工合成的。人工合成有机高分子混凝剂多为聚丙烯、聚乙烯物质，如聚丙烯酰胺、聚乙烯亚胺等。这些混凝剂都是水溶性的线性高分子物质，每个大分子由许多包含带电基团的重复单元组成，因而也称为聚电解质。按其在水中的电离性质，聚电解质又有非离子型、阴离子型和阳离子型三类。

人工合成有机高分子混凝剂虽然被广泛应用于污水处理，但它毒性较强，难以生物降解。在环保意识日益增强的今天，越来越多的研究者正致力于开发天然改性高分子混凝剂。方法是将天然淀粉、纤维素、植物胶等经过醚化、酯化、磺化等反应，制得淀粉类、纤维素类、植物胶类改性高分子混凝剂。经改性后的天然高分子混凝剂与人工合成有机高分子混凝剂相比，虽然具有无毒、价廉等优点，但其使用量仍然低于人工合成高分子混凝剂，主要是因为天然高分子混凝剂的电荷密度较小、分子量低，且易发生生物降解而失去活性。

由于淀粉来源广泛，价格便宜，且产品可以完全生物降解，可在自然界中形成良性循环。因此，淀粉改性混凝剂的研制与使用较多。此外，甲壳素类混凝剂的开发研究近年来也十分热门。

（3）微生物混凝剂

20世纪80年代，微生物混凝剂首先在日本研制开发成功，被称为第三代混凝剂。该类混凝剂是利用生物技术，通过微生物发酵抽提、精制而得的一种新型、高效的水处理药剂。微生物混凝剂与普通混凝剂相比，具有更强的凝聚性能，可使一些难降解的高浓度废水得到混凝。另外，它易于固液分离，形成沉淀物少，易被微生物降解，无毒无害，无二次污染，适用范围广，并有除浊脱色功能。

（4）助凝剂

在废水混凝处理中，有时使用单一的混凝剂不能取得良好的效果，往往需要投加辅助药剂以提高混凝效果，这种辅助药剂称为助凝剂。

助凝剂的作用只是提高絮凝体的强度，增加其质量，促进沉降，且使污泥有较好的脱水性能，或者用于调节pH值，破坏对混凝作用有干扰的物质。助凝剂本身不起凝聚作用，因为它不能降低胶粒的ζ电位。

常用的助凝剂有以下两类。

① 调节或改善混凝条件的助凝剂，如CaO、$Ca(OH)_2$、Na_2CO_3、$NaHCO_3$等碱性物质，用来调节pH值，以达到混凝剂使用的最佳pH值。用作氧化剂，可以去除有机物对混凝剂的干扰，并将Fe^{2+}氧化为Fe^{3+}（在亚铁盐作混凝剂时尤为重要）。这类助凝剂还有MgO等。

② 改善絮凝体结构的高分子助凝剂，如聚丙烯酰胺、活性硅酸、活性炭、各种黏土等。

2.4.1.3　混凝工艺及设备

（1）混凝过程

混凝沉淀处理流程包括投药、混合、反应、沉淀分离几个部分，其流程如图2-54所示。

混凝沉淀分为混合、反应、沉淀3个阶段。混合阶段的作用主要是将药剂迅速、均匀地分配到废水中的各个部分，以压缩废水中的胶体颗粒的双电层，降低或消除胶粒的稳定性，使这些微粒能互相聚集成较大的微粒——绒粒。混合阶段需要剧烈短促的搅拌，作用时间要短，以获得瞬时混合时效果为最好。

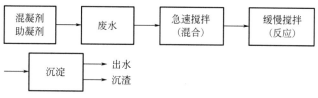

图 2-54　混凝沉淀处理流程

反应阶段的作用是促使失去稳定的胶体粒子碰撞结大，成为可见的矾花绒粒，所以反应阶段需要较长的时间，而且只需缓慢地搅拌。在反应阶段，由聚集作用所生成的微粒与废水中原有的悬浮微粒之间或各自之间，由于碰撞、吸附、黏着、架桥作用生成较大的绒体，然后送入沉淀池进行沉淀分离。

（2）投药方法与设备

投药方法有干投法和湿投法。干投法是把经过破碎易于溶解的药剂直接投入废水中。干投法占地面积小，但对药剂的粒度要求较严，投量控制较难，对机械设备的要求较高，同时劳动条件也较差，目前国内用得较少。湿投法是将混凝剂和助凝剂配成一定浓度的溶液，然后按处理水量的大小定量投加，整个投加过程如图 2-55 所示。

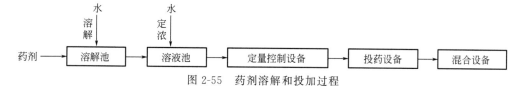

图 2-55　药剂溶解和投加过程

药剂调制有水力法、压缩空气法、机械法等。当投加量很小时，也可以在溶液桶、溶液池内进行人工调制。水力调制和人工调制适用于易溶解药剂，机械调制和压缩空气调制适用于各种药剂，但压缩空气调制不宜做长时间的石灰乳液连续搅拌。各种调制设备如图 2-56 和图 2-57 所示。

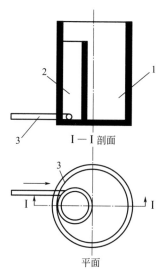

图 2-56　混凝剂的水力调制设备
1—溶液池；2—溶药池；3—压力水

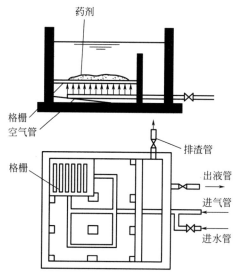

图 2-57　混凝剂的压缩空气调制设备

投药设备包括计量设备、药液提升设备、投药箱、必要的水封箱以及注入设备等。不同的投药方式或投药计量系统所用设备也不同。

1）计量设备 药液投入原水中必须有计量或定量设备，并能随时调节。计量设备多种多样，应根据具体情况选用。计量设备有：虹吸定量设备、孔口计量设备、转子流量计、电磁流量计、苗嘴、计量泵等。虹吸定量设备的结构如图 2-58 所示，其利用空气管末端与虹吸管口间的水位差不变而设计。孔口计量设备的构造如图 2-59 所示，配制好的混凝剂溶液通过浮球阀进入恒位箱，箱中液位靠浮球阀保持恒定。采用苗嘴计量仅适于人工控制，其他计量设备既可人工控制，也可自动控制。

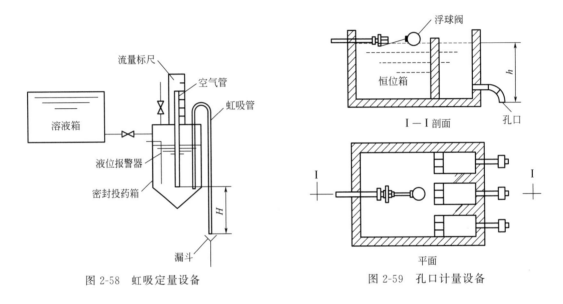

图 2-58　虹吸定量设备　　　　　图 2-59　孔口计量设备

苗嘴是最简单的计量设备。其原理是，在液位一定的情况下，一定口径的苗嘴，其出流量为定值。当需要调整投药量时，更换不同口径的苗嘴即可，但在使用过程中要防止苗嘴堵塞。

2）投加方式 常用的混凝剂投加方式有泵前投加、重力投加、水射器投加、泵投加 4 种。

① 泵前投加。药液投加在水泵吸水管或吸水喇叭口处，见图 2-60。这种投加方式安全可靠，适用于进水泵与混凝反应设备较近的情况。图中水封箱是为防止空气进入而设，当不投加药剂或加药系统故障时，打开进水管上的阀门，通过进水管给水封箱供水，保证水封箱充水，防止废水提升泵中进入空气，发生汽蚀。

② 重力投加。当废水提升泵距离混凝单元较远时，应建造高架溶液池，利用重力将药液投入水泵压水管中，见图 2-61，或者投加在混合池入口处。这种投加方式安全可靠，但溶液池位置较高。

③ 水射器投加。利用高压水通过水射器喷嘴和喉管之间的真空抽吸作用将药液吸入，同时随水的余压注入原水管中，见图 2-62。这种投加方式设备简单，使用方便，

溶液池高度不受太大限制，但水射器效率较低，且易磨损。

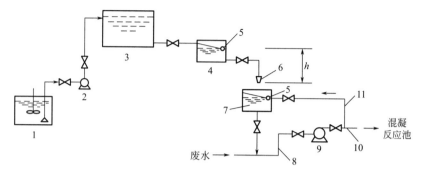

图 2-60　泵前加药示意

1—溶解池；2—药剂提升泵；3—溶液池；4—恒位水箱；5—浮球阀；6—苗嘴；7—水封箱；8—废水提升泵吸水管；

9—废水提升泵；10—废水提升泵吸水管；11—水封箱进水管

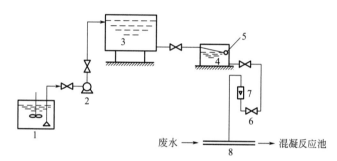

图 2-61　高位溶液池重力加药示意

1—溶解池；2—药剂提升泵；3—溶液池；4—恒位水箱；5—浮球阀；6—调节阀；7—流量计；8—压水管

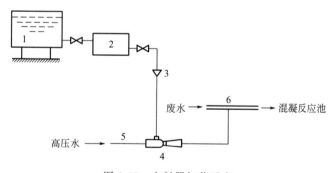

图 2-62　水射器加药示意

1—溶液池；2—投药箱；3—漏斗；4—水射器；5—高压水管；6—压水管

④ 泵投加。泵投加有两种方式：一是采用计量泵（柱塞泵或隔膜泵）；二是采用离心泵配上流量计。采用计量泵不必另备计量设备，泵上有计量标志，可通过改变计量泵行程或变频调速改变药液投加量，最适合用于混凝剂自动控制系统。图 2-63 为计量泵加药示意。图 2-64 为药液注入管道方式示意，这样有利于药剂与废水混合。

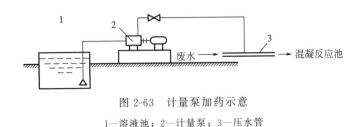

图 2-63　计量泵加药示意

1—溶液池；2—计量泵；3—压水管

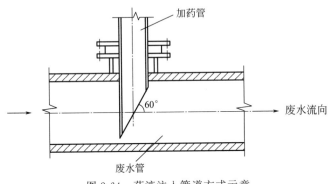

图 2-64　药液注入管道方式示意

（3）混合

废水与混凝剂和助凝剂进行充分混合是进行反应和沉淀的前提。混合要求速度快，常用的混合形式有水泵混合、管式混合和混合槽混合 3 种。

1）水泵混合　水泵混合是我国常用的混合方式。药剂投加在取水泵吸水管或吸水喇叭口处，利用水泵叶轮高速旋转以达到快速混合的目的。水泵混合效果好，不需另建混合设施，节省动力。但当采用三氯化铁作为混凝剂时，若投量较大，药剂对水泵叶轮可能有轻微的腐蚀作用。当水泵距水处理构筑物较远时，不宜采用水泵混合的方式，因为经水泵混合后的原水在长距离管道输送过程中，可能过早地在管中形成絮凝体。已形成的絮凝体在管道中一经破碎，往往难以重新聚集，不利于后续絮凝，且当管中流速低时，絮凝体还可能沉积在管中。因此，水泵混合通常用于水泵靠近水处理构筑物的场合，两者间距不宜大于 150m。

2）管式混合　最简单的管式混合是将药剂直接投入水泵压水管中，借助管中流速进行混合。管中流速不宜小于 1m/s，投药点后的管内水头损失不小于 0.3m。投药点至末端出口距离以不小于 50 倍管道直径为宜。为提高混合效果，可在管道内增设孔板或文丘里管。这种管道混合简单易行，无需另建混合设备，但混合效果不稳定，管中流速低时，混合不均匀。

目前，最广泛使用的管式混合器是"管式静态混合器"。混合器内按要求安装若干固定混合单元。每一混合单元由若干固定叶片按一定角度交叉组成。水流和药剂通过混合器时，将被单元体多次分割、改变，并形成漩涡，达到混合目的。目前，我国已生产出多种形式的静态混合器，图 2-65 为其中一种。管式静态混合器的口径与输水管道相配合，目前最大口径已达 2000mm。这种混合器的水头损失稍大，但因混合效果好，就总体经济效益而言，还是具有优势的。其唯一缺点是当流量过小时混合效果下降。

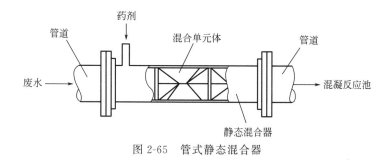

图 2-65　管式静态混合器

3）混合槽混合　常用的混合槽有机械混合槽、分流隔板式混合槽、多孔隔板式混合槽。

① 机械混合槽。机械混合槽多为钢筋混凝土制，通过桨板转动搅拌达到混合的目的，特别适用于多种药剂处理废水的情况，处理效果比较好。

② 分流隔板式混合槽。其结构如图 2-66 所示。槽为钢筋混凝土或钢制，槽内设隔板，药剂于隔板前投入，水在隔板通道间流动的过程中与药剂达到充分的混合。混合效果比较好，但占地面积大，压头损失也大。

③ 多孔隔板式混合槽。其结构如图 2-67 所示，槽为钢筋混凝土或钢制，槽内设若干穿孔隔板，水流经小孔时做旋流运动，保证迅速、充分地得到混合。当流量变化时，可调整淹没孔口数目，以适应流量变化。缺点是压头损失较大。

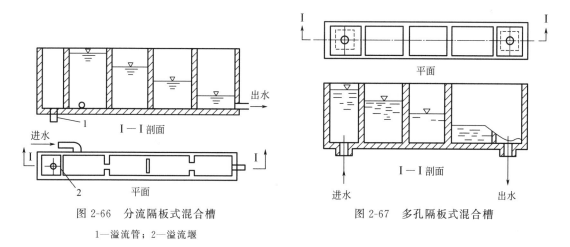

图 2-66　分流隔板式混合槽
1—溢流管；2—溢流堰

图 2-67　多孔隔板式混合槽

（4）反应

混合完成后，水中已经产生细小絮体，但还未达到自然沉降的粒度，此时，将水与药剂混合进入反应设备进行反应。反应设备的任务就是使小絮体逐渐絮凝成大絮体，从而便于沉淀。反应设备应有一定的停留时间和适当的搅拌强度，以让小絮体能相互碰撞，并防止生成的大絮体沉淀。但搅拌强度太大，则会使生成的絮体破碎，且絮体越大越易破碎。因此，在反应设备中沿着水流方向搅拌强度应越来越小。

反应池的形式有隔板反应池、旋流反应池、涡流反应池等。

1）隔板反应池　隔板反应池有平流式、竖流式和回转式3种，适用于水量变化不大的场合。

① 平流式隔板反应池。其结构如图2-68所示。多为矩形钢筋混凝土池子，池内设木质或水泥隔板，水流沿廊道回转流动，可形成很好的絮凝体。一般进口流速0.5～0.6m/s，出口流速0.15～0.2m/s，反应时间一般为20～30min。其优点是反应效果好，构造简单，施工方便。

② 竖流式隔板反应池。竖流式隔板反应池与平流式隔板反应池的原理相同。

③ 回转式隔板反应池。其结构如图2-69所示，是平流式隔板反应池的一种改进形式，常和平流式沉淀池合建，如图2-70所示。其优点是反应效果好，压头损失小。

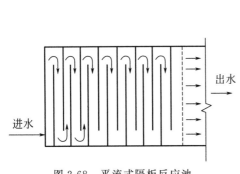

图 2-68　平流式隔板反应池

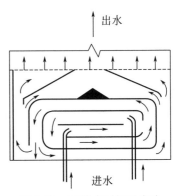

图 2-69　回转式隔板反应池

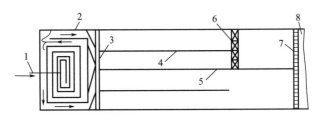

图 2-70　带回转式隔板反应池的平流式沉淀池

1—进水管；2—回转式隔板反应池；3—穿孔配水墙；4—导流墙；

5—隔墙；6—吸泥机桁架；7—上部穿孔出水墙；8—出水井

从反应器原理来说，隔板混凝池接近于推流式反应器（PFR），特别是同转式。因为往复式的180°转弯处的絮凝条件与廊道内的条件差别较大。

为避免絮凝体破碎，廊道内的流速及水流转弯处的流速应沿程逐渐减小，从而使 G 也沿程逐渐减小。隔板混凝池的 G 按甘布公式计算：

$$G = \sqrt{\frac{gh}{vt}}$$

式中，g 为重力加速度，$9.8m/s^2$；h 为混凝设备中的水头损失，m；υ 为水的运动黏度，m^2/s；t 为水流在混凝反应设备中的停留时间，s。

水头损失 h 按各廊道流速不同，分成数段分别计算。总水头损失为各段水头损失之和（包括沿程损失和局部损失）。各段水头损失近似按下式计算：

$$h_i = \zeta m_i \frac{u_{it}^2}{2g} + \frac{u_i^2}{C_i^2 R_i} L_i$$

式中，u_i 为第 i 段廊道内的水流速度，m/s；u_{it} 为第 i 段廊道内转弯处的水流速度，m/s；m_i 为第 i 段廊道内水流转弯次数；ζ 为隔板转弯处局部阻力系数，平流式和竖流式隔板 $\zeta=3$，回转式隔板 $\zeta=1$；L_i 为第 i 段廊道的总长度，m；R_i 为第 i 段廊道过水断面的水力半径，m；C_i 为流速系数，随水力半径 R_i 和池底及池壁粗糙系数 n 而定，通常按满宁公式 $C_i = \frac{1}{n} R^{\frac{1}{6}}$ 计算或直接查水力计算表。混凝反应池内总水头损失为：

$$h = \sum h_i$$

根据混凝反应池的容积大小，往复式总水头损失一般为 $0.3 \sim 0.5m$，回转式总水头损失比平流式和竖流式约小 40%。

2）旋流反应池　旋流反应池见图 2-71。其优点是容积小，水头损失较小，制作简单，管理方便，适用于水量 $200 \sim 3000m^3/d$ 的场合。缺点是池子较深，地下水位高，施工困难，反应效果一般。

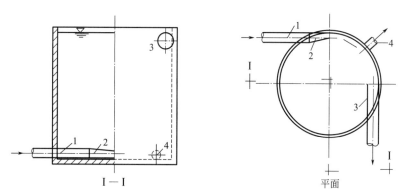

图 2-71　旋流反应池
1—进水管；2—喷嘴；3—出水管；4—排泥管

3）涡流反应池　涡流反应池的结构如图 2-72 所示。下半部为圆锥形，水从锥底部流入，形成涡流扩散后缓慢上升，随锥体截面积变大，反应液流速也由大变小，流速变化的结果有利于絮凝体形成。涡流式反应池的优点是反应时间短，容积小，布置容易，造价低。缺点是池子较深，锥底施工困难。

（5）澄清池

澄清池是能够同时实现混凝剂与原水混合、反应和絮体沉降 3 种功能的设备。它利用的是接触凝聚原理，即为了强化混凝过程，在池中让已经生成的絮凝体悬浮在水中成

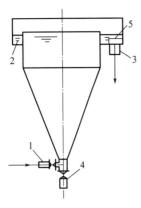

图 2-72 涡流反应池

1—进水管；2—圆周集水槽；

3—出水管；4—放水阀；

5—格栅

为悬浮泥渣层（接触凝聚区），当投加混凝剂的水通过它时，废水中新生成的微絮粒被迅速吸附在悬浮泥渣上，从而能够达到良好的去除效果。所以澄清池的关键部分是接触凝聚区。保持泥渣处于悬浮、浓度均匀稳定的工作条件已成为所有澄清池的共同特点。

澄清池能在一个池内完成混合、反应、沉淀分离等过程，因此占地面积少。同时，它还有处理效果好、生产效率高、药剂用量节约等优点。它的缺点是设备结构复杂，管理比较复杂，出水水质不够稳定，尤其是当进水水质水量或水温波动时，对处理效果有影响。

根据泥渣与废水接触方式的不同，澄清池可分为两大类：一类是悬浮泥渣型，它的泥渣悬浮状态是通过上升水流的能量在池内形成的，当水流从下向上通过泥渣层时，截留水中夹带的小絮体，主要类型有悬浮澄清池、脉冲澄清池等；另一类是泥渣循环型，即让泥渣在竖直方向上不断循环，通过该循环运动捕集水中的微小絮粒，并在分离区加以分离，主要类型有机械加速澄清池和水力循环加速澄清池。在废水处理中，应用最广泛的是机械加速澄清池。

2.4.2 气浮

2.4.2.1 功能

（1）定义

气浮法是以高度分散的微小气泡作为载体去黏附废水中的污染物，使其因密度小于水而上浮到水面以实现固液或液液分离的过程。

（2）应用

在水处理中，气浮法广泛应用于：处理含有细小悬浮物、藻类及微絮体等密度接近或小于水、很难利用沉淀法实现固液分离的各种污水；回收工业废水中的有用物质，如造纸厂废水中的纸浆纤维及填料等；代替二次沉淀池，分离和浓缩剩余活性污泥，特别适用于那些易于产生污泥膨胀的生化处理工艺中；分离回收含油废水中的悬浮油和乳化油；分离回收以分子或离子状态存在的目的物，如表面活性物质和金属离子。

2.4.2.2 原理

（1）气浮机理

气浮处理法就是向废水中通入空气，并以微小气泡形式从水中析出成为载体，使废水中的乳化油、微小悬浮颗粒等污染物质黏附在气泡上，随气泡一起上浮到水面，形成泡沫气、水、颗粒（油）三相混合体，通过收集泡沫或浮渣达到分离杂质、净化废水的目的。气浮法主要用来处理废水中靠自然沉降或上浮难以去除的乳化油或相对密度接近1的微小悬浮颗粒。

1）颗粒上浮　当注入水中的微气泡与水中的固体颗粒黏附时便形成水、气、固三相的黏附界面，如图 2-73 所示。图中以下角标 1、2、3 表示水、气、固，σ 表示两相界面的表面张力，如 $\sigma_{1,2}$ 表示水、气界面的表面张力，$\sigma_{2,3}$ 为气、固界面的表面张力。当固体颗粒处于水、气两相中时，水、气表面张力 $\sigma_{1,2}$ 与水、固表面张力 $\sigma_{1,3}$ 的夹角 θ 称为固体颗粒的润湿接触角。从图中可以看出，润湿接触角 θ 可能大于 90°，也有可能小于 90°，取决于颗粒的表面特性，凡 $\theta<90°$ 者称为亲水性颗粒（可以理解为疏气型颗粒）；$\theta>90°$ 者称为疏水性颗粒（可以理解为亲气型颗粒）。气浮法进行固液分离的前提条件是固体颗粒具有疏水性表面，即被气浮的颗粒应能较稳定地吸附在气泡上，随气泡上升。

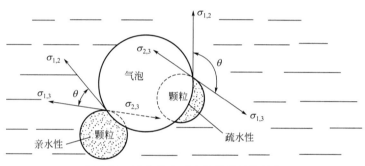

图 2-73　亲水性和疏水性物质的接触角

2）气泡与絮体的黏附　向废水中投加混凝剂生成絮体后再进行气浮，会强化气浮效果。气泡和絮体之间的黏附作用有以下 2 种情况。

① 气泡与絮体的碰撞黏附作用。由于絮体和气泡都具有一定的疏水性，比表面积也都很大，并且都具有过剩的自由界面能，因此，它们具有相互吸引降低各自界面能的趋势。在一定的速度梯度下，具有足够动能的微气泡和絮体相互碰撞，通过分子间范德华力而黏附，二者之间是软碰撞，碰撞后絮体和气泡实现多点黏附，黏附点越多，气泡和絮体结合得越牢固。因此，要求絮体不能太小，疏水性要强。

② 絮体网捕、包卷和架桥作用。由以上气浮机理可知，微气泡的多少和大小、污染物颗粒的大小及其疏水性能高低、絮体颗粒的大小及其疏水性、添加的表面活性剂种类及数量多少都是气浮过程中重要的影响因素，会直接影响气浮的效果甚至成败。

3）气泡动力学　在气浮过程中，气泡作为载体而存在，它的数量和稳定性都影响了气浮过程的成败及效率。而水中空气的溶解度和饱和度、产生气泡的方式和废水中的杂质种类都会影响气泡的数量、大小及稳定性。

水中的微气泡外包着一层水膜，且富有弹性，为了不让空气分子逸出，水膜内的水分子必须保持紧密和稳定，在范德华力和氢键的作用下，它们定向有序地排列，从而使气泡具有一定的强度。气泡越小，水膜越致密，气泡的弹性就越大。

气泡的大小与空气在水中的溶解度、水与空气间的界面张力、空气压力及释放器的孔径大小有着密切的关系。一般要求在较高的压力下，提高空气的溶解度，同时释放时间越短越好，释放器的孔径尽量地小。

（2）气浮剂

1）捕收剂　能够提高颗粒可浮性的药剂称为捕收剂。捕收剂一般为含有亲水性（极性）及疏水性（非极性）基团的有机物。如硬脂酸、脂肪酸及其盐类、胺类等。亲水性基团能够选择性地吸附在悬浮颗粒的表面上，而疏水性基团朝外，这样，亲水性的颗粒表面就转化成为疏水性的表面而黏附在空气泡上，如图 2-74 所示。因此，捕收剂能降低颗粒表面的润湿性，增加悬浮颗粒的可浮性指标，提高它黏附在气泡表面的能力。

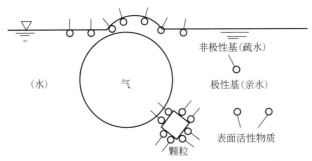

图 2-74　亲水性颗粒表面转化为疏水性表面示意

2）起泡剂　气浮过程中浮起大量悬浮颗粒或絮体，需要大量的气-液界面，即大量气泡。起泡剂的作用机理主要是降低液体表面自由能，产生大量微细且均匀的气泡，防止气泡相互兼并，产生相当稳定的泡沫。因此，起泡剂的作用是在气-液界面上分散空气，形成稳定的气泡。起泡剂与捕收剂分子间的共吸附和相互作用，在一定程度上加速了颗粒在气泡上的附着。

必须指出，起泡剂降低气-液界面自由能，同时也降低了可浮性指标，对浮选不利。因此，起泡剂的用量不可过多。

起泡剂大多是含有亲水性和疏水性基团的表面活性剂。根据其成分可分为萜烯类化合物、甲酚酸、重吡啶、脂肪醇类、合成洗涤剂等。

3）调整剂　为了提高气浮过程的选择性，加强捕收剂的作用并改善浮选条件，在浮选过程中常使用调整剂。调整剂包括抑制剂、活化剂和介质调整剂三大类。

① 抑制剂。废水中存在着许多物质，它们并非都是有毒物质或都是值得回收的物质。因此，往往需要从废水中优先浮选出一种或几种有毒或值得回收的物质，这就需要抑制其他物质的可浮性。这种能够降低物质可浮性的药剂称为抑制剂。

② 活化剂。为了达到排放标准规定的悬浮物指标，有时需进一步将这些被抑制的物质去除，这就需要投加一种药剂来消除原来的抑制作用，促进浮选的进行。这种能够消除抑制作用的药剂称为活化剂。

③ 介质调整剂。介质调整剂的主要作用是调节废水的 pH 值。

2.4.2.3　气浮方法及设备

（1）散气气浮法

散气气浮是利用机械剪切力将混合于水中的空气粉碎成细小的气泡以进行气浮的方法。按粉碎气泡方法的不同，散气气浮又分为水泵吸水管吸气气浮、射流气浮、扩散板曝气气浮以及叶轮气浮 4 种。

1）水泵吸水管吸气气浮　这是最原始的也是最简单的一种气浮方法。这种方法的优点是设备简单，其缺点是由于水泵工作特性的限制，吸入的空气量不能过多，一般不大于吸水量的 10%（按体积计），否则将破坏水泵吸水管的负压工作。此外，气泡在水泵内破碎得不够完全，粒度大，因此，气浮效果不好。这种方法用于处理通过除油池后的石油废水，除油效率一般为 50%～65%。

2）扩散板曝气气浮　这是早年采用最为广泛的一种散气气浮法。压缩空气通过具有微细孔隙的扩散板或微孔管，使空气以细小气泡的形式进入水中，进行气浮过程，见图 2-75。这种方法的优点是简单易行，但缺点较多，其中主要的是空气扩散装置的微孔易堵塞、气泡较大、气浮效果不好等，因此这种方法近年已较少采用。

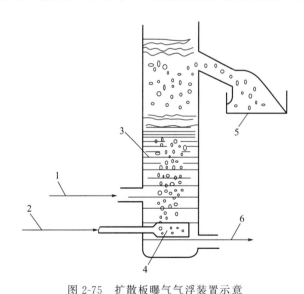

图 2-75　扩散板曝气气浮装置示意
1—进水；2—压缩空气；3—气浮柱；4—扩散板；5—气浮渣；6—出水

3）叶轮气浮　叶轮气浮设备构造如图 2-76 所示。在气浮池底部设有旋转叶轮，在叶轮的上部装着带有导向叶片的固定盖板，盖板上有孔洞。当电动机带动叶轮旋转时，在盖板下形成负压，从空气管吸入空气。废水由盖板上的小孔进入，在叶轮的搅动下，空气被粉碎成细小的气泡，并与水充分混合成为水气混合体，甩出导向叶片之外，导向叶片使水流阻力减小，又经整流板稳流后，在池体内平稳地垂直上升，进行气浮。形成的泡沫不断地被刮板刮出槽外。

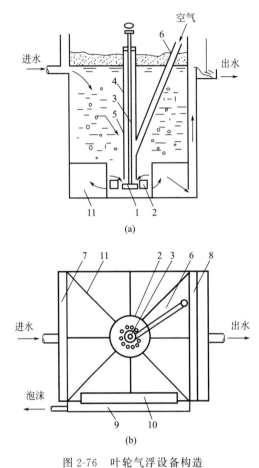

图 2-76　叶轮气浮设备构造

1—叶轮；2—盖板；3—转轴；4—轴套；5—轴承；6—进水管；7—进水槽；

8—出水槽；9—泡沫槽；10—刮沫板；11—整流板

4）射流气浮　这是采用以水带气射流器向废水中混入空气进行气浮的方法。射流器构造如图 2-77 所示。由喷嘴射出的高速废水使吸入室形成负压，并从吸气管吸入空气，在水气混合体进入喉管段后进行激烈的能量交换，空气被粉碎成微小气泡，然后进入扩压段（扩散段），动能转化为势能，进一步压缩气泡，增大了空气在水中的溶解度，然后进入气浮池中进行气水分离，即气浮过程。

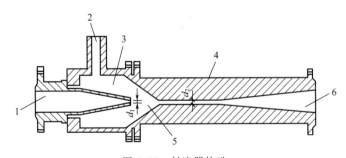

图 2-77　射流器构造

1—喷嘴；2—吸气管；3—吸入室（负压段）；4—喉管段；5—渐缩段；6—扩散段

散气气浮的优点是设备简单，易于实现。其缺点是空气被粉碎得不够充分，形成的气泡粒度较大，因此，在供气量一定的情况下，气泡的表面积小，而且由于气泡直径大，运动速度快，气泡与被去除污染物质的接触时间短，这些因素都使散气气浮达不到较好的去除效果。

（2）溶气气浮法

溶气气浮是使空气在一定压力下溶于水中并呈饱和状态，然后使废水压力骤然降低，这时溶解的空气便以微小的气泡从水中析出并进行气浮。用这种方法产生的气泡直径为 $20 \sim 100 \mu m$，并且可人为地控制气泡与废水的接触时间，因而净化效果比分散空气法好，应用广泛。根据气泡从水中析出时所处的压力不同，溶气气浮又可分为两种方式：一种是空气在常压或加压下溶于水中，在负压下析出，称为溶气真空气浮；另一种是空气在加压下溶入水中，在常压下析出，称为加压溶气气浮。后者广泛用于含油废水的处理，通常作为隔油后的补充处理和生化处理前的预处理。

1）溶气真空气浮　溶气真空气浮的主要特点是：气浮池是在真空（负压）状态下运行的。而空气的溶解可在常压下进行，也可以在加压下进行。溶气真空气浮流程见图 2-78。

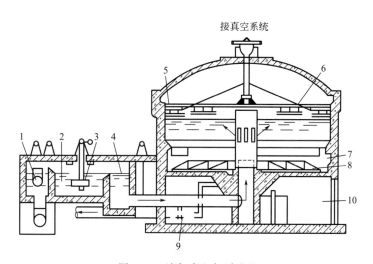

图 2-78　溶气真空气浮流程

1—入流调节器；2—曝气器；3—消气井；4—分离区；5—环形出水槽；6—刮渣板；7—集渣槽；

8—池底刮泥板；9—出渣室；10—操作室（包括抽真空设备）

由于在真空（负压）条件下运行，因此，溶解在水中的空气易呈过饱和状态，从而以气泡形式从水中大量析出，进行气浮。析出的空气数量取决于水中溶解空气量和真空度。

溶气真空气浮的主要优点是：空气溶解所需压力比溶气压力低，动力设备和电能消耗较少。但是，这种气浮方法的最大缺点是：气浮在负压条件下运行，一切设备部件如除泡沫的设备，都要密封在气浮池内，这就使气浮池的构造复杂，给运行维护和维修都带来很大困难。另外一个缺点是水中的溶气量有限，不适用于含有质量浓度大于 250 悬浮物的废水，因此在生产中使用得不多。溶气真空气浮池平面多为圆形，池面压力多取29.9～39.9kPa，废水在池内的停留时间为5～20min。

2）加压溶气气浮 加压溶气气浮是目前应用最广泛的一种气浮方法。空气在加压条件下溶于水中，再使压力降至常压，把溶解的过饱和空气以微气泡的形式释放出来。

加压溶气气浮工艺由空气饱和设备、空气释放设备和气浮池等组成，其基本工艺流程有全溶气流程、部分溶气流程和回流加压溶气流程三种。三种溶气气浮流程比较见表2-9。

表 2-9 三种溶气气浮流程比较

项目	全部废水加压溶气流程	部分废水加压溶气流程	部分回流废水加压溶气流程
溶气水量	100%	30%～50%	30%～50%
设备容量（溶气罐、机泵）	大	小	小
电解消耗	大	小	小
废水乳化	加重	加重	较轻
空气消耗	大	较大	小
加药量（硫酸铝）/(mg/L)	60～80	60～80	30～40
（聚合铝）/(mg/L)	20～40	20～40	15～25
絮凝效果	差	差	好
释放器堵塞	严重	严重	少
气浮池容积	小	较大	较大
操作流程	简单	较复杂	较复杂
出水含油量/(mg/L)	30 左右	30 左右	20 左右

① 全溶气流程。该流程如图2-79所示，是将全部废水进行加压溶气，再经减压释放装置进入气浮池进行固液分离。与其他两种流程相比，其电耗高，但因不另加溶气水，所以气浮池容积小。至于泵前投混凝剂形成的絮凝体是否会在加压及减压释放过程中产生不利影响，目前尚无定论。从分离效果来看并无明显区别，其原因是气浮法对混凝反应的要求与沉淀法不一样，气浮并不要求将絮体结大，只要求混凝剂与水充分混合。

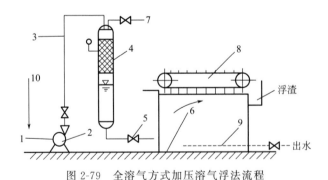

图 2-79 全溶气方式加压溶气浮法流程

1—原水进入；2—加压泵；3—空气加入；4—压力溶气罐；5—减压阀；6—气浮池；
7—放气阀；8—刮渣板；9—集水系统；10—加化学药剂

② 部分溶气流程。该流程如图2-80所示。该流程是将部分废水进行加压溶气，其余废水直接送入气浮池。该流程比全溶气流程省电，另外因部分废水经溶气罐，所以溶气罐的容积比较小。但因部分废水加压溶气所能提供的空气量较少，因此，若想提供同

样的空气量，必须加大溶气罐的压力。

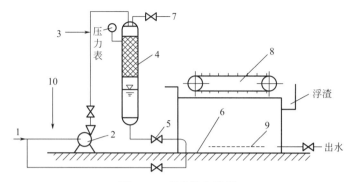

图 2-80　部分溶气流程

1—原水进入；2—加压泵；3—空气进入；4—压力溶气罐；5—减压阀；6—气浮池；

7—放气阀；8—刮渣板；9—集水系统；10—加化学药剂

③ 回流加压溶气流程。该流程如图 2-81 所示。该流程将部分出水进行回流加压，废水直接送入气浮池。该法通用于含悬浮物浓度高的废水的固液分离，但气浮池的容积较前两者大。

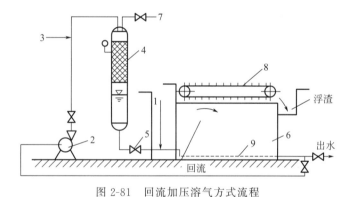

图 2-81　回流加压溶气方式流程

1—原水进入；2—加压泵；3—空气进入；4—压力溶气罐；5—减压阀；

6—气浮池；7—放气阀；8—刮渣板；9—集水管及回流清水管

在部分进水溶气和部分处理水溶气两种流程中，用于加压溶气的水量只分别占总水量的 30%～35% 和 10%～20%。因此，在相同能耗的情况下，溶气压力可大大提高，形成的气泡更小、更均匀，也不破坏絮凝体。

无论何种流程，其主要设备有加压泵、溶气罐和气浮池。溶气量、析出气泡的大小及均匀性与压力、温度、溶气时间、溶气罐及释放器构造等因素有关。空气在水中的溶解速度与空气和水的混合接触程度、水中空气溶解的不饱和程度等因素有关。在静止或缓慢流动的水流中，空气的扩散溶解相当缓慢。生产上溶气时间一般采用 2～4min。空气从水中析出的过程大致可分为两个步骤，即气泡核的形成过程与气泡的增长过程，其中第一个步骤起决定性作用。能否形成稳定分散的气泡取决于废水的表面张力，因为形成气泡意味增大水气界面积，所以表面张力越小，越容易形成稳定的气泡，气泡直径也越小。

加压溶气气浮法具有以下特点：a.水中的空气溶解度大，能提供足够的微气泡，可满足不同要求的固液分离，确保去除效果；b.经减压释放后产生的气泡粒径小（20～100μm）、粒径均匀，微气泡在气浮池中上升速度很慢、对池扰动较小，特别适用于絮体松散、细小的固体分离；c.设备和流程都比较简单，维护管理方便。

（3）电解气浮法

电解气浮法对废水进行电解，会在阴极产生大量的氢气泡，氢气泡的直径很小，仅有20～100μm，它们起着气浮剂的作用。废水中的悬浮颗粒黏附在氢气泡上。随其上浮，从而达到了净化废水的目的。与此同时，在阳极上电离形成的氢氧化物起着混凝剂的作用，有助于废水中的污染物上浮或下沉。

电解气浮法的优点：能产生大量小气泡，在利用可溶性阳极时，气浮过程和混凝过程结合进行；装置构造简单。电解气浮法除用于固液分离外，还有降低BOD、氧化、脱色和杀菌作用，对废水负荷变化适应性强，生成污泥量少，占地少，不产生噪声。电解气浮装置可分为竖流式（图2-82）和平流式（图2-83）两种。

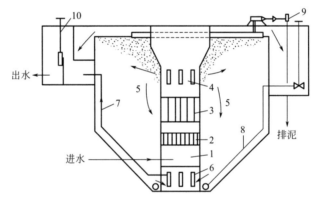

图 2-82　竖流式电解气浮池

1—入流室；2—整流栅；3—电极组；4—出流孔；5—分离室；6—集水孔；
7—出水管；8—排沉泥管；9—刮渣机；10—水位调节器

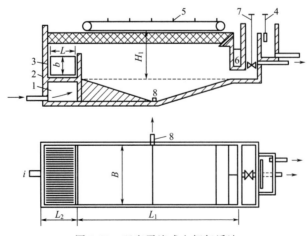

图 2-83　双室平流式电解气浮池

1—入流室；2—整流栅；3—电极组；4—出口水位调节器；5—刮渣机；6—浮渣室；7—排渣阀；8—污泥排出口

（4）生物及化学气浮法

生物及化学气浮法是指利用微生物代谢过程中产生的气体，达到气浮的目的，或利用投加能产生气体的化学药剂，释放出气体，促使气浮过程发生。

2.4.2.4 运行与管理

（1）气浮的影响因素与控制

接触区是实现释气水中微气泡与絮凝水中絮凝体混合、碰撞、黏附的场所，它能否形成具有良好上浮性、脱水性与稳定性的带气絮粒，将直接影响气浮净水的效果。

分离区是将带气絮粒与清水进行分离的场所。带气絮粒向上浮，清水向下流，二者相对运动，使浮渣与清水得到分离。

气浮池出水水质的好坏是最终评定整个气浮工艺水平的标准。气浮池的主要工艺参数如下。

接触区的上升流速为 $10\sim20\text{mm/s}$，特殊情况下可达 40mm/s。分离区的向下流速为 $1\sim4\text{mm/s}$（常用 $1.5\sim2.5\text{mm/s}$）。回流比为 $5\%\sim50\%$（一般污水 $5\%\sim50\%$，工业废水 $20\%\sim30\%$）。刮渣机行车速度不大于 5m/min。上述工艺参数是相互制约的，选择时不宜单独考虑，应综合分析。

废水中的污染物质由于受到水中各种离子的两亲分子的作用，发生吸附现象，从而使污染物质表面带有电荷，形成稳定的乳化体系。从废水处理的要求看，乳化是不利的，应当防止乳化的发生，最简单的办法是防止表面活性物质及砂土之类的固体颗粒混入含油废水中。例如石油碱渣、含碱废水这一类脂肪酸钠盐等物质应当在车间内部进行回收处理。

脱稳和破乳可以采取下列措施。

① 向废水中投加电解质，以压缩双电层，使其达到电中和从而促使油珠互相凝聚，例如将酸性废水的 pH 值降到 $3\sim4$，即可发生强烈的凝聚现象。

② 投加混凝剂，如硫酸铝、二氯化铁、三氯化铁等（废水中硫化物含量多时，不宜采用铁盐，否则生成硫化铁），既可压缩油珠的双电层，又能吸附污水中的固体粉末，使其凝聚。投量视废水性质而异，根据试验确定。

③ 向废水中投加石灰，使两亲分子的钠皂转化成疏水性的皂，以促使油珠的互相兼并。

④ 使废水通过由疏水性滤料所充填的滤床，乳化油粒黏附在滤粒表面，并逐渐聚成较大的油珠而上浮，即所谓的粗粒化附聚法。

（2）日常维护与管理

① 定期检查空压机与水泵的填料及润滑系统，经常加油。

② 根据反应池的絮凝、气浮区浮渣及出水水质，注意调节混凝剂的投加量等参数，特别要防止加药管的堵塞。

③ 经常观察气浮池池面情况，如果发现接触区浮渣面不平，局部冒出大气泡，则

多半是释放器受到堵塞；如果分离区浮渣面不平，池面经常有大气泡破裂，则表明气泡与絮粒黏附不好，应采取适当措施（如投加表面活性剂等）。

④ 掌握浮渣积累规律，选择最佳的浮渣含水率，以及按最大限度不影响出水水质的要求进行刮渣，并建立每隔几小时刮渣一次的制度。

⑤ 经常观察溶气罐的水位指示管，使其控制在一定的范围内（一般在 60～100cm 内），以保证溶气效果。避免因溶气罐水位脱空，导致大量空气窜入气浮池而破坏净水效果与浮渣层。对已装有溶气罐液位自动控制装置的，则需注意设备的维护保养。

⑥ 做好日常的运行记录，包括处理水量、投药量、溶气水量、溶气罐压力、水温、耗电量、进出水水质、刮渣周期、泥渣含水率等。

在冬季水温过低时期，由于絮凝效果差，除通常需增加投药量外，有时需相应地增加回流水量或溶气压力，让更多的微气泡黏附絮凝，以弥补因水流黏度的增加而影响带气絮粒的上浮性能，从而保证出水水质正常。

2.4.3 吸附

2.4.3.1 吸附的基本理论

（1）吸附机理与类型

1）机理　吸附法主要用来脱除水中的微量污染物，应用范围包括脱色，除臭味，脱除重金属、各种溶解性有机物、放射性元素等。在处理流程中，吸附法可作为离子交换、膜分离等方法的预处理，以去除有机物、胶体物及余氯等；也可以作为二级处理后的深度处理手段，以保证回用水的质量。

溶质从水中移向固体颗粒表面发生吸附，是水、溶质和固体颗粒三者相互作用的结果。引起吸附的主要原因在于溶质对水的疏水特性和溶质对固体颗粒的高度亲和力。溶质的溶解程度是确定第一种原因的重要因素。溶质的溶解度越大，则向表面运动的可能性越小。相反，溶质的憎水性越大，向吸附界面移动的可能性越大。吸附作用的第二种原因主要是溶质与吸附剂之间的静电引力、范德华引力或化学键力。

2）类型

① 交换吸附。交换吸附指溶质的离子由于静电引力作用聚集在吸附剂表面的带电点上，并置换出原先固定在这些带电点上的其他离子。通常离子交换属于此范围。影响交换吸附势的重要因素是离子电荷数和水合半径的大小。

② 物理吸附。物理吸附指溶质与吸附剂之间由于分子间力（范德华力）而产生的吸附。其特点是没有选择性。吸附质并不固定在吸附剂表面的特定位置上，而或多或少能在界面范围内自由移动，因而其吸附的牢固程度不如化学吸附。物理吸附主要发生在低温状态下，过程放热较小，约 42kJ/mol 或更少，可以是单分子层或多分子层吸附。影响物理吸附的主要因素是吸附剂的比表面积和细孔分布。

③ 化学吸附。化学吸附指溶质与吸附剂发生化学反应，形成牢固的吸附化学键和

表面络合物。吸附质分子不能在表面自由移动。吸附时放热量较大，与化学反应的反应热相近，为 $84 \sim 420 \mathrm{kJ/mol}$。化学吸附有选择性，即一种吸附剂只对某种或特定几种物质有吸附作用，一般为单分子层吸附，且通常需要一定的活化能，在低温时，吸附速率较小。这种吸附与吸附剂的表面化学性质和吸附质的化学性质有密切的关系。

物理吸附、化学吸附和交换吸附这 3 种吸附类型并不是孤立的，往往是相伴发生。在废水处理中，大部分的吸附往往是几种吸附综合作用的结果。由于吸附质、吸附剂及其他因素的影响，可能某种吸附是主要的，例如有的吸附在低温时主要是物理吸附，在高温时是化学吸附。

3）规律

① 在废水中使固体吸附剂表面自由能降低最多的污染物，其吸附量最大，被吸附的能力也最强。一般说来，溶解度越小的物质越易被吸附。

② 吸附物和吸附剂之间的极性相似时易被吸附，即极性吸附剂易吸附极性污染物，非极性吸附剂易吸附非极性污染物。

③ 较高的吸附温度对以物理吸附为主的吸附是不利的，而对化学吸附是有利的。

（2）吸附平衡与吸附容量及吸附等温线

1）吸附平衡与吸附容量　如果吸附过程是可逆的，当废水和吸附剂充分接触后，一方面吸附质被吸附剂吸附，另一方面一部分已被吸附的吸附质由于热运动能够脱离吸附剂的表面，又回到液相中去。前者称为吸附过程，后者称为解吸过程。当吸附速度和解吸速度相等时，即单位时间内吸附的数量等于解吸数量时，则吸附质在液相中的浓度和在吸附剂表面的浓度都不再改变而达到吸附平衡。此时，吸附质在液相中的浓度称为平衡浓度。

吸附剂对吸附质的吸附效果一般用吸附容量和吸附速度来衡量。所谓吸附容量是指单位质量的吸附剂所吸附的吸附质的质量。

吸附容量由下式计算：

$$q = \frac{V(C_0 - C)}{W}$$

式中，q 为吸附容量，$\mathrm{g/g}$；V 为废水容积，L；W 为吸附剂投加量，g；C_0 为原水中吸附质浓度，$\mathrm{g/L}$；C 为吸附平衡时水中剩余吸附质浓度，$\mathrm{g/L}$。

在温度一定的条件下，吸附容量随吸附质平衡浓度的增大而增大。

所谓吸附速率是指单位质量的吸附剂在单位时间内吸附的物质量。吸附速率决定了废水和吸附剂的接触时间。吸附速率越快，接触时间就越短，所需的吸附设备容积也就越小。吸附速率取决于吸附剂对吸附质的吸附过程。水中多孔的吸附剂对吸附质的吸附过程可分为 3 个阶段。

第 1 阶段称为颗粒外部扩散（又称膜扩散）阶段。在吸附剂颗粒周围存在着一层固定的溶剂薄膜，当溶液与吸附剂做相对运动时，这层溶剂薄膜不随溶液一同移动，吸附质首先通过这个膜才能到达吸附剂的外表面，所以吸附速率与液膜扩散速度有关。

第 2 阶段称为颗粒内部扩散阶段。即经液膜扩散到吸附剂表面的吸附质向细孔深处扩散。

第 3 阶段称为吸附反应阶段。在此阶段，吸附质被吸附在细孔内表面上。

吸附速率与上述 3 个阶段进行的快慢有关。在一般情况下，由于第 3 阶段进行的吸附反应速度很快，因此，吸附速度主要由液膜扩散速度和颗粒内部扩散速度来控制。根据试验得知，颗粒的外部扩散速度与溶液浓度成正比，溶液浓度越高，吸附速度越快。

对一定质量的吸附剂来说，外部扩散速度还与吸附剂的外表面积（即膜表面积）的大小成正比。因表面积与颗粒直径成反比，所以颗粒直径越小，扩散速度就越大。另外，外部扩散速度还与搅动程度有关。增加溶液和颗粒之间的相对速度，会使液膜变薄，可提高外部扩散速度。颗粒的内部扩散比较复杂，扩散速度与吸附剂细孔的大小、构造和吸附质颗粒的大小、构造等因素有关。颗粒大小对内部扩散的影响比外部扩散要大些。可见吸附剂颗粒的大小对内部扩散和外部扩散都有很大影响。颗粒越小，吸附速率就越快。因此，从提高吸附速度来看，颗粒直径越小越好。采用粉状吸附剂比粒状吸附剂有利，粉状吸附剂不需要很长的接触时间，因此吸附设备的容积小。对于连续式粒状吸附剂的吸附设备，如通过外部扩散控制吸附速率，即提高流速、增加颗粒周围液体的搅动程度，可提高吸附速率。也就是说，在保证同样出水水质的前提下，采用较高的流速、缩短接触时间可减小吸附设备的容积。

2）吸附等温线　在恒定温度下，吸附达到平衡时，吸附量与溶液中吸附物浓度之间的关系为一函数，表示这一函数关系的数学式称为吸附等温式，根据这一关系绘制的曲线称为吸附等温线。与废水处理有关的主要有以下两种模式。

① Freundlich 等温式及等温线

$$q_e = k_F C_e^{\frac{1}{n}}$$

式中，k_F 为 Freundlich 经验常数；C_e 为吸附物在溶液中的最终平衡浓度，mg/L；n 为大于 1 的 Freundlich 强度系数。k_F 和 n 分别是与温度、吸附剂和吸附物有关的常数。对上式取对数得：

$$\lg q_e = \lg k_F + \frac{1}{n} \lg C_e$$

绘制等温线如图 2-84 所示。

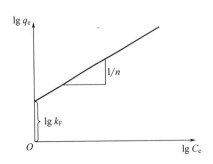

图 2-84　Freundilch 吸附等温线直线形式

② Langmuir 等温式及等温线。Langmuir 等温式是建立在固体吸附剂对吸附质的吸附，且只在吸附剂表面的吸附活化中心进行的基础上的。吸附剂表面每个活化中心只能吸附一个分子，当表面的活化中心全部被占满时，吸附量达到饱和值，在吸附剂表面形成单分子层吸附。由动力学吸附和解吸速率达平衡推导而得该等温式：

$$q_e = \frac{q_0 b C_e}{1 + b C_e}$$

式中，q_0 为达到饱和时单位吸附剂的上限吸附量；b 为吸附平衡常数，即吸附速率常数与解吸速率常数之比；C_e 为吸附平衡时溶液中吸附物浓度。将该式稍做转换，得：

$$\frac{C_e}{q_e} = \frac{1}{q_0 b} + \frac{1}{q_0} C_e$$

分别以 q_e-C_e 和 C_e/q_e-C_e 作图，见图 2-85。

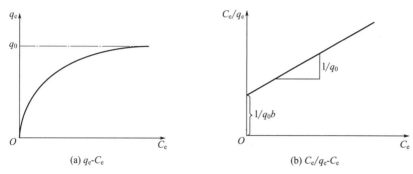

(a) q_e-C_e　　　　　　　　(b) C_e/q_e-C_e

图 2-85　Langmuir 吸附等温线

这些数学模型吸附方程的工程意义在于：a. 由吸附容量确定吸附剂用量；b. 选择最佳吸附条件；c. 比较选择同种吸附剂对不同吸附质的最佳吸附条件；d. 将不同吸附质的吸附特性与混合物质的竞争吸附进行比较来指导动态吸附。

（3）影响吸附的因素

1）吸附剂的性质　如前所述，吸附剂的比表面积越大，吸附能力就越强。吸附剂种类不同，吸附效果也不同，一般是极性分子（或离子）型的吸附剂易吸附极性分子（或离子）型的吸附质，非极性分子型的吸附剂易吸附非极性的吸附质。此外，吸附剂的颗粒大小、细孔结构和分布情况以及表面化学性质等对吸附也有很大影响。

2）吸附质的性质

① 溶解度。吸附质的溶解度对吸附有较大影响。吸附质的溶解度越低，一般越容易被吸附。

② 表面自由能。能降低液体表面自由能的吸附质容易被吸附。例如活性炭吸附水中的脂肪酸，由于含碳较多的脂肪酸可使炭液界面自由能降低得较多，所以吸附量也较大。

③ 极性。因为极性的吸附剂易吸附极性的吸附质，非极性的吸附剂易吸附非极性的吸附质，所以吸附质的极性是吸附的重要影响因素之一。例如活性炭是一种非极性吸附剂（或称疏水性吸附剂），可从溶液中有选择地吸附非极性或极性很低的物质；硅胶和活性氧化铝为极性吸附剂（或称亲水性吸附剂），它们可以从溶液中有选择地吸附极性分子（包括水分子）。

④ 吸附质分子大小和不饱和度。吸附质分子大小和不饱和度对吸附也有影响。例如活性炭与沸石相比，前者易吸附分子直径较大的饱和化合物，后者易吸附直径较小的不饱和化合物。应该指出的是，活性炭对同族有机物的吸附能力虽然随有机物分子量的增大而增强，但分子量过大会影响扩散速度。所以当有机物的分子量超过 100 时，需进行预处理，将其分解为小分子量后再进行活性炭吸附。

⑤ 吸附质浓度。吸附质浓度对吸附的影响是当吸附质浓度较低时，由于吸附剂表面大部分是空着的，因此适当提高吸附质浓度将会提高吸附量，但浓度提高到一定程度后，再提高浓度时吸附量虽有增加，但速度减慢。说明吸附剂表面已大部分被吸附质占据。当全部吸附表面被吸附质占据后，吸附量便达到极限状态，吸附量就不再因吸附质浓度的提高而增加。

3）废水 pH 值　废水的 pH 值对吸附剂和吸附质的性质都有影响。活性炭一般在酸性溶液中比在碱性溶液中的吸附能力强。同时，pH 值对吸附质在水中的存在状态（分子、离子、络合物等）及溶解度有时也有影响，从而影响吸附效果。

① 共有物质。吸附剂可吸附多种吸附质，因此，如共存多种吸附质时，吸附剂对某种吸附质的吸附能力比只有该种吸附质时的吸附能力低。

② 温度。因为物理吸附过程是放热过程，温度高时，吸附量减少，反之吸附量增加。温度对气相吸附影响较大，对液相吸附影响较小。

③ 接触时间。在进行吸附时，应保证吸附剂与吸附质有一定的接触时间，使吸附接近平衡，以充分利用吸附能力。达到吸附平衡所需的时间取决于吸附速率，吸附速率越快，达到吸附平衡的时间越短，相应地吸附容器的体积就越小。

2.4.3.2　吸附剂及其再生

（1）吸附剂

从广义上来说，一切固体物质都有吸附能力，但是只有多孔物质或磨得极细的物质由于具有很大的表面积，才能作为吸附剂。工业吸附剂还必须满足下列要求：a. 吸附能力强；b. 吸附选择性好；c. 吸附平衡浓度低；d. 容易再生和再利用；e. 机械强度好；f. 化学性质稳定；g. 来源广；h. 价廉。一般工业吸附剂难以同时满足这 8 个方面的要求，因此，应根据不同的场合选用吸附剂。

目前，在废水处理中应用的吸附剂有活性炭、活化煤、白土、硅藻土、活性氧化铝、焦炭、树脂吸附剂、炉渣、木屑、煤灰、腐殖酸等。

1）活性炭　活性炭是一种非极性吸附剂，外观为暗黑色，有粒状和粉状 2 种，目前工业上大量采用的是粒状活性炭。活性炭的主要成分除碳以外，还含有少量的氧、氢、硫等元素，以及水分、灰分。它具有良好的吸附性能和稳定的化学性质，可以耐强酸、强碱，能经受水浸、高温、高压作用，不易破碎。

活性炭可用动植物（如木材、锯木屑、木炭、椰子壳、脱脂牛骨）、煤（如泥煤、褐煤、沥青煤、无烟煤）、石油（石油残渣、石油焦）、纸浆废液、废合成树脂及其他有机残物等作原料制作。原料经粉碎及加黏合剂成型后，经加热脱水（120～130℃）、炭化（170～600℃）、活化（700～900℃）而制得。

活性炭的种类很多，可以根据原料、活化方法、形状及用途来分类和选择。与其他吸附剂相比，活性炭具有巨大的比表面和特别发达的微孔。通常活性炭的比表面积高达 $500～1700 m^2/g$，这是活性炭吸附能力强、吸附容量大的主要原因。当然，比表面积相同的炭，对同一物质的吸附容量有时也不同，这与活性炭的内孔结构和分布以及表面化学性质有关。一般活性炭的微孔容积为 0.15～0.9 mL/g，表面积占总表面积的 95％以上；过渡孔容积为 0.02～0.5 mL/g，除特殊活化方法外，表面积不超过总表面积的 5％，大孔容积为 0.2～0.5 mL/g，而表面积仅为 $0.2～0.5 m^2/g$。在液相吸附时，吸附质分子直径较大，如着色成分的分子直径多在 $3×10^{-9}$ m 以上，这时微孔几乎不起作用，吸附容量主要取决于过渡孔。

活性炭的吸附以物理吸附为主，但由于表面氧化物的存在，也进行一些化学选择性吸附。如果在活性炭中渗入一些具有催化作用的金属离子（如渗银），可以改善其处理效果。活性炭是目前废水处理中普遍采用的吸附剂。其中粒状炭因工艺简单、操作方便，用量最大。国外使用的粒状炭多为煤质或果壳质无定形炭，国内多用柱状煤质炭。废水处理适用活性炭参考性能如表 2-10 所列。

表 2-10　废水处理适用活性炭参考性能

项目		数值	项目	数值
比表面积/(m^2/g)		950～1500	空隙容积/(cm^3/g)	0.85
密度			碘值（最小）/(mg/g)	900
	堆积密度/(g/cm^3)	0.44	磨损值（最小）/%	70
	颗粒密度/(g/cm^3)	1.3～1.4	灰分（最大）/%	8
	真密度/(g/cm^3)	2.1	包装后含水率（最大）/%	2
粒径			筛径（美国标准）	
	有效粒径/mm	0.8～0.9	大于 8 号（最大）/%	8
	平均粒径/mm	1.5～1.7	小于 30 号（最大）/%	5
	平均系数	≤1.9		

纤维活性炭是一种新型高效吸附材料。它是有机碳纤维经活化处理后形成的，具有发达的微孔结构、巨大的比表面积以及众多的官能团。因此，吸附性能大大超过目前普遍使用的活性炭。

2）树脂吸附剂　树脂吸附剂也叫作吸附树脂，是一种新型有机吸附剂，具有立体网状结构，呈多孔海绵状，加热不熔化，可在 150℃下使用，不溶于一般溶剂及酸、碱，比表面积可达 $800 m^2/g$。按照基本结构分类，吸附树脂大体可分为非极性、中极性、极性和强极性四种类型。

树脂吸附剂的结构容易人为控制，因而它具有适应性大、应用范围广、吸附选择性特殊、稳定性高等优点，并且再生简单，多数为溶剂再生。在应用上它介于活性炭等吸附剂与离子交换树脂之间，而且兼具它们的优点，既具有类似于活性炭的吸附能力，又比离子交换剂更易再生。树脂吸附剂最适宜于吸附处理废水中微溶于水，极易溶于甲醇、丙酮等有机溶剂，分子量略大和带极性的有机物，如用于脱酚、除油、脱色等。树脂的吸附能力一般随吸附质亲油性的增强而增大。

3）腐殖酸系吸附剂 腐殖酸类物质可用于处理工业废水，尤其是重金属废水及放射性废水，可除去其中的离子。腐殖酸的吸附性能是由其本身的性质和结构决定的。一般认为腐殖酸是一组芳香结构的、性质相似的酸性物质的复合混合物。它的大分子约由10个分子大小的微结构单元组成，每个结构单元由核（主要由五元环或六元环组成）、联结核的桥键以及核上的活性基团所组成。据测定，腐殖酸含的活性基团有羟基、羧基、羰基、氨基、磺酸基、甲氧基等。这些基团决定了腐殖酸对阳离子的吸附性能。

腐殖酸对阳离子的吸附包括离子交换、螯合、表面吸附、凝聚等作用，既有化学吸附，又有物理吸附。当金属离子浓度低时，以螯合作用为主；当金属离子浓度高时，离子交换占主导地位。

用作吸附剂的腐殖酸类物质有两大类：一类是天然的富含腐殖酸的风化煤、泥煤、褐煤等，直接作吸附剂用或经简单处理后作吸附剂用；另一类是把富含腐殖酸的物质用适当的黏结剂做成腐殖酸系树脂，造粒成型，以便用于管式或塔式吸附装置。

腐殖酸类物质吸附重金属离子后，容易脱附再生，常用的再生剂有 $1\sim2mol/L$ 的 HCl、NaCl 以及 $0.5\sim1mol/L$ 的 H_2SO_4、$CaCl_2$ 等。

（2）吸附剂的再生方法与设备

1）方法

① 加热再生法。加热再生法分低温和高温两种方法。前者适用于吸附浓度较高的简单低分子量的烃类化合物和芳香族有机物的活性炭再生。由于沸点较低，一般加热到 200℃ 即可脱附。多采用水蒸气再生，再生可直接在塔内进行，被吸附的有机物脱附后可利用。后者适用于水处理粒状炭的再生。高温加热再生过程分以下5步进行。

a.脱水。使活性炭和输送液体进行分离。

b.干燥。升温到 $100\sim150℃$，将吸附在活性炭细孔中的水分蒸发出来，同时部分低沸点的有机物也能够挥发出来。

c.炭化。加热到 $300\sim700℃$，高沸点的有机物由于热分解，一部分成为低沸点的有机物进行挥发，另一部分被炭化，留在活性炭的细孔中。

d.活化。将炭化留在活性炭细孔中的残留炭用活化气体（如水蒸气、二氧化碳及氧）进行气化，达到重新造孔的目的。活化温度一般为 $700\sim1000℃$。

e.冷却。活化后的活性炭用水急剧冷却，防止氧化。

活性炭高温加热再生系统由再生炉、活性炭储罐、活性炭输送及脱水装置等组成。活性炭再生炉的形式有立式多段炉、转炉、盘式炉、立式移动床炉、流化床炉及电加热炉等。

② 药剂再生法。药剂再生法又可分为无机药剂再生法和有机溶剂再生法两类。

a.无机药剂再生法。用无机酸（H_2SO_4、HCl）或碱（NaOH）等无机药剂使吸附在活性炭上的污染物脱附。例如，吸附高浓度酚的饱和炭用 NaOH 再生，脱附下来的酚为酚钠盐，可回收利用。

b. 有机溶剂再生法。用苯、丙酮及甲醇等有机溶剂萃取吸附在活性炭上的有机物。例如吸附含二硝基氯苯的染料废水的饱和活性炭，用有机溶剂氯苯脱附后，再用热蒸汽吹扫氯苯，脱附率可达93%。

药剂再生可在吸附塔内进行，设备和操作管理简单，但一般随再生次数的增加吸附性能明显降低，需要补充新炭，废弃一部分饱和炭。

③ 化学氧化法。属于化学氧化法的有下列几种方法。

a. 湿式氧化法。近年来为了提高曝气池的处理能力，向曝气池投加粉状炭。吸附饱和的粉状炭可采用湿式氧化法进行再生。饱和炭用高压泵经换热器和水蒸气加热器送入氧化反应塔，在塔内被活性炭吸附的有机物与空气中的氧反应进行氧化分解，使活性炭得到再生，再生后的炭经热交换器冷却后再送入再生储槽。在反应器底积集的无机物（灰分）定期排出。

b. 电解氧化法。用炭作阳极进行水的电解，在活性炭表面产生的氧气把吸附质氧化分解。

c. 臭氧氧化法。利用强氧化剂臭氧将吸附在活性炭上的有机物加以分解。

④ 生物法。利用微生物的作用将被活性炭吸附的有机物加以氧化分解，这种方法目前还处于试验阶段。

2) 再生炉　活性炭再生炉的形式有立式多段炉、转炉、盘式炉、立式移动床炉、流化床炉及电加热炉等。

① 立式多段炉。饱和炭的干燥、炭化及活化3个步骤在炉内完成。炉外壳用钢板焊成圆筒形，内衬耐火砖，炉腔分多段（层），一般为4~9层。炉腔中心装有竖轴，由电动机及减速装置带动旋转，从竖轴向每层炉腔伸出搅拌耙臂2~4条，臂上带有多个耙齿。在活化段的几层分别设火嘴和蒸汽注入口，再生炭由炉顶进料斗进入第一层，单数层炉盘的落下孔在盘中央，双数层炉盘的落下孔在炉盘边缘，用耙齿将再生炭耙到下一层，由最底层的出料口卸出。六段再生炉第一、二段用于干燥，第三、四段用于炭化，第五、六段为活化。为防止尾气对大气的污染，将其送入燃烧器燃烧后，再进入塔除尘及除去有臭味的物质。

② 转炉。转炉有内热式、外热式和内外联合式3种形式。

外热式转炉如图2-86所示。转炉为一卧式转筒，炉体略有倾斜，炭在炉内的停留时间靠倾斜度及炉体转速来控制。在炉体活化段设蒸汽入口，炉体进料端设有燃料烟道气排出门。炉管直径700mm，长15.7m，炉体用不锈钢板卷焊制成，炉体转速1~2r/min，活化温度750℃，停留时间20~30min，再生能力100kg/h，再生炭的性能恢复率在95%以上。转炉具有设备简单、操作容易等优点，但占地面积大、热效率低，适用于小规模再生的场合。

③ 移动床炉。外热式移动床炉如图2-87所示。燃烧室为圆筒形，再生套筒由2层不锈钢制成。活性炭在内筒与外筒中间从上向下移动，进行干燥、炭化和活化，产生的

气体从外筒上的通气孔送入燃烧室作燃料。活化的空气从内筒供应，再生后的活性炭从底部卸出。卸炭量由出料盘的转速控制。这种炉由于间接加热，所以再生活性炭的损失率较低；尾气送到燃烧室可减少污染，操作管理较简单；占地面积小。这种再生炉适用于小规模再生的场合。

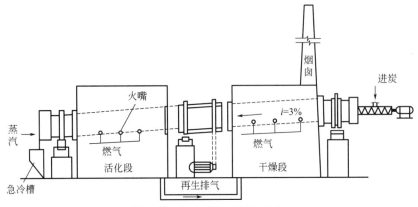

图 2-86　外热式转炉构造示意

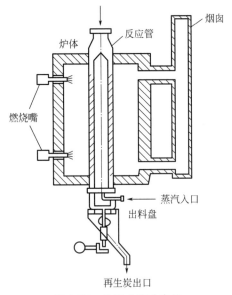

图 2-87　外热式移动床炉

2.4.3.3　吸附操作方式及设备

（1）静态吸附

在废水不流动的条件下进行的吸附操作称为静态吸附操作。静态吸附操作的工艺过程是把一定数量的吸附剂投入预处理的废水中，不断地进行搅拌，达到吸附平衡后，再用沉淀或过滤的方法使废水和吸附剂分开。如经一次吸附后，出水的水质达不到要求时，往往需要增加吸附剂投量和延长停留时间或采取多次静态吸附操作。静态操作适用于小规模、应急性处理，当处理规模大时，需建较大的混合池和固液分离装置，粉状炭再生工艺也较复杂，操作较麻烦，所以在废水处理中采用得较少。静态吸附常用的处理设备有水池和反应槽等。

（2）动态吸附

动态吸附是在废水流动条件下进行的吸附操作。废水处理中采用的动态吸附设备有固定床、移动床和流化床 3 种形式。

1）固定床　固定床是废水处理中常用的吸附装置。当废水连续地通过填充吸附剂的设备时，废水中的吸附质便被吸附剂吸附。若吸附剂数量足够时，从吸附设备流出的废水中吸附质的浓度可以降低到零。吸附剂使用一段时间后，出水中的吸附质浓度逐渐增大，当增大到一定数值时，应停止通水，将吸附剂进行再生。吸附和再生可在同一设备内交替进行，也可以将失效的吸附剂排出，送到再生设备中进行再生。因这种动态吸附设备中吸附剂在操作过程中是固定的，所以叫固定床。

固定床根据水流方向又分为升流式和降流式两种。降流式固定床如图 2-88 所示。降流式固定床水流自上而下流动，出水水质较好，但经过吸附后的水头损失较大，特别是处理含悬浮物较高的废水时，为了防止悬浮物堵塞吸附层，需定期进行反冲洗。有时在吸附层上部设有反冲洗设备。在升流式固定床中，水流自下而上流动，当发现水头损失增大时，可适当提高水流流速，使填充层稍有膨胀（上下层不要互相混合）就可以达到自清的目的。升流式固定床的优点是由于层内水头损失增加较慢，所以运行时间较

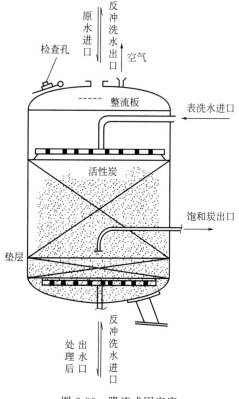

图 2-88　降流式固定床

长；其缺点是对废水入口处吸附层的冲洗难于降流式，并且流量或操作的一时失误就会使吸附剂流失。

固定床根据处理水量、原水的水质和处理要求可分为单床式、多床串联式和多床并联式3种（图2-89）。

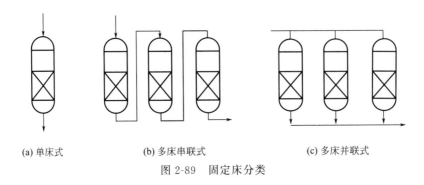

(a) 单床式　　　　(b) 多床串联式　　　　(c) 多床并联式

图 2-89　固定床分类

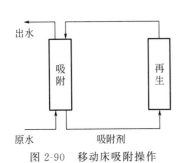

图 2-90　移动床吸附操作

2）移动床　移动床吸附操作如图2-90所示。原水从吸附塔底流入，与吸附剂进行逆流接触，处理后的水从塔顶流出，再生后的吸附剂从塔顶加入，接近吸附饱和的吸附剂从塔底间歇地排出。

移动床较固定床能够充分利用吸附剂的吸附容量，水头损失小。由于采用升流式，废水从塔底流入，从塔顶流出，被截留的悬浮物随饱和的吸附剂间歇地从塔底排出，所以不需要反冲洗设备。但这种操作方式要求塔内吸附剂上下层不能互相混合，操作管理要求高。移动床适用于处理有机物浓度高或低的废水，也可以用于处理含悬浮物固体的废水。

3）流化床　流化床也叫作流动床。吸附剂在塔中处于膨胀状态，塔中吸附剂与废水逆向连续流动。流动床是一种较为先进的床型。与固定床相比，可使用小颗粒的吸附剂，吸附剂一次投量较少，不需反洗，设备小，生产能力大，预处理要求低。但运转中操作要求高，不易控制，同时对吸附剂的机械强度要求高，目前应用较少。

2.4.3.4　吸附动力学

吸附是一个非均相反应。在吸附过程中经历三个连续阶段：第一个阶段为吸附质的颗粒外部扩散，亦称为膜扩散阶段；第二阶段为吸附质的孔扩散阶段；第三阶段为吸附反应阶段。由于吸附反应速率一般均比第一、二阶段的速率快，因此，吸附速率主要由膜扩散速率和孔扩散速率来控制。

（1）膜扩散起控制作用时的反应速率讨论

固体吸附剂和废水之间形成一层流体边界膜，即液膜，吸附物在液膜中的扩散传递率为：

$$-\frac{\mathrm{d}c}{\mathrm{d}t}=K_{f}A(c-c_{i})$$

式中，K_f 为液膜传质系数；A 为液膜面积；c 为废水中吸附物浓度；c_i 为吸附剂界面吸附物浓度。

式中实际表现吸附物在液膜中的扩散传递速率的是吸附物通过液膜传递前后浓度差的一级反应，这一浓度差为液膜扩散起控制作用时的推动力。式中的 K_f 为液膜扩散时的一个参数：

$$K_{f}=D_{1}/\delta$$

式中，D_1 为流体扩散系数；δ 为液膜厚度。该式表明液膜传质系数受流体扩散系数 D_1 和液膜厚度的影响。

因此，对于吸附过程可以采取一些措施，以减小液膜厚度和增大扩散传递系数，从而使传质有利，如加速液体的流动或将该填充床换为沸腾床等措施，这也是使得膜扩散为控制阶段转变成孔扩散为控制阶段的吸附传质过程。

（2）孔扩散起控制作用时的反应速率讨论

吸附物在吸附剂内部孔中的扩散传递速率为：

$$-\frac{\mathrm{d}q}{\mathrm{d}t}=K_{s}A(q_{i}-q)$$

式中，K_s 为内部孔隙中吸附物的传质系数；A 为吸附剂内表面积（或孔隙总面积）；q_i 为与通过液膜后吸附物在液体中的浓度 c_i 相平衡时的吸附量；q 为某一时刻的吸附量或平均吸附量。该式同样显示出孔扩散时的扩散传递速率为吸附量差值的一级反应速率。K_s 也受多种因素影响，是一个特征参数：

$$K_{s}A=\frac{15D'\gamma}{R^{2}}$$

式中，D' 为吸附物在固相内的扩散系数；γ 为填充床密度；R 为吸附剂颗粒半径。由此可见，为提高孔扩散速率，减小吸附剂颗粒的粒径是有利的。因此，采用粉状活性炭比粒状活性炭有利，但粉状活性炭在填充床中会增加阻力，故可以采用间歇式反应器。

2.4.4　离子交换

2.4.4.1　基本理论

离子交换法是一种借助于离子交换剂上的离子与废水中的离子进行交换反应而除去废水中有害离子的方法。离子交换过程是一种特殊的吸附过程，所以在许多方面都与吸附过程类同。但与吸附相比，离子交换过程的特点在于：它主要吸附水中的离子化物质，并进行等量的离子交换。在废水处理中，离子交换主要用于回收和去除废水中的金、银、铜、镉、铬、锌等金属离子，对于净化放射性废水及有机废水也有应用。

在废水处理中，离子交换法的优点为：离子的去除效率高，设备较简单，操作容易控制。目前在应用中存在的问题是：应用范围还受到离子交换剂种类、产量、成本的限制，对废水的预处理要求较高，离子交换剂的再生及再生液的处理有时也是一个难以解决的问题。

（1）离子交换平衡

离子交换反应和吸附过程同样是非均相反应，它在两相中进行，同时遵循当量定律和质量定律。

等价离子交换时，其交换平衡常数 K 可表示为：

$$K = \frac{c_{A^+} q_{B^+}}{c_{B^+} q_{A^+}}$$

式中，由于废水是一个稀溶液体系，因此，用污染物的浓度代替了活度，即 c 为污染物在液相中的浓度，g/L；q 为污染物在固相中的离子浓度，g/g。

如果用 x、y 分别来表示液相和固相中污染物的质量分数，则：

$$x_{A^+} + x_{B^+} = 1$$
$$y_{A^+} + y_{B^+} = 1$$

K 可以表示为：

$$K = \frac{(1 - x_{B^+}) y_{B^+}}{(1 - y_{B^+}) x_{B^+}}$$

当 $K = 1$ 时，说明两种离子在交换树脂上的数量和在水中的数量相等，交换效果不佳；而当 $K < 1$ 时，说明留在废水中的离子数量超过吸附在树脂上的数量，交换能力很差。K 值越大，表示交换反应向右进行的能力越强，污染物越易从废水中去除。因此，K 值实际上表示了离子交换剂上活性基团中固定离子对可交换离子的亲和力的大小，这是进行选择吸附或离子交换的重要因素。

（2）离子交换动力学

对于交换反应：

$$R-A^+ + B^+ \rightleftharpoons R-B^+ + A^+$$

当 B^+ 和树脂上 A^+ 进行交换时，必须经历以下五个步骤。

第一步：B^+ 在溶液主体中向离子交换剂扩散时，透过水化膜后，扩散到交换树脂的外表面或交换树脂和液体的界面上。

第二步：部分 B^+ 和交换树脂外表面上的 A^+ 进行交换，部分 B^+ 继续深入到树脂内部的毛细孔中进行交换。

第三步：内表面上的 A^+ 被 B^+ 交换下来。

第四步：A^+ 被交换下来，从树脂内部扩散到树脂的外表面。

第五步：A^+ 离开树脂外表面，透过水化膜扩散到溶液主体中。

这种多步骤过程的总速度由最慢的一步来控制，由于交换反应很快，因此，内、外扩散就成了控制步骤。当液体流动很慢、离子浓度很低、树脂颗粒较细时，外扩散就成为控制步骤；当液体流速很快或搅拌剧烈、离子浓度较高、树脂颗粒大时，内部扩散为控制步骤。

（3）影响离子交换速度的因素

① 树脂的交联度越大、网孔越小、孔隙率越小，则内扩散越慢。大孔树脂的内孔扩散速度比凝胶树脂快得多。

② 树脂颗粒越小，由于内扩散距离缩短和液膜扩散的表面积增大，使扩散速度越快。研究指出，液膜扩散速度与粒径成反比，内孔扩散速度与粒径的高次方成反比。但颗粒不宜太小，否则会增加水流阻力，且在反洗时易流失。

③ 溶液中离子浓度是影响扩散速度的重要因素，浓度越大，扩散速度越快。一般来说，在树脂再生时，$c_0 > 0.1 mol/L$，整个交换速度偏向受内孔扩散控制；而在交换制水时，$c_0 < 0.003 mol/L$，过程偏向受膜扩散控制。

④ 升高水温能使离子的动能增加、水的黏度减小、液膜变薄，这些都有利于离子扩散。

⑤ 交换过程中的搅拌或流速提高，使液膜变薄，能加快液膜扩散，但不影响内孔扩散。

⑥ 被交换离子的电荷数和水合离子的半径越大，内孔扩散速度越慢。实验证明：阳离子每增加一个电荷，其扩散速度就减慢到约为原来的 1/10。

2.4.4.2 离子交换剂

（1）离子交换剂的分类

离子交换剂分为无机和有机两大类。无机的离子交换剂有天然沸石和人工合成沸石。沸石既可作阳离子交换剂，又能用作吸附剂。有机的离子交换剂有磺化煤和各种离子交换树脂。在废水处理中，应用较多的是离子交换树脂。离子交换剂的种类见表 2-11。

表 2-11　离子交换剂的种类

类别	性质	名称	酸碱性	活性基团
无机	天然	海绿沙		钠离子交换基团
	合成	合成沸石		
有机	碳质	磺化煤		阴离子交换基团
	合成	阳离子交换树脂	强酸性	磺酸基—SO_3H
			弱酸性	羧酸基—COOH
		阴离子交换树脂	强碱性	季氨基 I 型—$N(CH_3)_3$ 季氨基 II 型
			弱碱性	伯氨基—NH_2 仲氨基＝NH 叔氨基≡N

（2）离子交换树脂的性能

离子交换树脂是一类具有离子交换特性的有机高分子聚合电解质，是一种疏松的具有多孔结构的固体球形颗粒，粒径一般为 0.3～1.2mm，不溶于水也不溶于电解质溶液，其结构可分为不溶性的树脂本体和具有活性的交换基团（也叫活性基团）两部分。

树脂本体为有机化合物和交联剂组成的高分子共聚物。交联剂的作用为使树脂本体形成立体的网状结构。交换基团由起交换作用的离子和与树脂本体联结的离子组成。

1）物理性能

① 外观。常用凝胶型阳离子交换树脂为半透明的棕色或淡黄色的珠体，阴离子交换树脂颜色略深。大孔树脂为乳白色或不透明珠体。优良的树脂圆球率高，无裂纹，颜色均匀，无杂质。

② 粒度。树脂的粒度对交换速度、水流阻力和反洗有很大影响。粒度大，交换速度慢，交换容量低；粒度小，水流阻力大。因此，粒度大小要适当，分布要合理。一般，树脂的粒径为 0.3～1.2mm，有效粒径（d_{10}）为 0.36～0.61，均一系数（d_{40}/d_{90}）为 1.22～1.66，均一系数的含义是筛上体积为 40% 的筛孔孔径与筛上体积为 90% 的筛孔孔径之比。该比值一般大于等于 1，越接近 1，说明粒度越均匀。

③ 密度。树脂的密度是设计交换柱、确定反冲洗强度的重要指标，也是影响树脂分层的重要因素。

a. 湿真密度。湿真密度是树脂在水中充分溶解后的质量与真体积（不包括颗粒孔隙体积）之比。其值一般为 1.04～1.38g/mL。通常阳离子交换树脂的湿真密度比阴离子交换树脂的大，强型的比弱型的大。

b. 湿视密度。湿视密度是树脂在水中溶解后的质量与堆积体积之比。其值一般为 0.60～0.858g/mL。一般阳离子交换树脂的湿视密度大于阴离子交换树脂的。树脂在使用过程中，因基团脱落，骨架中链的断裂，其密度略有减小。

④ 含水量。含水量是指在水中充分溶胀的湿树脂所含溶胀水质量占湿树脂质量的百分数。含水量主要取决于树脂的交联度、活性基团的类型和数量等，一般在 50% 左右。

⑤ 溶胀性。溶胀性是指干树脂浸入水中，由于活性基团的水合作用使交联网孔增大、体积膨胀的现象。溶胀程度常用溶胀率（溶胀前后的体积差/溶胀前的体积）表示。树脂的交联度越小，活性基团数量越多，越易离解，可交换离子水合半径越大，其溶胀率越大。水中电解质浓度越高，由于渗透压增大，其溶胀率越小。

⑥ 机械强度。机械强度反映树脂保持颗粒完整性的能力。树脂在使用中由于受到冲击、碰撞、摩擦以及胀缩作用，会发生破碎。因此，树脂应具有足够的机械强度，以保证每年树脂的损耗量不超过 3%～7%。树脂的机械强度主要取决于交联度和溶胀率。交联度越大，溶胀率越小，则树脂的机械强度越高。

⑦ 耐热性。各种树脂均有一定的工作温度范围。盐型树脂比酸型、碱型都稳定。操作温度过高，易使活性基团分解，从而影响树脂的交换容量和使用寿命。如温度低至 0℃，树脂内水分冻结，使颗粒破裂。

⑧ 孔结构。大孔树脂的交换容量、交换速度等性能均与孔结构有关。目前使用的 D001×14～20 系列树脂，其平均孔径为（100～154）×10^{-10}m，孔容为 0.09～0.21mL/g，比表面积为 15～36.4m^2/g，交换容量为 1.79～1.96mmol/mL。

2）化学性能

① 离子交换反应的可逆性。交换的逆反应即为再生。

② 酸碱性。氢型阳离子交换树脂和氢氧型阴离子交换树脂在水中电离出 H^+ 和 OH^-。表现出酸碱性。根据活性基团在水中离解能力的大小不同，树脂的酸碱性也有强弱之分。强酸或强碱性树脂在水中离解度大，受 pH 值影响小；弱酸或弱碱性树脂离解度小，受 pH 值影响大。因此，弱酸或弱碱性树脂在使用时对 pH 值要求很严，各种树脂在使用时都有适当的 pH 值范围。

③ 化学稳定性

a.耐酸碱性能。一般无机离子交换剂是不耐酸碱的，只能在 pH＝6～7 的条件下使用。有机合成强酸、强碱性树脂可在 pH＝1～14 的条件下使用。弱酸性阳离子交换树脂可在 pH≥4 时使用，弱碱性阴离子交换树脂应在 pH≤9 时使用。一般，树脂的抗酸性优于抗碱性。无论是阳离子交换树脂还是阴离子交换树脂，当碱的浓度超过 1mol/L 时，都会发生分解。

b.抗氧化性能。各种氧化剂如氯、次氯酸、双氧水、氧、臭氧等会对树脂有不同程度的破坏作用，在使用前需要除去。不同类型的树脂受到损坏的程度不同。就其抗氧化的能力来说，交联度高的树脂优于交联度低的树脂；聚苯乙烯树脂优于酚醛类树脂；钠型树脂优于氢型树脂；氯型树脂优于氢氧型树脂；大孔树脂优于凝胶树脂。

④ 选择性。树脂对水中某种离子能优先交换的性能称为选择性，它是决定离子交换法处理效率的一个重要因素，本质取决于交换离子与活性基团中固定离子的亲和力。选择性的大小用选择性系数来表征。选择性系数与化学平衡常数不同，除了与温度有关外，还与离子性质、溶液组成及树脂的结构等因素有关。在常温和稀溶液中，大致有如下规律。

a.离子价数越高，选择性越好。

b.原子序数越大，即离子的水合半径越小，选择性越好。

c.H^+ 和 OH^- 的选择性取决于树脂活性基团的酸碱性强弱。对强酸性阳离子交换树脂来说，H^+ 的选择性介于 Na^+ 和 Li^+ 之间。但对弱酸性阳离子交换树脂来说，H^+ 的选择性最强。同样，对强碱性阴离子交换树脂来说，OH^- 的选择性介于 CH_3COO^- 和 F^- 之间。但对弱碱性阴离子交换树脂来说，OH^- 的选择性最强。离子的选择性除上述同它本身及树脂的性质有关外，还与温度、浓度及 pH 值等因素有关。

⑤ 交换容量。交换容量定量表示树脂的交换能力。通常用 E_v（mmol/mL 湿树脂）表示，也可用 E_w（mmol/g 干树脂）表示。这 2 种表示方法之间的数量关系如下：

$$E_v = E_w \times (1 - 含水量) \times 湿视密度$$

市售商品树脂所标的交换容量是总交换容量，即活性基团的总数。树脂在给定的工作条件下实际所发挥的交换能力称为工作交换容量。因受再生程度、进水中离子的种类和浓度、树脂层高度、水流速度、交换终点的控制指标等许多因素影响，一般工作交换容量只有总交换容量的 60%～70%。

3）离子交换树脂的选择性　由于离子交换树脂对水中各种离子的吸附能力并不相

同，其中一些离子很容易被吸附，而另一些离子却很难被吸附。被树脂吸附的离子在再生的时候，有的离子很容易被置换下来，而有的却很难被置换。离子交换树脂所具有的这种性能称为选择性。

采用离子交换法处理废水时，必须考虑树脂的选择性。树脂对各种离子的交换能力是不同的，交换能力的大小主要取决于各种离子对该种树脂的亲和力（选择性）。在常温、低浓度下，各种树脂对各种离子的选择性有如下规律。

① 强酸型阳离子交换树脂的选择顺序：

$$Fe^{3+}>Cr^{3+}>Al^{3+}>Ca^{2+}>Mg^{2+}>K^+=NH_4^+>Na^+>H^+>Li^+$$

② 弱酸型阳离子交换树脂的选择顺序：

$$H^+>Fe^{3+}>Cr^{3+}>Al^{3+}>Ca^{2+}>Mg^{2+}>K^+=NH_4^+>Na^+>Li^+$$

③ 强碱型阴离子交换树脂的选择顺序：

$$Cr_2O_7^{2-}>SO_4^{2-}>CrO_4^{2-}>NO_3^->Cl^->OH^->F^->HCO_3^-$$

④ 弱碱型阴离子交换树脂的选择顺序：

$$OH^->Cr_2O_7^{2-}>SO_4^{2-}>CrO_4^{2-}>NO_3^->Cl^->F^->HCO_3^-$$

⑤ 螯合树脂的选择性顺序如下。

螯合树脂的选择性顺序与树脂种类有关。螯合树脂在化学性质方面与弱酸型阳离子树脂相似，但比弱酸型树脂对重金属的选择性高。螯合树脂通常为 Na 型，树脂内金属离子与树脂的活性基团相螯合。

亚氨基乙酸型螯合树脂的选择顺序：$Hg^{2+}>Cr^{3+}>Ni^{2+}>Mn^{2+}>Ca^{2+}>Mg^{2+}>Na^+$。

位于顺序前列的离子可以取代位于顺序后列的离子。这里应强调的是，上面介绍的选择性顺序均就常温、低浓度而言。在高温、高浓度时，处于顺序后列的离子可以取代位于顺序前列的离子，这就是树脂再生的依据之一。

2.4.4.3 离子交换工艺及设备

（1）固定床式离子交换器

所谓固定床是指离子交换剂在一个设备中先后完成制水、再生等过程的装置。固定床式离子交换器按水和再生液的流动方向分为顺流再生式、逆流再生式（包括逆流再叶、离子变换器和浮床式离子交换器）和分流再生式；按交换器内树脂的状态又分为单层（树脂）床、双层床、双室双层床、双室双层浮动床以及混合床；按设备的功能又分为阳离子变换器（包括钠离子交换器和氢离子交换器）、阴离子交换器和混合离子交换器。

1）顺流再生离子交换器　顺流再生离子交换器是离子交换装置中应用最早的床型。运行时，水流自上而下通过树脂层；再生时，再生液也是自上而下通过树脂层，即水和再生液的流向是相同的。

① 顺流再生离子交换器的结构。顺流再生离子交换器的主体是一个密封的圆柱形压力容器，器体上设有树脂装卸口和用来观察树脂状态的观察孔。容器设有进水装置、

排水装置和再生液分配装置，交换器中装有一定高度的树脂，树脂层上面留有一定的反洗空间，如图 2-91 所示。顺流再生离子交换器的外部管路系统如图 2-92 所示。

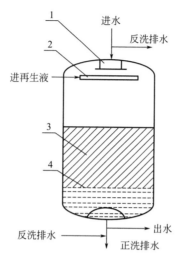

图 2-91　顺流再生离子交换器的内部结构

1—进水装置；2—再生液分配装置；3—树脂层；4—排水装置

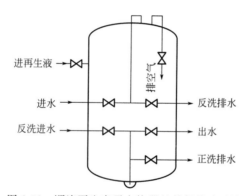

图 2-92　顺流再生离子交换器的外部管路系统

② 顺流再生离子交换器的运行。顺流再生离子交换器的运行通常分为 5 步，从交换器失效后算起为反洗、进再生液、置换、正洗和制水。这 5 个步骤组成交换器的一个运行循环，称为运行周期。

a.反洗。交换器中的树脂失效后，在进再生液之前，常先用水自下而上进行短时间的强烈反洗。

b.进再生液。先将交换器内的水放至树脂层以上 100～200mm 处，然后使一定浓度的再生液以一定流速自上而下流过树脂层。

c.置换。使水按再生液流过树脂的流程及流速通过交换器，这一过程称为置换，目的是使树脂层中仍有再生能力的再生液和其他部位残存的再生液得以充分利用。

d.正洗。置换结束后，为了清除交换器内残留的再生产物，应用运行时的出水自上而下清洗树脂层，流速 10～15m/h。正洗一直进行到出水水质合格为止。

e.制水。正洗合格后即可投入制水。

顺流再生工艺的优点是设备结构简单、运行操作方便、工艺控制容易;缺点是再生剂用量多、获得的交换容量低、出水水质差。

2) 逆流再生离子交换器　为了克服顺流再生工艺出水端树脂再生度低的缺点,现在广泛采用逆流再生工艺,即运行时水流方向和再生时再生液流动方向相反的水处理工艺。由于逆流再生工艺中再生液及置换水都是自下而上流动的,流速稍大时就会发生和反洗那样使树脂层扰动的现象,使再生的层态被打乱,这通常称为乱层。因此,在采用逆流再生工艺时,必须从设备结构和运行操作上采取措施,以防止溶液向上流动时发生树脂乱层。

① 逆流再生离子交换器的结构。逆流再生离子交换器的结构和管路系统与顺流再生离子交换器的结构类似。与顺流再生离子交换器结构不同的地方是,在树脂层上表面处设有中间排液装置以及在树脂层上面加叠压脂层。

② 逆流再生离子交换器的运行。在逆流再生离子交换器的运行操作中,制水过程和顺流式没有区别。再生操作因防止乱层措施的不同而异。图2-93以采用压缩空气顶压防止乱层的方法为例说明其再生操作。

③ 无顶压逆流再生离子交换器。为了保持再生时树脂层的稳定,必须采用空气顶压或水顶压,这不仅增加了一套顶压设备和系统,而且操作也比较麻烦。无顶压逆流再生就是将中间排液装置上的孔开得足够大,使孔处的水流阻力较小,并且在中间排液装

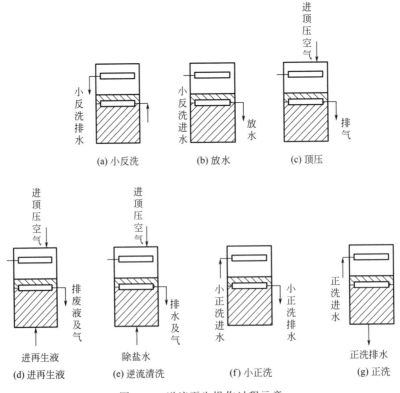

图 2-93　逆流再生操作过程示意

置以上仍装有一定厚度的压脂层，这样在无顶压情况下逆流再生操作时就不会出现水面超过压脂层的现象，树脂层也不会发生扰动。

（2）移动床式离子交换器

移动床式离子交换器是指交换器中的离子交换树脂层在运行中是周期性移动的，即定期排出一部分已失效的树脂和补充等量再生好的树脂，已失效的树脂在另一设备中进行再生。在移动床系统中，交换过程和再生过程是分别在不同设备中进行的，制水是连续的。

3 种移动床式离子交换器的运行过程如图 2-94 所示。

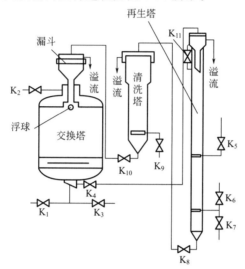

(a) 三塔式

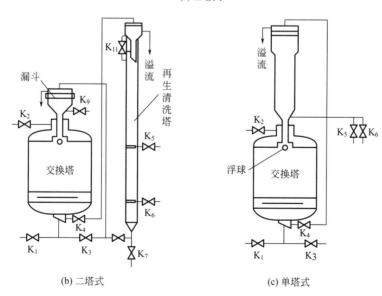

(b) 二塔式　　　　　　　(c) 单塔式

图 2-94　3 种移动床式离子交换器的运行过程

K_1—进水阀；K_2—出水阀；K_3—排水阀；K_4—失效树脂输出阀；K_5—进再生液阀；

K_6—进置换水或清洗水阀；K_7—排水阀；K_8—再生后树脂输出阀；K_9—进清水阀；

K_{10}—清洗好树脂输出阀；K_{11}—连通阀

交换塔开始运行时，原水从塔下部进入交换塔，将配水装置以上的树脂托起，即为成床。成床后进行离子交换，处理后的水从出水管排出，并自动关闭浮球阀。

运行一段时间后，停止进水并进行排水，使塔中压力下降，因而水向塔底方向流动，使整个树脂分层，即落床。与此同时，交换塔的浮球阀自动打开，上部漏斗中的新鲜树脂落入交换塔树脂层上面。同时，排水过程中将失效树脂排出塔底部。即落床过程中同时完成新树脂补充和失效树脂排出。两次落床之间的交换塔运行时间称为移动床的一个大周期。

再生时，再生液在再生塔内由下而上流动进行再生，排出的再生废液经连通管进入上部漏斗，对漏斗中失效树脂进行预再生，这样充分利用再生剂，而后将再生液排出塔外。当再生进行一段时间后，停止进水和停止进再生液，并进行排水泄压，使再生塔中的树脂层下落。与此同时，再生塔内浮球阀打开，使漏斗中失效树脂进入再生塔，而再生好的下部树脂落入再生塔的输送段，并依靠进水水流不断地将此树脂输送到清洗塔中。两次排放再生好的树脂的间隔时间即为一个小周期。变换塔一个大周期中排放过来的失效树脂分成几次再生的方式称为多周期再生。若对一次输入的失效树脂进行一次再生，则称为单周期再生。

清洗过程在清洗塔内进行，清洗水由下而上流经树脂层，清洗好的树脂送至交换塔中。

移动床的运行流速高，树脂用量少且利用率高，而且占地面积小，能连续供水，并且减少了设备备用量。其缺点主要有：a.运行终点较难控制；b.树脂移动频繁，损耗大；c.阀门操作频繁，易发生故障，自动化要求较高；d.对原水水质变化适应能力差，树脂层易发生乱层；e.再生剂比耗高。

2.4.5 膜处理技术

2.4.5.1 电渗析

（1）原理

电渗析的原理是在直流电场的作用下，依靠对水中离子有选择透过性的离子交换膜，使离子从一种溶液透过离子交换膜进入另一种溶液，以达到分离、提纯、浓缩、回收的目的。电渗析的工作原理如图 2-95 所示。C 为阳离子交换膜，A 为阴离子交换膜

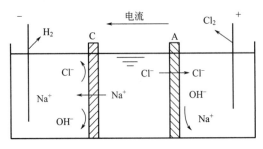

图 2-95　电渗析的工作原理

（分别简称阳膜和阴膜），阳膜只允许阳离子通过，阴膜只允许阴离子通过。纯水不导电，而在废水中溶解的盐类所形成的离子却是带电的，这些带电离子在直流电场的作用下能做定向移动。以废水中的盐（NaCl）为例，当电流按图示方向流经电渗析器时，在直流电场的作用下，Na^+ 和 Cl^- 分别透过阳膜（C）和阴膜（A）离开中间隔室，而两端电极室的离子却不能进入中间隔室，结果使中间隔室中 Na^+ 和 Cl^- 含量随着电流的通过而逐渐降低，最后达到要求的含量。在两旁隔室中，由于离子的迁入，溶液浓度逐渐升高而成为浓溶液。

（2）组成

电渗析器由离子交换膜、隔板、电极组装而成。

1）离子交换膜　离子交换膜是电渗析器的关键部分，离子交换膜具有与离子交换树脂相同的组成，含有活性基团和使离子透过的细孔，常用的离子交换膜按其选择透过性可分为阳膜、阴膜、复合膜等数种。阳膜含有阳离子交换基团，在水中交换基团发生离解，使膜上带有负电，能排斥水中的阴离子，吸引水中的阳离子并使其通过。阴膜含有阴离子交换基团，在水中离解出阴离子并使其通过。复合膜由一面阳膜、一面阴膜和其间夹一层极细的网布组成，具有方向性的电阻。当阳膜面朝向负极，阴膜面朝向正极时，正、负离子都不能透过膜，显示出很高的电阻，这时两膜之间的水分子离解成 H^+ 和 OH^-，分别进入膜两侧的溶液中。当膜的朝向与上述相反时，膜电阻降低，膜两侧相应的离子进入膜中。离子交换膜是由离子交换树脂做成的，具有选择透过性强、电阻低、抗氧化耐腐蚀性好、机械强度高、使用中不发生变形等性能。

2）隔板　隔板是用塑料板做成的很薄的框，其中开有进出水孔，在框的两侧紧压着膜，使框中形成小室，可以通过水流。生产上使用的电渗析器由许多隔板和膜组成。

3）电极　电极的作用是提供直流电，形成电场。常用的电极有：石墨电极，可作阴极或阳极；铅板电极，也可作阴极或阳极；不锈钢电极，只能作阴极；铅银合金电极，作阴、阳极均可。

电渗析器的组装一般是将阴、阳离子交换膜和隔板交替排列，再配上阴、阳电极就能构成电渗析器。但电渗析器的组装按其应用而有所不同。一般可分为少室器和多室器 2 类。少室电渗析器只有一对或数对阴阳离子交换膜，而多室电渗析器则往往有几十对到几百对阴阳离子交换膜。

（3）适用范围

电渗析大量用于水的除盐，如海水淡化、苦咸水淡化、淡水除盐等。电渗析除盐的过程中同时去除水中的硬度和碱度。电渗析还可以用于去除水中的氟化物、硝酸盐和砷化物。

电渗析在治理废水方面的应用可归纳为以下 3 个方面。

① 作为离子交换工艺的预除盐处理，可大大降低离子交换的除盐负荷，扩展离子交换对原水的适应范围，大幅度减少离子交换再生时废酸、废碱或废盐的排放量，一般可减少 90%，甚至更多。

② 将废水中有用的电解质进行回收，并再利用。如电镀含镍废水的回收与再利用等。

③ 改革原有工艺，采用电渗析技术，实现清洁生产。如采用离子交换膜扩散渗析法从钢铁清洗废液中回收酸等。

采用电渗析处理废水目前处于探索应用阶段。在采用电渗析法处理废水时，应注意根据废水的性质选择合适的离子交换膜和电渗析器的结构，同时应对进入电渗析器的废水进行必要的预处理。

2.4.5.2 反渗透

(1) 功能

反渗透技术（RO）是以压力为驱动力的膜法分离技术。其应用领域从早期的脱盐扩展到化工、医药、食品及电子行业的溶液分离浓缩、纯水制备、废水处理与回用等，成为重要的化工操作单元。当处理压力为 $1.5 \sim 10MPa$、温度为 $25℃$ 时，对 Na^+、K^+、Cr^{3+}、Fe^{3+} 等离子的去除率可达 96% 以上。反渗透法处理溶解性有机物如葡萄糖、蔗糖、染料、可溶性淀粉、蛋白质、细菌与病毒等，可获得 100% 的分离效率，达到净化水与回收有用物质的双重目的。

(2) 原理

1) 渗透与反渗透　有一种膜只允许溶剂通过而不允许溶质通过，如果用这种半渗透膜将盐水和淡水或 2 种浓度不同的溶液隔开，如图 2-96 所示，则可发现水将从淡水侧或浓度较低的一侧通过膜自动地渗透到盐水或浓度较高的溶液一侧，盐水体积逐渐增加，在达到某一高度后便自行停止，此时即达到了平衡状态，这种现象称为渗透作用。当渗透平衡时，溶液两侧液面的静水压差称为渗透压。如果在盐水面上施加大于渗透压的压力，则此时盐水中的水就会流向淡水侧，这种现象称为反渗透。

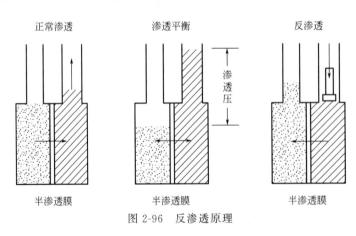

图 2-96　反渗透原理

任何溶液都具有相应的渗透压，但要有半透膜才能表现出来。渗透压与溶液的性质、浓度和温度有关，而与膜无关。反渗透不是自动进行的，为了进行反渗透作用，就必须加压。只有当工作压力大于溶液的渗透压时，反渗透才能进行。在反渗透过程中，溶液的浓度逐渐增大，因此，反渗透设备的工作压力必须超过与浓水出口处浓度相应的渗透压。温度升高，渗透压增高，所以只要溶液温度升高就必须通过增加工作压力予以补偿。

2）反渗透膜的透过机理　反渗透膜的透过机理一般认为是选择性吸附-毛细管流机理，即认为反渗透膜是一种多孔性膜，具有良好的化学性质，当溶液与这种膜接触时，由于界面现象和吸附的作用，对水优先吸附或对溶质优先排斥，在膜面上形成一纯水层。被优先吸附在界面上的水以水流的形式通过膜的毛细管并被连续地排出。所以反渗透过程是界面现象和在压力下流体通过毛细管的综合结果。反渗透膜的种类很多，目前在水处理中应用较多的是乙酸纤维素膜和聚醚砜膜。

3）工艺流程　反渗透流程包括预处理和膜分离 2 部分。预处理过程有物理过程（如沉淀、过滤、吸附、热处理等）、化学过程（如氧化、还原、pH 值调节等）和光化学过程。究竟选用哪一种过程进行预处理，不仅取决于原水的物理、化学和生物特性，而且要根据膜和装置结构来做出判断。即使经过上述预处理，在进行反渗透前，仍然要对废水中 SS 和钙、镁、锶等阳离子进行进一步预处理，以保护反渗透膜。其工艺如图 2-97 所示。

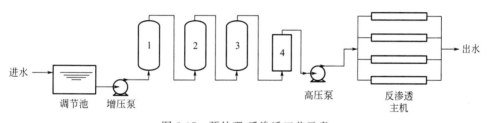

图 2-97　预处理-反渗透工艺示意

1—石英砂过滤器；2—活性炭吸附柱；3—阳离子交换柱；4—精密过滤器/微滤机

反渗透是一种分离、浓缩和提纯过程，常见流程有一级、一级多段、多级循环等几种形式，如图 2-98 所示。一级处理流程即一次通过反渗透装置，该流程最为简单，能耗最少，但分离效率不高。当一级处理达不到净化要求时，可采用一级多段或二级处理流程。在多段流程中，将第一段的浓缩液作为第二段的进水，将第二段的浓缩液作为第

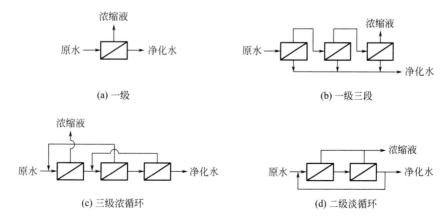

图 2-98　反渗透工艺流程

三段的进水，以此类推。随着段数增加，浓缩液体积减小，浓度增大，水的回收率上升。在多级流程中，将第一级的净化水作为第二级的进水，以此类推。各级浓缩液可以单独排出，也可以循环至前面各级作为进水，随着级数增加，净化水水质提高。由于经过一级流程处理，水压力损失较多，所以在实际应用中，在级或段间常设增压泵。

反渗透的费用由 3 部分组成：基建投资的折旧费，膜的更新费，动力、人工、预处理等运行费。这 3 项费用大致各占总成本的 1/3。一般认为，延长膜的使用时间和提高膜的透水量是降低处理成本最有效的 2 条途径。

2.4.5.3　超滤

（1）功能

超滤技术在废水处理领域中的应用对象主要是石油、化工、机械加工、纺织、食品加工等行业排放的及城市污水厂等 COD、BOD 值高的各类废水。

（2）原理

超过滤简称超滤，用于去除废水中的大分子物质和微粒。超滤截留大分子物质和微粒的机理是：膜表面孔径的机械筛分作用，膜孔阻塞、阻滞作用和膜表面及膜孔对杂质的吸附作用。而一般认为主要是筛分作用。

超滤的工作原理如图 2-99 所示。在外力的作用下，被分离的溶液以一定的流速沿着超滤膜表面流动，溶液中的溶剂和低分子物质、无机离子从高压侧透过超滤膜进入低压侧，并作为滤液排出；而溶液中的高分子物质、胶体微粒及微生物等被超滤膜截留，溶液被浓缩并以浓缩液形式排出。由于它的分离机理主要是借机械筛分作用，膜的化学性质对膜的分离特性影响不大，因此可用微孔模型表示超滤的传质过程。

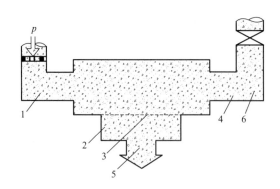

图 2-99　超滤的工作原理

1—超滤进口溶液；2—超滤透过膜的溶液；3—超滤膜；4—超滤出口溶液；
5—透过超滤膜的物质；6—被超滤膜截留下的物质

（3）影响因素

1）料液流速　提高料液流速虽然对减缓浓差极化、提高透过通量有利，但需提高料液压力，增加能耗。一般紊流体系中的流速控制在 1~3m/s。

2）操作压力　超滤膜透过通量与操作压力的关系取决于膜和凝胶层的性质。一般操作压力为 0.5～0.6MPa。

3）温度　操作温度主要取决于所处理物料的化学、物理性质。由于高温可降低料液黏度，增大传质效率，提高透过通量，因此，应在允许的最高温度下进行操作。

4）运行周期　随着超滤过程的进行，在膜表面逐渐形成凝胶层，使透过通量逐步下降，当通量达到某一最低数值时，就需要进行清洗，这段时间称为一个运行周期。运行周期的变化与清洗情况有关。

5）进料浓度　随着超滤过程的进行，主体液流的浓度逐渐增大，此时黏度变大，使凝胶层厚度增大，从而影响透过通量。因此，对主体液流应定出最高允许浓度。

（4）膜组件

超滤膜组件的主要类型有板框式、管式、螺旋式、毛细管式、中空纤维式及条槽式等。现简要介绍主要的几种。

1）板框式膜组件　板框式膜组件是最先应用的大规模超滤和反渗透系统，这种设计起源于常规的过滤概念。膜、多孔膜支撑材料以及形成料液流道的空间的 2 个端重叠压紧在一起，料液由料液边空间引入膜面，这种膜组件如图 2-100 所示。所有板框式膜组件应在单位体积中提供大的膜面积，通常这种膜组件与管式膜组件相比控制浓差极化比较困难。特别是溶液中含大量悬浮物时，可能会使料液流道堵塞。在板框式膜组件中通常要拆开或机械清洗膜，而且比管式膜组件需要更多的次数。但是，板框式膜组件的投资费用和运行费用都比管式膜组件低。

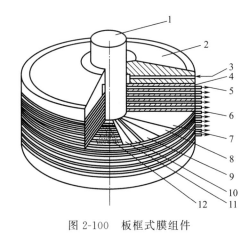

图 2-100　板框式膜组件

1—中心轴；2—盖板；3—料液；4、12—垫片；5—膜支撑板；6—过滤液；7、11—膜；8、10—滤纸；9—膜支撑体

2）管式膜组件　虽然管式膜组件首先用于反渗透系统，但在反渗透系统中，管式膜已在很大程度上被中空纤维式和螺旋式膜组件代替，这是因为它的投资和运行费用都高。

但是，管式膜组件一直在超滤系统中使用着，这主要是由于在管式系统中，料液中的悬浮物具有一定的承受能力，它很容易用海绵球清洗而不需拆开设备。管式膜组件如

图 2-101 所示。管式膜组件的主要优点是能有效地控制浓差极化，大范围地调节料液的流速，膜生成污垢后容易清洗。其缺点是投资和运行费用都高，单位体积内膜的比表面积较低。

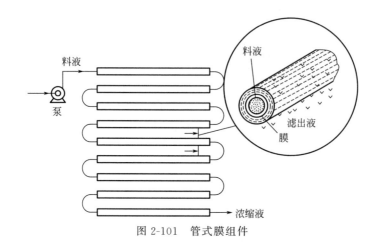

图 2-101　管式膜组件

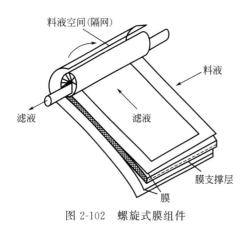

图 2-102　螺旋式膜组件

3）螺旋式膜组件　螺旋式（又称卷式）膜组件已广泛地应用于反渗透系统。大体上来说，它也是一种卷起的板式系统，基本结构如图 2-102 所示。料液流道在膜和多孔膜支撑材料之间卷起来放入外部压力管中，过滤液汇集到卷的中心管。根据料液和滤出液的流道，可设计成几个螺旋式膜组件连接起来，这样单位体积中膜的比表面积大，而且投资和运行费用低。但这种装置难以有效地控制浓差极化，甚至在溶液中只含有中等浓度的悬浮物时，也会发生严重的结垢现象。因此，超滤系统中螺旋式膜组件的使用受到了限制。近年来根据不同的物料来选择膜组件的隔网，控制流道间距，已能解决上述问题。

4）毛细管式膜组件　毛细管式膜组件系统由具有直径 0.5～1.5mm 的大量毛细管膜组成。料液通过毛细管中心，滤出液沿毛细管壁下降。由于这种膜采用纤维纺纱工艺，毛细管没有支撑材料，因此其投资费用较低。该系统也提供了良好的供料控制条件，且单位体积中膜的比表面积较大。但是操作压力受到限制，而且系统对操作出现的错误比较敏感。当毛细管的内径非常小时，毛细管的堵塞可能也是个问题。总之，料液必须进行有效的预过滤处理，这是很重要的。毛细管膜组件如图 2-103 所示。

5）条槽式膜组件　条槽式膜组件与反渗透系统中的中空纤维式膜组件相似，但这种膜不是由一种薄的中空纤维组成，而是在棒上开槽，将非对称膜浇铸在外表。将这种棒束装入一个承压外管中，料液在棒外边流动。这种膜组件如图 2-104 所示。这种系统

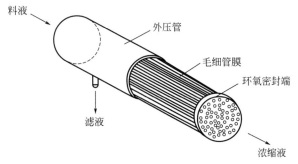

图 2-103　毛细管膜组件

也提供了单位体积中膜的比表面积较大的一种组件,但是料液流速控制不如管式或毛细管式好。

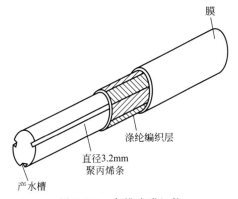

图 2-104　条槽式膜组件

6) 中空纤维式超滤膜组件　中空纤维式超滤膜组件与中空纤维式反渗透膜组件相似,只是孔径大小不同而已。中空纤维式超滤膜组件如图 2-105 所示。

几种超滤膜组件综合比较见表 2-12,应用中要根据料液的情况加以选择,各种超

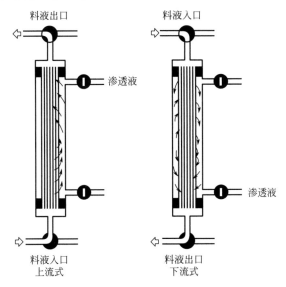

图 2-105　中空纤维式超滤膜组件

滤膜组件都有其成功的应用领域。

表 2-12　几种超滤膜组件比较

组件形式	膜比表面积/(m²/m³)	投资费用	运行费用	流速控制	就地清洗情况
管式	25～50	高	高	好	好
板框式	400～600	高	低	中等	差
螺旋式	800～1000	最低	低	差	差
毛细管式	600～1200	低	低	好	中等
条槽式	200～300	低	低	差	中等

2.4.5.4　微滤

（1）功能

微孔过滤（MF，简称微滤）属压力驱动型膜分离技术，所分离的组分直径为 0.05～15μm，主要除去微粒、亚微粒和细粒物质。微孔过滤多用于半导体工业超纯水的终端处理；反渗透的首端预处理；在啤酒与其他酒类的酿造中，用以除去微生物与异味杂质等。其过滤对象还有细菌、酵母、血球等微粒。

（2）原理

1）微孔过滤原理　微孔过滤是以静压差为推动力，利用筛网状过滤介质膜的"筛分"作用进行分离的膜过程，其原理与普通过滤相类似，但过滤的微粒粒径为 0.05～15μm，因此又称其为精密过滤。微孔滤膜具有比较整齐、均匀的多孔结构，它是深层过滤技术的发展，使过滤从一般只有比较粗糙的相对性质过渡到精密的绝对性质。在静压差作用下，小于膜孔的粒子通过滤膜，比膜孔大的粒子则被截留在膜面上，使大小不同的组分得以分离，操作压力为 0.7～7kPa。

2）微孔滤膜的截留机理　微孔滤膜的截留作用大体可分为以下几种。

① 机械截留作用。机械截留作用是指膜具有截留比它孔径大或与其孔径相当的微粒等杂质的作用，即筛分作用。

② 物理作用。物理作用过程受吸附和电性能等因素影响。

③ 架桥作用。通过电镜可以观察到，在孔的入口处，微粒因为架桥作用也同样可以被截留。

④ 网络型膜的网络内部截留作用。这种截留是将微粒截留在膜的内部而不是在膜的表面。

微孔膜的各种截留作用如图 2-106 所示。

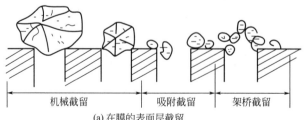

机械截留　　吸附截留　　架桥截留

(a) 在膜的表面层截留

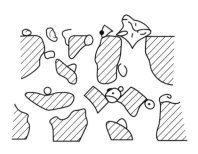

(b) 在膜内部的网络中截留

图 2-106　微孔膜的各种截留作用示意

由此可见，对滤膜的截留作用来说，机械作用固然重要，但微粒等杂质与孔壁之间的相互作用有时较其孔径大小显得更重要。

2.5　工业废水的生物处理

随着工业的发展，污水成分已越来越复杂。某些难降解的有机物质和有毒物质需要运用微生物的方法进行处理。污水具备微生物生长和繁殖的条件，因而微生物能从污水中获取养分，同时降解和利用有害物质，从而使污水得到净化。废水生物处理是利用微生物的生命活动对废水中呈溶解态或胶体状态的有机污染物的降解作用，从而使废水得到净化的一种处理方法。废水生物处理技术以其消耗少、效率高、成本低、工艺操作管理方便可靠和无二次污染等显著优点而备受人们的青睐。

2.5.1　活性污泥法

活性污泥法是一种污水的好氧生物处理法，由英国的克拉克和盖奇约在 1913 年于曼彻斯特的劳伦斯污水试验站发明并应用。目前，活性污泥法及其衍生改良工艺是处理城市污水最广泛使用的方法。它能从污水中去除溶解性的和胶体状态的可生化有机物以及能被活性污泥吸附的悬浮物和其他一些物质，同时也能去除一部分磷素和氮素，是废水生物处理的各种方法的统称。

2.5.1.1　活性污泥法的基本原理

（1）基本原理与流程

通常来说，活性污泥过程是严格的好氧过程。所以，其反应机理是有机物在各种微生物的作用下，通过生化反应转变成为 CO_2 和细胞质的过程。如图 2-107 为活性污泥法处理系统的基本流程。系统是以活性污泥反应器——曝气池作为核心处理设备，此外还有二次沉淀池、污泥回流系统和曝气与空气扩散系统。

在正式投入运行前，在曝气池内必须进行以污水作为培养基的活性污泥培养与驯化工作。经初次沉淀池或水解酸化装置处理后的污水从首端进入曝气池，与此同时，从二

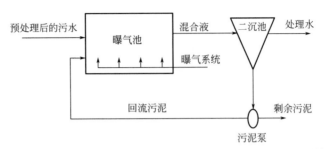

图 2-107　活性污泥法处理系统的基本流程（传统活性污泥法系统）

次沉淀池连续回流的活性污泥作为接种污泥，也与此同时进入曝气池。曝气池内设有空气管和空气扩散装置。由空压机站送来的压缩气通过铺设在曝气池底部的空气扩散装置对混合液曝气，使曝气池内混合液得到充足的氧气并处于剧烈搅动的状态。活性污泥与污水互相混合、充分接触，使废水中的可溶性有机污染物被活性污泥吸附，继而被活性污泥的微生物群体降解，使废水得到净化。完成净化过程后，混合液流入二沉池，经过沉淀，混合液中的活性污泥与已被净化的废水分离，处理水从二沉池排放。活性污泥在沉淀池的污泥区受重力浓缩，并以较高的浓度由二沉池的吸刮泥机收集流入回流污泥集泥池，再由回流泵连续不断地回流污泥，使活性污泥在曝气池和二沉池之间不断循环，始终维持曝气池中混合液的活性污泥浓度，保证来水得到持续的处理。微生物在降解 BOD 时，一方面产生 H_2O 和 CO_2 等代谢产物；另一方面自身不断增殖，系统中出现剩余污泥，需要向外排泥。

（2）净化过程与机理

1）初期去除与吸附　在很多活性污泥系统中，当污水与活性污泥接触后，在很短的时间（3～5min）内就出现了很高的有机物（BOD）去除率。这种初期高速去除现象是吸附作用所引起的。由于污泥表面积很大（2000～10000m^2/m^3 混合液），且表面具有多糖类黏质层，因此，污水中的悬浮物质和胶体物质是被絮凝和吸附去除的。初期被去除的 BOD 像一种备用的食物源一样，储存在微生物细胞的表面，经过几小时的曝气后才会相继摄入代谢。在初期，被单位污泥去除的有机物数量是有一定限度的，它取决于污水的类型以及与污水接触时的污泥性能。例如，如污水中呈悬浮的和胶体的有机物多，则初期去除率大；反之，如溶解性有机物多，则初期去除率就小。又如，回流的污泥未经充分曝气，预先储存在污泥里的有机物将代谢不充分，污泥未得到再生，活性不能很好地恢复，因而必将降低初期去除率。但是，如回流污泥经过长时间曝气，则会使污泥长期处于内源呼吸阶段，由于过分自身氧化而失去活性，同样也会降低初期去除率。

2）微生物的代谢　活性污泥微生物以污水中各种有机物作为营养，在有氧的条件下，利用其中一部分有机物合成新的细胞物质（原生质）；对另一部分有机物则进行分解代谢，即氧化分解以获得合成新细胞所需要的能量，并最终形成 CO_2 和 H_2O 等稳定物质。在新细胞合成与微生物增长的过程中，除氧化一部分有机物以获得能量外，还有一部分微生物细胞物质也在进行氧化分解，并供应能量。

活性污泥微生物从污水中去除有机物的代谢过程，主要由微生物细胞物质的合成（活性污泥增长）、有机物（包括一部分细胞物质）的氧化分解和氧的消耗所组成。当氧供应充足时，活性污泥的增长与有机物的去除是并行的，污泥增长的旺盛时期也就是有机物去除的快速时期。

3）凝聚与沉淀　絮凝体是活性污泥的基本结构，它能够防止微型动物对游离细菌的吞噬，并承受曝气等外界不利因素的影响，更有利于与处理水分离。水中含有很多能形成絮凝体的微生物，它们可以形成大块的菌胶团。

凝聚的原因主要是：细菌体内积累的聚 β-羟基丁酸释放到液相中，促使细菌相互凝聚结成绒粒；微生物摄食过程释放的黏性物质促进凝聚。另外，在不同的条件下细菌内部的能量不同。当外界营养不足时，细菌内部能量降低，表面电荷减少，细菌颗粒间的结合力大于排斥力，形成绒粒；而当营养物充足（废水与活性污泥混合初期，F/M 较大）时，细菌内部能量大，表面电荷增大，形成的绒粒重新分散。

沉淀是混合液中固相活性污泥颗粒与废水分离的过程。固液分离的好坏直接影响出水水质。如果处理水挟带生物体，出水 BOD 和 SS 将增大。所以，活性污泥法的处理效率与其他生物处理方法一样，应包括二沉池的效率，即用曝气池及二沉池的总效率表示。除了重力沉淀外，也可用气浮法进行固液分离。

2.5.1.2　活性污泥法的工艺类型

(1) 传统活性污泥法

传统活性污泥法又称普通活性污泥法或推流式活性污泥法，是最早成功应用的运行方式，其他活性污泥法都是在其基础上发展而来的。曝气池呈长方形，污水和回流污泥一起从曝气池的首端进入，在曝气和水力条件的推动下，污水和回流污泥的混合液在曝气池内呈推流形式流动至池的末端，流出池外进入二沉池。在二沉池中，处理后的污水与活性污泥分离，部分污泥回流至曝气池，部分污泥则作为剩余污泥排出系统。推流式曝气池一般建成廊道型，为避免短路，廊道的长宽比一般不小于 5∶1。根据需要，有单廊道、双廊道和多廊道等形式。曝气方式可以是机械曝气，也可以采用鼓风曝气。其基本流程见图 2-108。

传统活性污泥法的特征是曝气池前段液流和后段液流不发生混合，污水浓度自池首至池尾呈逐渐下降的趋势，需氧率沿池长逐渐降低。因此，有机物降解反应的推动力较大，效率较高。曝气池需氧率沿池长逐渐降低，尾端溶解氧一般处于过剩状态，在保证末端溶解氧正常的情况下，前段混合液中溶解氧含量可能不足。

① 优点：a.处理效果好，BOD 去除率可达 90% 以上，适用于处理净化程度和稳定程度较高的污水；b.根据具体情况，可以灵活调整污水处理程度的高低；c.进水负荷升高时，可通过提高污泥回流比的方法予以解决。

② 缺点：a.曝气池首端有机污染物负荷高，耗氧速度也快，为了避免由于缺氧形

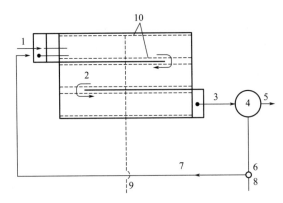

图 2-108　传统活性污泥法的基本流程

1—经预处理后的污水；2—活性污泥反应器——曝气池；3—从曝气池流出的混合液；

4—二次沉淀池；5—处理后污水；6—污泥泵站；7—回流污泥系统；8—剩余污泥；

9—来自空压机站的空气；10—曝气系统与空气扩散装置

成厌氧状态，进水有机物负荷不宜过高，因此，曝气池容积大，占用的土地较多；b. 基建费用高，负荷一般较低；c. 曝气池末端有可能出现供氧速率大于需氧速率的现象，动力消耗较大；d. 对进水水质、水量变化的适应性较差，运行效果易受水质、水量变化的影响。

（2）完全混合活性污泥法

完全混合活性污泥法与传统活性污泥法最不同的地方是采用了完全混合式曝气池。其特征是污水进入曝气池后，立即与回流污泥及池内原有混合液充分混合，池内混合液的组成，包括活性污泥数量及有机污染物的含量等均匀一致，而且在池内各个部位都是相同的。曝气方式多采用机械曝气，也有采用鼓风曝气的。完全混合活性污泥法的曝气池与二沉池可以合建，也可以分建，比较常见的是合建式圆形池。图 2-109 为完全混合活性污泥法的工艺流程。

由于完全混合活性污泥法能够使进水与曝气池内的混合液充分混合，水质得到稀释、均化，曝气池内各部位的水质、污染物的负荷、有机污染物降解情况等都相同。因此，完全混合活性污泥法具有以下特点。

① 进水在水质、水量方面的变化对活性污泥产生的影响较小，也就是说这种方法对冲击负荷适应能力较强。

② 可通过调整污泥负荷值将整个曝气池的工况控制在最佳条件，使活性污泥的净化功能得以良好发挥。

③ 在处理效果相同的条件下，其负荷率高于推流式曝气池。

④ 曝气池内各个部位的需氧量相同，能最大限度地节约动力消耗。

⑤ 完全混合活性污泥法容易产生污泥膨胀现象，处理水质在一般情况下低于传统的活性污泥法，这种方法多用于工业废水的处理，特别是浓度较高的工业废水。

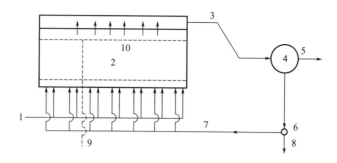

(a) 采用鼓风曝气装置的完全混合曝气池

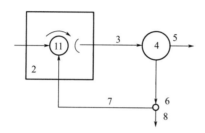

(b) 采用表面机械曝气器的完全混合曝气池

图 2-109　完全混合活性污泥法的工艺流程

1—经预处理后的污水；2—完全混合曝气池；3—由曝气池流出的混合液；4—二次沉淀池；

5—处理后污水；6—污泥泵站；7—回流污泥系统；8—排放出系统的剩余污泥；

9—来自空压机站的空气管道；10—曝气系统及空气扩散装置；11—表面机械曝气器

（3）阶段曝气法

阶段曝气法又称多点（段）进水活性污泥法，它是传统活性污泥法的一种简单改进，其工艺流程如图 2-110 所示。

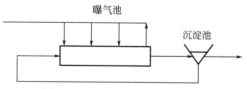

图 2-110　阶段曝气法工艺流程

阶段曝气法中的废水沿曝气池多点进入，使有机物在曝气池中的分配较为均匀，从而避免了传统工艺中首端缺氧、末端氧过剩的弊端，因而提高了空气的利用效率和曝气池的工作效率。另外，由于容易改变各进水点的水量，在运行上也有较大的灵活性。实践证明，曝气池容积比普通活性污泥法可以缩小 30％左右。该工艺于 1939 年在纽约首先使用，效果良好，已得到较广泛的应用。

（4）吸附-再生活性污泥法

吸附-再生活性污泥法又称接触稳定法或生物吸附法，该法于 20 世纪 40 年代出现于美国，工艺流程如图 2-111 所示。

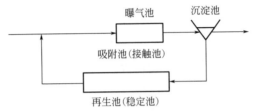

图 2-111 吸附-再生活性污泥法工艺流程

该法根据废水净化的机理、污泥对有机污染物的初期高效吸附作用，将曝气池一分为二，一个是吸附池，另一个是再生池。废水在吸附池内与活性污泥充分接触，停留数十分钟后，废水中的有机物被污泥吸附，随后进入二沉池。泥水分离后回流污泥进入再生曝气池（不进废水），污泥中吸附的有机物进一步氧化分解。恢复活性的污泥随后再次进入吸附曝气池与新进废水接触，重复上述过程达到循环处理污水的目的。吸附再生活性污泥法的污泥回流比一般为 50%~100%，比普通活性污泥法高。

吸附再生活性污泥法的主要特点如下。

① 造价低。废水与活性污泥在吸附池里的接触时间较短，吸附池容积较小；又因污泥回流比高，再生池容积也可较小，致使二者容积之和比普通活性污泥法曝气池的容积小得多，因而减小了占地，降低了造价。

② 耐冲击负荷能力强。由于回流污泥量较多且易于灵活调节，故易适应进水水质、水量的变化。

吸附再生活性污泥法的主要缺点是：去除率比普通活性污泥法低；对难溶性有机物含量高的工业废水处理效果欠佳。

（5）渐减曝气活性污泥法

渐减曝气活性污泥法是为改进传统法中前部供氧不足及后部供氧过剩问题而提出来的。它的工艺流程与传统法一样，只是供气量沿池长方向递减，使供气量与需氧量基本一致。工艺流程如图 2-112 所示。具体措施是从池首端到末端所安装的空气扩散设备逐渐减少。这种供气形式使通入池内的空气得到了有效的利用。渐减曝气最常用的方法就是扩散曝气法，机械曝气时也容易实现渐减曝气。

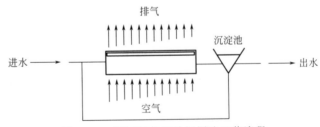

图 2-112 渐减曝气活性污泥法工艺流程

（6）纯氧曝气活性污泥法

纯氧曝气活性污泥法是传统活性污泥法的重要变法，简单来说就是用氧气代替空气的活性污泥法。其目的是通过提高供氧能力，增大混合液污泥浓度，加强代谢过程，提高废水处理的效能。纯氧曝气能使曝气池内溶解氧维持在 $6\sim10mg/L$ 之间，在这种高浓度的溶解氧状态下，能产生密实易沉的活性污泥，即使 BOD 污泥负荷达 1kgBOD/(kgMLSS·d)，也不会发生污泥膨胀现象，所以能承受较高负荷。由于污泥密度大，SVI 值较小，沉淀性能好，易于沉淀浓缩，在曝气池内，污泥浓度可达 $5\sim7g/L$，从而增大了容积负荷（$2\sim6$ 倍），缩短了曝气时间。此外，该法还具有可能缩小二次沉淀池容积、不需浓缩池、剩余污泥量少、剩余污泥浓度高、容易脱水、尾气排放量少（只有空气法的 $1\%\sim2\%$）、减少二次污染、占地少等优点。因此，在国内外，纯氧曝气法得到了越来越多的应用。国内较大型的石化废水处理装置都采用了纯氧曝气法。纯氧曝气法的构造形式有多种，目前应用较多的是多段加盖式（图 2-113）和推流式。

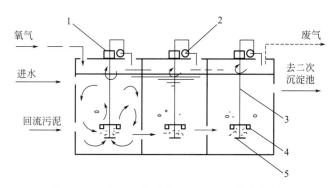

图 2-113　多段加盖式纯氧曝气法（联合曝氧）

1—搅拌机；2—循环气体用空压机；3—中空轴；4—搅拌叶轮；5—喷气器

（7）延时曝气活性污泥法

延时曝气活性污泥法又称完全氧化活性污泥法，20 世纪 50 年代初期在美国得到应用。其主要特点是有机负荷率较低，活性污泥持续处于内源呼吸阶段，不但去除了水中的有机物，而且氧化了部分微生物的细胞物质。因此，剩余污泥量极少，无需再进行消化处理。延时曝气活性污泥法实际上是污水好氧处理与污泥好氧处理的综合方法。

在处理工艺方面，这种方法不用设初沉池，而且理论上也不用设二沉池，但考虑到出水中含有一些难降解的微生物内源代谢残留物，因此实际上二沉池还是存在的。

延时曝气活性污泥法处理出水水质好，稳定性好，对冲击负荷有较强的适应能力。另外，这种方法的停留时间较长，可以实现氨氮的硝化过程，即达到去除氨氮的目的。该工艺的不足是曝气时间长，占地面积大，基建费用和运行费用都较高。另外，进入二沉池的混合液因处于过氧化状态，出水中会含有不易沉降的活性污泥碎片。

延时曝气活性污泥法只适用于对处理水质要求较高、不宜建设污泥处理设施的小型生活污水或工业废水，处理水量不宜超过 $1000m^3/d$。

（8）间歇式活性污泥法

间歇式活性污泥法又称序批式活性污泥法，简称 SBR 法。SBR 法原本是最早的一种活性污泥法运行方式，但由于管理操作复杂而未被广泛应用。近些年来，自控技术的迅速发展重新为其注入了生机，使其发展成为简单可靠、经济有效和多功能的 SBR 技术。SBR 工艺的核心构筑物是集有机污染物降解与混合液沉淀于一体的反应器——间歇曝气池。图 2-114 为间歇式活性污泥法工艺流程。

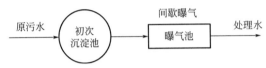

图 2-114　间歇式活性污泥法工艺流程

典型的 SBR 过程分为进水期、反应期、沉淀期、排水期和闲置期 5 个阶段。5 个工序在一个设有曝气和搅拌装置的活性污泥反应池内依次进行，周而复始，以实现废水的处理目的。SBR 过程如图 2-115 和图 2-116 所示。

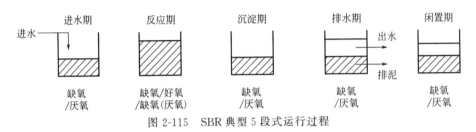

图 2-115　SBR 典型 5 段式运行过程

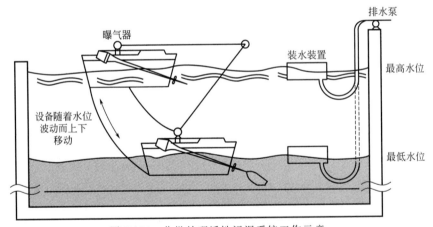

图 2-116　分批处理活性污泥系统工作示意

1）进水期　在向反应器注入废水之前，反应器处于 5 道工序中最后的闲置期，此时废水处理后已经排放，反应期内残存着高浓度的活性污泥混合液。废水注入，注满后再进行反应，从这个意义上来说，反应器起到调节池的作用。废水注入，水位上升，可以根据其他工艺上的要求，配合相应的操作过程，如曝气，既可得到预曝气的效果，又可使得污泥再生恢复活性；也可以根据脱氮、释磷等要求，进行缓慢搅拌；又如根据限制曝气的要求，不进行其他技术措施，而单纯注水等。

2）反应期　废水注入预定高度后，即开始反应操作，根据废水处理的目的，如

BOD 去除、硝化、磷的吸收和反硝化等，进行曝气或缓慢搅拌，并根据需要达到的程度决定反应的延长时间。如 BOD 去除、硝化反应需要曝气，而反硝化应停止曝气，进行缓慢搅拌，并根据需要补充甲醛、乙醇或注入少量有机废水作为电子受体。在反应期后期，进入下一步沉淀过程之前，还要进行短暂的微量曝气，以吹脱污泥附近的气泡或氮，保证沉淀效果。

3）沉淀期　沉淀期相当于活性污泥连续系统的二沉池泥、水分离阶段，此时停止曝气和搅拌，使混合液处于静止状态，活性污泥与水分离。由于本工序是静止沉淀，沉淀效果较好。沉淀期的时间基本同二次沉淀池，一般为 1.5～2.0h。

4）排水期　经过沉淀后产生的上清液作为处理水排放，一直到最低水位。此时也排出一部分剩余污泥，在反应器内残留一部分活性污泥作为泥种。

5）闲置期　在处理水排放后，反应器处于停滞状态，等待下一个操作周期开始。此期间的长短应根据现场情况而定。如时间过长，为了避免污泥完全失去活性，应进行轻微的曝气或间断的曝气。在新的操作周期开始之前，也可考虑对污泥进行一定时间的曝气，使污泥再生，恢复、提高其活性。对此，也可作为一个新的"再生"工序考虑。

（9）AB 法

AB 法即吸附生物降解法，工艺流程如图 2-117 所示。A 段污泥负荷达 2～6kg/(kg·d)，为普通法的 10～20 倍，污泥平均停留时间短（0.3～0.5d），水力停留时间约为 30min。A 段的活性污泥全部是繁殖快、世代时间短的细菌，以控制溶解氧含量（一般为 0.2～0.7mg/L），使其按好氧或兼性方式运行，所以污泥产率高。B 段负荷为 0.15～0.3kg/(kg·d)，污泥平均停留时间为 15～20d，水力停留时间为 2～3h，溶解氧含量为 1～2mg/L。

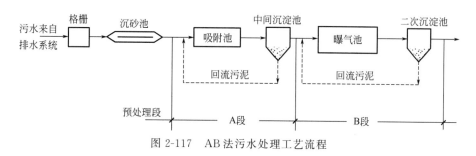

图 2-117　AB 法污水处理工艺流程

AB 法的基本特点是：微生物群体完全分开为 2 段系统，A 段负荷高，抗冲击负荷能力强，经 A 段后使 B 段废水可生化性提高，因而取得更佳、更稳定的效果；废水连续直接流入 A 段，带入了繁殖能力强、抗环境变化的短世代原核微生物，使工艺稳定性提高；A 段去除率一般为 40%～70%，除磷效果较好，且为 B 段硝化作用创造了条件。

（10）氧化沟

氧化沟又称循环曝气池，是荷兰 20 世纪 50 年代开发的一种生物处理技术，属活性污泥法的一种变法。图 2-118 为氧化沟的平面示意，而图 2-119 为以氧化沟为生物处理单元的污水处理流程。

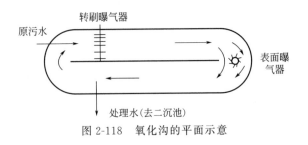

图 2-118　氧化沟的平面示意

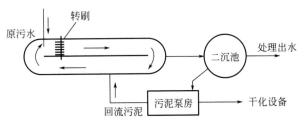

图 2-119　以氧化沟为生物处理单元的污水处理流程

进入氧化沟的污水和回流污泥混合液在曝气装置的推动下，在闭合的环形沟道内循环流动，混合曝气，同时得到稀释和净化。与入流污水及回流污泥总量相同的混合液从氧化沟出口流入二沉池，处理水从二沉池出水口排放，底部污泥回流至氧化沟。与普通曝气池不同的是氧化沟除外部污泥回流之外，还有内回流，回流量为设计进水流量的 30～60 倍，循环一周的时间为 15～40min。因此，氧化沟是一种介于推流式和完全混合式之间的曝气池形式，综合了推流式和完全混合式的优点，因而抗冲击负荷能力和降解能力都强。

氧化沟的曝气装置有横轴曝气装置和纵轴曝气装置。横轴曝气装置有横轴曝气转刷和曝气转盘；纵轴曝气装置就是表面机械曝气器。氧化沟按其构造和运行特征可分为多种类型。在城市污水处理中采用较多的有卡鲁塞尔氧化沟（图 2-120）、奥贝尔氧化沟（图 2-121）、交替工作型氧化沟（图 2-122）及 DE 型氧化沟（图 2-123）。其中图 2-122（a）的 D 型氧化沟的 A、B 两池交替作为曝气池和沉淀池；图 2-122（b）的 T 型氧化沟两侧 A 池和 C 池交替作为曝气池和沉淀池，中间 B 池一直用作曝气池。

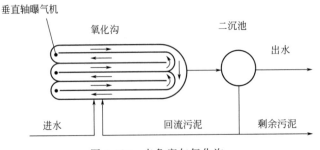

图 2-120　卡鲁塞尔氧化沟

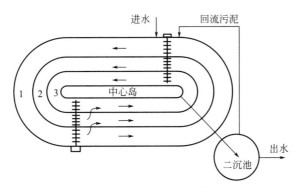

图 2-121　奥贝尔氧化沟

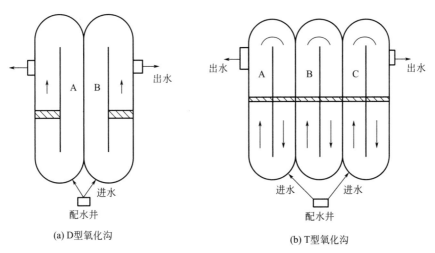

(a) D型氧化沟

(b) T型氧化沟

图 2-122　交替工作型氧化沟

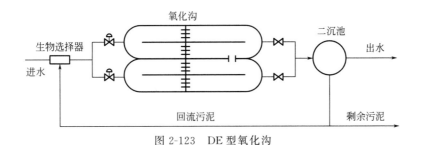

图 2-123　DE 型氧化沟

2.5.2　生物膜法

　　生物膜法是对人工生物处理方法的统称，包括生物滤池（普通生物滤池、高负荷生物滤池、塔式生物滤池）、生物转盘、生物接触氧化池、曝气生物滤池及生物流化床等工艺形式，其共同的特点是微生物附着生长在滤料或填料表面上，行成生物膜。污水与生物膜接触后污染物被微生物吸附转化，污水得到净化。生物膜法对水质、水量变化的适应性较强，污染物去除效果好，是一种被广泛采用的生物处理方法，可单独应用，也可与其他污水处理工艺组合应用。

1893年，英国学者将污水喷洒在粗滤料上进行净化试验，取得了良好的净化效果，生物滤池自此问世，并开始应用于污水处理。经过长期发展，生物膜法已从早期的洒滴滤池发展到现有的各种高负荷生物膜法处理工艺。特别是随着塑料工业的发展，生物滤池的滤料从主要使用碎石、卵石、炉渣和焦炭等小比表面积和低孔隙率实心滤料，发展到如今的高强度、轻质、比表面积大、孔隙率高的各种滤料，大幅度提高了生物膜法的处理效率，扩大了生物滤池的应用范围。目前采用的生物膜法多为好氧工艺，主要用于小规模污水处理，少数是厌氧处理。本节讨论的是好氧生物膜法。

2.5.2.1 基本原理

（1）生物膜的结构及净化机理

1）生物膜的形成及结构　微生物细胞在水环境中，能在适宜的载体表面牢固附着、生长繁殖，细胞外多聚物使微生物细胞形成纤维状的缠结结构，称为生物膜。污水处理生物膜法中，生物膜是指以附着在惰性载体表面生长的，以微生物为主，包含微生物及其产生的胞外多聚物和吸附在微生物表面的无机及有机物等，并具有较强的吸附和生物降解性能的结构，提供微生物附着生长的惰性载体称为滤料或填料。生物膜在载体表面分布的均匀性以及生物膜的厚度随着污水中营养底物浓度、时间和空间的改变而发生变化。图2-124为生物膜法污水处理中，生物滤池滤料上生物膜的基本结构。

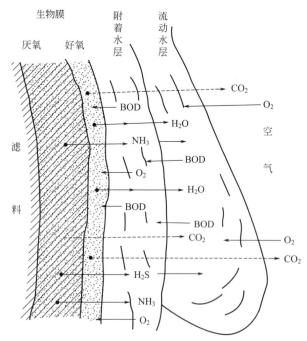

图 2-124　生物滤池滤料上生物膜的基本结构

早期的生物滤池中，污水通过布水设备均匀地喷洒到滤床表面上，在重力作用下，污水以水滴的形式向下渗沥，污水、污染物和细菌附着在滤料表面上，微生物便在滤料表面大量繁殖，在滤料表面形成生物膜。

污水流过生物膜生长成熟的滤床时，污水中的有机污染物被生物膜中的微生物吸附、降解，从而得到净化。生物膜表层生长的是好氧和兼性微生物，在这里，有机污染物经微生物好氧代谢而降解，终产物是 H_2O、CO_2 等。由于氧在生物膜表层基本耗尽，生物膜内层的微生物处于厌氧状态，在这里，进行的是有机物的厌氧代谢，终产物为有机酸、乙醇、醛和 H_2S 等。由于微生物的不断繁殖，生物膜不断增厚，超过一定厚度后，吸附的有机物在传递到生物膜内层的微生物处以前已被代谢掉。此时，内层微生物因得不到充分的营养而进入内源代谢期，失去其黏附在滤料上的性能，脱落下来随水流出滤池，滤料表面再重新长出新的生物膜。生物膜脱落的速率与有机负荷、水力负荷等因素有关。

2）生物膜的组成　填料表面的生物膜中的生物种类相当丰富，一般由细菌（好氧、厌氧、兼性）、真菌、原生动物、后生动物、藻类以及一些肉眼可见的蠕虫、昆虫的幼虫等组成，生物膜中的生物相组成情况如下。

① 细菌与真菌。细菌对有机物的氧化分解起主要作用，生物膜中常见的细菌种类有球衣菌属、动胶菌属、硫杆菌属、无色杆菌属、产碱菌属、假单胞菌属、诺卡氏菌属、色杆菌属、八叠球菌属、粪链球菌、大肠埃希氏杆菌、副大肠杆菌属、亚硝化单胞菌属和硝化杆菌属等。除细菌外，真菌在生物膜中也较为常见，其可利用的有机物范围很广，有些真菌可降解木质素等难降解的有机物，对某些人工合成的难降解有机物也有一定的降解能力。丝状菌也易在生物膜中滋长，它们具有很强的降解有机物的能力，在生物滤池内丝状菌的增长繁殖有利于提高污染物的去除效果。

② 原生动物与后生动物。原生动物与后生动物都是微型动物中的一类，栖息在生物膜的好氧表层内。原生动物以吞食细菌为生（特别是游离细菌），在生物滤池中，对改善出水水质起着重要的作用。生物膜内经常出现的原生动物有鞭毛类、肉足类、纤毛类，后生动物主要有轮虫类、线虫类及寡毛类。在运行初期，原生动物多为豆形虫一类的游泳型纤毛虫。在运行正常、处理效果良好时，原生动物多为钟虫、独缩虫、等枝虫、盖纤虫等附着型纤毛虫。在生物滤池内经常出现的后生动物主要是轮虫、线虫等，它们以细菌、原生动物为食料，在溶解氧充足时出现。线虫及其幼虫等后生动物具有软化生物膜、促使生物膜脱落的作用，从而使生物膜保持活性和良好的净化功能。与活性污泥法一样，原生动物和后生动物可以作为指示生物，来检查和判断工艺运行情况及污水处理效果。当后生动物出现在生物膜中时，表明水中有机物含量很低并已稳定，污水处理效果良好。另外，与活性污泥法系统相比，在生物膜反应器中是否有原生动物及后生动物出现与反应器类型密切相关。通常原生动物及后生动物在生物滤池及生物接触氧化池的载体表面出现较多，而对于三相流化床和生物流动床这类生物膜反应器来说，生物相中原生动物及后生动物的量则非常少。

③ 滤池蝇。在生物滤池中，还栖息着以滤池蝇为代表的昆虫。这是一种体形较一般家蝇小的苍蝇，它的产卵、幼虫、成蛹、成虫等过程全部在滤池内进行。滤池蝇及其

幼虫以微生物及生物膜为食料，故可抑制生物膜的过度增长，具有使生物膜疏松、促使生物膜脱落的作用，从而使生物膜保持活性，同时在一定程度上防止滤床的堵塞。但是由于滤池蝇的繁殖能力很强，大量飞散在滤池周围，会对环境造成不良的影响。

④ 藻类。受阳光照射的生物膜部分会生长藻类，如普通生物滤池表层滤料生物膜中可能出现藻类。一些藻类如海藻是肉眼可见的，但大多数藻类只能在显微镜下观察。由于藻类的出现仅限于生物膜反应器表层的很小部分，对污水净化所起作用不大。

生物膜的微生物除含有丰富的生物相这一特点外，还有着其自身的分层分布特征。例如，在正常运行的生物滤池中，随着滤床深度的逐渐下移，生物膜中的微生物逐渐从低级趋向高级，种类逐渐增多，但个体数常减少。生物膜的上层以菌胶团等为主，而且由于营养丰富，繁殖速率快，生物膜也最厚。往下的层次，随着污水中有机物浓度的下降，可能会出现丝状菌、原生动物和后生动物，但是生物量逐渐减少。到了下层，污水浓度大大下降，生物膜更薄，生物相以原生动物、后生动物为主。滤床中的这种生物分层现象是适应不同生态条件（污水浓度）的结果，各层生物膜中都有与之相对应的微生物，处理污水的功能也随之不同。特别在含多种有害物质的工业废水中，这种微生物分层和处理功能变化的现象更为明显。如用塔式生物滤池处理腈纶废水时，上层生物膜中的微生物转化丙烯腈的能力特别强，而下层生物膜中的微生物则转化其他有害物质，如转化上层不易转化的异丙醇、SCN^-等的能力比较强，因此，上层主要去除丙烯腈，下层则去除异丙醇、SCN^-等。另外，出水水质越好，上层与下层的生态条件相差越大，分层越明显。若分层不明显，说明上下层水质变化不显著，处理效果较差。所以生物膜分层观察对处理工艺运行具有一定的指导意义。

3）生物膜法的净化过程　生物膜法去除污水中污染物是一个吸附、稳定的复杂过程，包括污染物在液相中的紊流扩散、污染物在膜中的扩散传递、氧向生物膜内部的扩散和吸附、有机物的氧化分解和微生物的新陈代谢等过程。

生物膜表面容易吸取营养物质和溶解氧，形成由好氧和兼性微生物组成的好氧层，而在生物膜内层，由于微生物利用和扩散阻力制约了溶解氧的渗透，形成由厌氧和兼性微生物组成的厌氧层。

在生物膜外，附着着一层薄薄的水层，附着水流动很慢，其中的有机物大多已被生物膜中的微生物摄取，其浓度要比流动水层中的有机物浓度低。与此同时，空气中的氧也扩散转移进入生物膜好氧层，供微生物呼吸。生物膜上的微生物利用溶入的氧气对有机物进行氧化分解，产生无机盐和二氧化碳，达到水质净化的效果。有机物代谢过程的产物沿着相反方向，从生物膜经过附着水层排到流动水或空气中去。

污水中溶解性有机物可直接被生物膜中的微生物利用，而不溶性有机物先是被生物膜吸附，然后通过微生物胞外酶的水解作用，降解为可直接被生物利用的溶解性小分子物质。由于水解过程比生物代谢过程要慢得多，故水解过程是影响生物膜污水处理速率的主要限制因素。

（2）影响生物膜法污水处理效果的主要因素

影响生物膜法处理效果的因素很多。在各种影响因素中，主要的有：进水底物的组分和浓度、营养物质、有机负荷及水力负荷、溶解氧、生物膜量、pH 值、温度和有毒物质等。在工程实际运行中，应控制影响生物膜法运行的主要因素，创造适于生物膜生长的环境，使生物膜法处理工艺达到令人满意的效果。

1）进水底物的组分和浓度　污水中污染物组分、含量及其变化规律是影响生物膜法工艺运行效果的重要因素。若处理过程以去除有机污染物为主，则底物主要是可被生物降解的有机物；在用以去除氮的硝化反应工艺过程中，底物是微生物利用的氨氮。底物浓度的改变会导致生物膜的特性和剩余污泥量的变化，直接影响到处理水的水质。季节性水质变化、工业废水的冲击负荷等都会导致污水进水底物浓度、流量及组成的变化，虽然生物膜法具有较强的抗冲击负荷的能力，但亦会因此造成处理效果的改变。因此，与其他生物处理法一样，掌握进水底物组分和浓度的变化规律，在工程设计和运行管理中采取对应措施，是保证生物膜法正常运行的重要条件。

2）营养物质　生物膜中的微生物需不断地从外界环境中汲取营养物质，获得能量以合成新的细胞物质。与好氧微生物的一般要求一致，生物膜法对营养物质要求的比例为 $BOD_5：N：P=100：5：1$。因此，在生物膜法中，污水所含的营养组分应符合上述比例才有可能使生物膜正常发育。在生活污水中，含有各种微生物所需要的营养元素（如碳、氮、磷、硫、钾、钠等），一般不需要额外投加碳源、氮源或者磷源，生物膜法处理生活污水的效果良好。在工业废水中，营养元素往往不齐全，营养组分也不符合上述的比例，有时需要额外添加营养物质。例如，对于那些含有大量淀粉、纤维素、糖、有机酸等有机物的工业废水来说，碳源过于丰富，故需投加一定的氮和磷。有时候需对工业废水进行必要的预处理，以去除对微生物有害的物质，然后将其与生活污水合并，以补充氮、磷营养源和其他营养元素。

3）有机负荷及水力负荷　生物膜法与活性污泥法一样，是在一定的负荷条件下运行的。负荷是影响生物膜法处理能力的首要因素，是集中反映生物滤池膜法工作性能的参数。例如，生物滤池的负荷分有机负荷和水力负荷 2 种。前者通常以污水中有机物的量（BOD_5）来计算，单位为 $kgBOD_5/[m^3（滤床）\cdot d]$；后者是以污水量来计算的负荷，单位为 $m^3（污水）/[m^3（滤床）\cdot d]$，相当于 m/d，故又可称滤率。有机负荷和滤床性质关系极大，如采用比表面积大、孔隙率高的滤料，加上供氧良好，则负荷可提高。对于有机负荷高的生物滤池，生物膜增长较快，需增加水力冲刷的强度，以利于生物膜增厚后能适时脱落，此时，应采用较高的水力负荷。合适的水力负荷是保证生物滤池不堵塞的关键因素。提高有机负荷，出水水质相应有所下降。生物滤池生物膜法设计负荷值的大小取决于污水水质和所用的滤料种类。

4）溶解氧　对于好氧生物膜来说，必须有足够的溶解氧供给好氧微生物利用。如果供氧不足，好氧微生物的活性受到影响，新陈代谢能力降低，对溶解氧要求较低的微生物将滋生繁殖，正常的化学反应过程将会受到抑制，处理效果下降，严重时还会使厌氧微生物大量繁殖，好氧微生物受到抑制而大量死亡，从而导致生物膜的恶化和变质。但供氧过高，不仅造成能量浪费，而且微生物的代谢活动增强、营养供应不足，从而使生物膜自身发生氧化（老化），而使处理效果降低。

5）生物膜量　衡量生物膜量的指标主要有生物膜厚度与密度。生物膜密度是指单位体积湿生物膜被烘干后的质量。生物膜的厚度与密度由生物膜所处的环境条件决定。膜的厚度与污水中有机物浓度成正比，有机物浓度越高，有机物能扩散的深度越大，生物膜厚度也越大。水流搅动强度也是一个重要的因素，搅动强度高，水力剪切力大，促进膜的更新作用强。

6）pH 值　虽然生物膜反应器有较强的耐冲击负荷能力，但 pH 值变化幅度过大，也会明显影响处理效率，甚至对微生物造成毒性而使反应器失效。这是因为 pH 值的改变可能会引起细胞膜电荷的变化，进而影响微生物对营养物质的吸收和微生物代谢过程中酶的活性。当 pH 值变化过大时，可以考虑在生物膜反应器前设置调节池或中和池来均衡水质。

7）温度　水温也是生物膜法中影响微生物生长及生物化学反应的重要因素。例如，生物滤池的滤床温度在一定程度上会受到环境温度的影响，但主要还是取决于污水温度。滤床内温度过高不利于微生物的生长，当水温达到 40℃ 时，生物膜将出现坏死和脱落现象。若温度过低，则影响微生物的活力，物质转化速率下降。一般来说，生物滤床的内部温度最低不应小于 5℃。在严寒地区，生物滤池应建于有保温措施的室内。

8）有毒物质　有毒物质如酸、碱、重金属盐、有毒有机物等会对生物膜产生抑制甚至杀害作用，使微生物失去活性，发生膜大量脱落现象。尽管生物膜中的微生物具有被逐步驯化和适应的能力，但如果高毒物负荷持续较长时间，会使毒性物质完全穿透生物膜，生物膜代谢能力必然会受到较大的影响。

（3）生物膜法污水处理特征

与传统活性污泥法相比，生物膜法处理污水技术因为操作方便、剩余污泥少、抗冲击负荷等特点，适用于中小型污水处理厂工程，在工艺上有如下几方面特征。

1）微生物方面的特征

① 微生物种类丰富，生物的食物链长。相对于活性污泥法，生物膜载体（滤料、填料）为微生物提供了固定生长的条件，以及较低的水流、气流搅拌冲击，利于微生物的生长增殖。因此，生物膜反应器为微生物的繁衍、增殖及生长栖息创造了更为适宜的生长环境，除大量细菌以及真菌生长外，线虫类、轮虫类及寡毛虫类等出现的频率也较高，还可能出现大量丝状菌。不仅不会发生污泥膨胀，而且有利于提高处理效果。另外，生物膜上能够栖息高营养水平的生物，在捕食性纤毛虫、轮虫类、线虫类之上，还栖息着寡毛虫和昆虫，在生物膜上形成长于活性污泥的食物链。较多种类的微生物、较大的生物量、较长的食物链有利于提高处理效果和单位体积的处理负荷，也有利于系统内剩余污泥量的减少。

② 含有存活世代时间较长的微生物，有利于不同功能的优势菌群分段运行。由于

生物膜附着生长在固体载体上，其生物固体平均停留时间（污泥泥龄）较长，在生物膜下能够生长世代时间较长、增殖速率慢的微生物如硝化菌、某些特殊污染物降解专属菌等，为生物处理分段运行及分段运行作用的提高创造了更为适宜的条件。

生物膜处理法多分段进行，每段繁衍与进入本段污水水质相适应的微生物，并形成优势菌群，有利于提高微生物对污染物的生物降解效率。硝化菌和亚硝化菌也可以繁殖生长，因此生物膜法具有一定的硝化功能，采取适当的运行方式，就有反硝化脱氮的功能。分段进行也有利于难降解污染物的降解去除。

2）处理工艺方面的特征

① 对水质、水量变动有较强的适应性。生物膜反应器内有较多的生物量、较长的食物链，使得各种工艺对水质、水量的变化都具有较强的适应性，耐冲击负荷能力较强，对毒性物质也有较好的抵抗性。一段时间中断进水或遭到冲击负荷破坏，反应器的处理功能不会受到致命的影响，恢复起来也较快。因此，生物膜法更适用于工业废水及其他水质水量波动较大的中小规模污水处理。

② 适合低浓度污水的处理。在处理水污染物浓度较低的情况下，载体上的生物膜及微生物能保持与水质一致的数量和种类，不会发生在活性污泥法处理系统中，污水浓度过低会影响活性污泥絮凝体的形成和增长的现象。生物膜处理法对低浓度污水能够取得良好的处理效果，正常运行时可使 BOD_5 为 $20\sim30mg/L$ 的污水，出水 BOD_5 值降至 $10mg/L$ 以下。所以生物膜法更适用于低浓度污水处理和要求优质出水的场合。

③ 剩余污泥产量少。生物膜中较长的食物链使剩余污泥量明显减少。特别在生物膜较厚时，厌氧层的厌氧菌能够降解好氧过程合成的剩余污泥，使剩余污泥量进一步减少，污泥处理与处置费用随之降低。通常，生物膜上脱落下来的污泥，其相对密度较大，污泥颗粒个体也较大，沉降性能较好，易于固液分离。

④ 运行管理方便。生物膜法中的微生物是附着生长的，一般不需污泥回流，也不需要经常调整反应器内的污泥量和剩余污泥排放量，且生物膜法没有丝状菌膨胀的潜在威胁，易于运行维护与管理。另外，生物转盘、生物滤池等工艺，动力消耗较低，单位污染物去除耗电量较少。

生物膜法的缺点在于滤料增加了工程建设投资，特别是处理规模较大的工程，滤料投资所占比例较大，还包括滤料的周期性更新费用。生物膜法工艺设计和运行不当可能发生滤料破损、堵塞等现象。

（4）生物膜法反应动力学介绍

生物膜反应动力学是生物膜法污水处理技术研究的深入，目前还处于继续研究和不断完善之中。而生物膜在载体表面的固定、增长及底物去除规律的揭示，对各种新型生物膜反应器的开发和技术进步可以起到重要的推动作用。本节对生物膜在载体表面的附着过程及生物膜反应动力学的几个重要参数进行简要介绍。

1）微生物在载体上附着的一般过程　微生物在载体表面的附着是微生物表面与载体表面间相互作用的结果，大量研究表明，微生物在载体表面的附着取决于细菌的表面特性和载体的表面物理化学特性。从理论上来说，微生物在载体表面的附着过程见图 2-125。

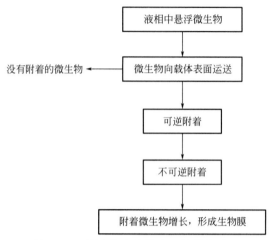

图 2-125　微生物在载体表面的附着过程

① 微生物向载体表面的运送。细菌在液相中向载体表面的运送主要通过 2 种方式完成：a. 主动运送，即细菌借助于水动力学作用及浓度扩散向载体表面迁移；b. 被动运送，即通过布朗运动、细菌自身运动和沉降等作用实现。一般而言，主动运送是细菌从液相转移到载体表面的主要途径，特别是在动态环境中，它是细菌长距离移动的主要方式。同时，细菌自身的布朗运动增加了细菌与载体表面的接触机会。细菌附着的静态试验表明，由浓度扩散而形成的悬浮相与载体表面间的浓度梯度直接影响细菌从液相向载体表面的移动过程。悬浮相的细菌正是通过上述各种途径从液相被运送到载体表面，促成细菌与载体表面的直接接触附着。在整个生物膜形成过程中，微生物向载体表面的运送过程至关重要。

② 可逆附着过程。微生物被运送到载体表面后，通过各种物理或化学作用使微生物附着于载体表面。在细菌与载体表面接触的最初阶段，微生物与载体首先形成的是可逆附着，这个过程是附着与脱落的双向动态过程，环境中存在的水动力学作用、细菌的布朗运动以及细菌自身运动都可能使已附着在载体表面的细菌重新返回悬浮液相中。生物的可逆附着取决于微生物与载体表面间力的作用强度。在微生物附着过程中，各种热力学力也影响细菌在载体表面附着的可逆性程度。试验表明，细菌的附着可逆性与微生物-载体间的自由能水平相关。

③ 不可逆附着过程。不可逆附着过程是可逆过程的延续。不可逆附着过程通常是由微生物分泌的黏性代谢物质如多聚糖所形成的。这些体外多聚糖类物质起到生物"胶水"作用，因此附着的细菌不易被水力剪切力冲刷脱落。生物膜法在实际运行中若能够保证细菌与载体间的接触时间充分，微生物有足够时间进行生理代谢活动，不可逆附着过程就能发生。可逆与不可逆附着的区别在于是否有生物聚合物参与细菌与载体表面间的相互作用，而不可逆附着是形成生物膜群落的基础。

④ 附着微生物的增长。经过不可逆附着过程后，微生物在载体表面建立了一个相对稳定的生存环境，可以利用周围环境提供的养分进一步增长繁殖，逐渐形成成熟的生物膜。

2）生物膜反应动力学的几个重要参数　生物膜反应动力学参数可从不同角度揭示生物膜的各种特征，在生物膜法处理技术研究及工程实际中都有重要的价值，下面为几个重要的生物膜反应动力学参数的介绍。

① 生物膜比增长速率。生物膜比增长速率是描述微生物增长繁殖特征最常用的参数之一，反映了微生物增长的活性，用下式表示：

$$\mu = \frac{\dfrac{dX}{dt}}{X}$$

式中，μ 为生物膜比增长速率，$g/(g \cdot d)$；X 为微生物浓度，mg/L。

当获得微生物增长曲线（t-X）后，可通过任意点的导数及对应的 X 值计算出微生物增长过程中 t 时刻对应的比增长速率。目前，生物膜比增长速率主要有两类：一类是动力学增长阶段的比增长速率，亦称生物膜最大比增长速率；另一类是整个生物膜过程的平均比增长速率。

② 底物比去除速率。生物膜反应器中底物比去除速率可由下式计算：

$$q_{obs} = \frac{QS_0 - S}{A_0 M_b}$$

式中，q_{obs} 为底物比去除速率，$g/(g \cdot d)$；Q 为进水流量，m^3/d；S_0 为进水底物浓度，mg/L；S 为出水底物浓度，mg/L；A_0 为载体表面积，m^2；M_b 为生物膜量。

在实际过程，底物比去除速率反映了生物膜群体的活性，底物比去除速率越高，说明生物膜的生化反应活性越高。

③ 表观生物膜产率系数。表观生物膜产率系数是指微生物在利用、降解底物的过程中自身增长的能力，定义为每消耗单位底物浓度时生物膜自身生物量的积累，即：

$$Y_{obt} = \frac{A_0}{V_0} = \frac{\dfrac{dM_b}{dt}}{\dfrac{dS}{dt}}$$

式中，Y_{obt} 为表观生物膜产率系数，$kgMLSS/kgBOD$；V_0 为生物膜反应器的有效体积，L。

产率系数在生物膜研究中具有重要意义，它揭示了生物膜群体合成与能量代谢间的相互耦合程度。

④ 生物膜密度。生物膜密度一般为生物膜平均干密度，经实验测定生物膜量（M_b）及生物膜膜厚（T_h）后，平均密度可通过 T_h-M_b 图求得，即：

$$M_b = \rho T_h$$

式中，ρ-T_h-M_b 拟合直线的斜率即为生物膜平均密度。

2.5.2.2　生物滤池

（1）概述

生物滤池是生物膜法处理污水的传统工艺，在 19 世纪末发展起来，先于活性污泥法。早期的普通生物滤池水力负荷和有机负荷都很低，虽净化效果好，但占地面积大，容易形成堵塞。后来开发出采用处理水回流，水力负荷和有机负荷都较高的高负荷生物滤池，以及污水、生物膜和空气三者充分接触，水流紊动剧烈，通风条件改善的塔式生物滤池。近年来发展起来的曝气生物滤池已成为一种独立的生物膜法污水处理工艺。

（2）生物滤池构造

图 2-126 为典型的生物滤池示意，其构造由滤床、池体、布水设备和排水系统等部分组成。

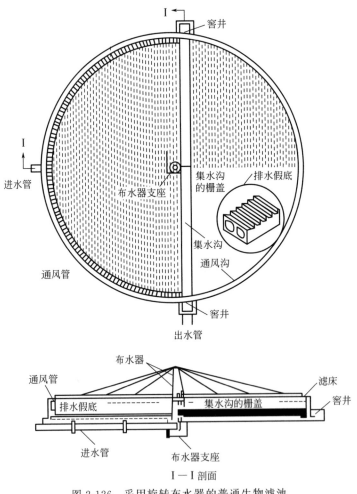

图 2-126　采用旋转布水器的普通生物滤池

1）滤床及池体　滤床由滤料组成，滤料是微生物生长栖息的场所，理想的滤料应具备下述特性：a. 能为微生物附着提供大量的表面积；b. 使污水以液膜状态流过生物膜；c. 有足够的空隙率，保证通风（即保证氧的供给）和使脱落的生物膜能随水流出滤池；d. 不被微生物分解，也不抑制微生物生长，有良好的生物化学稳定性；e. 有一定的机械强度；f. 价格低廉。早期主要以拳状碎石为滤料，此外，碎钢渣、焦炭等也可作为滤料，从理论上来说，这类滤料粒径越小，滤床的可附着面积越大，则生物膜的面积将越大，滤床的工作能力也越强。但粒径越小，空隙就越小，滤床易被生物膜堵塞，滤床的通风也越差，可见滤料的粒径不宜太小。经验表明，在常用粒径范围内，粒径略大或略小些对滤池工作没有明显的影响。

塑料滤料后来开始被广泛采用。图 2-127 和图 2-128 为两种常见的塑料滤料。图 2-127 的滤料，其比表面积在 $98\sim340\mathrm{m}^2/\mathrm{m}^3$ 之间，空隙率为 $93\%\sim95\%$。图 2-128 的滤料，其比表面积在 $81\sim195\mathrm{m}^2/\mathrm{m}^3$ 之间，空隙率为 $93\%\sim95\%$。国内目前采用的玻璃钢蜂窝状块状滤料，孔心间距在 20mm 左右，空隙率在 95% 左右，比表面积在 $200\mathrm{m}^2/\mathrm{m}^3$ 左右。

图 2-127　环状塑料滤料

滤床高度与滤料的密度有密切关系。石质拳状滤料组成的滤床高度一般在 $1\sim2.5\mathrm{m}$ 之间。一方面由于空隙率低，滤床过高会影响通风；另一方面由于质量太大（每立方米石质滤料达 $1.1\sim1.4\mathrm{t}$），将影响排水系统和滤池基础的结构。而塑料滤料每立方米的质量仅为 100kg 左右，空隙率则高达 $93\%\sim95\%$，滤床高度不高，但可以提高，而且可以采用双层或多层构造。国外采用的双层滤床，高 7m 左右；国内常采用多层的"塔式"结构，高度常在 10m 以上。滤床四周为生物滤池池壁，起围护滤料作用，一般为钢筋混凝土结构或砖混结构。

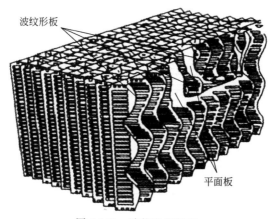

图 2-128　波状塑料滤料

2）布水设备　设置布水设备的目的是使污水能均匀地分布在整个滤床表面上。生物滤池的布水设备分为 2 类：旋转布水器和固定布水器系统。下面介绍旋转布水器。

旋转布水器的中央是一根空心的立柱，底端与设在池底下面的进水管衔接。布水横管的一侧开有喷水孔口，孔口直径 10～15mm，间距不等，越近池心间距越大，使滤池单位面积接受的污水量基本相等。布水器的横管可为 2 根（小池）或 4 根（大池），对称布置。污水通过中央立柱流入布水横管，由喷水孔口分配到滤池表面。污水喷出孔口时，作用于横管的反作用力推动布水器绕立柱旋转，转动方向与孔口喷嘴方向相反，所需水头在 0.6～1.5m。如果水头不足，可用电动机转动布水器。

3）排水系统　池底排水系统的作用是：a.收集滤床流出的污水与生物膜；b.保证通风；c.支撑滤料。池底排水系统由池底、排水假底和集水沟组成，见图 2-129。排水假底用特制砌块或栅板铺成（图 2-130），滤料堆在假底上面。早期都是采用混凝土栅板作为排水假底，自从塑料填料出现以后，滤料质量减轻，可采用金属栅板作为排水假底。假底的空隙所占面积不宜小于滤池平面的 5%～8%，与池底的距离不应小于 0.6m。

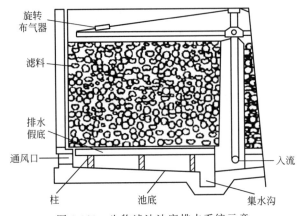

图 2-129　生物滤池池底排水系统示意

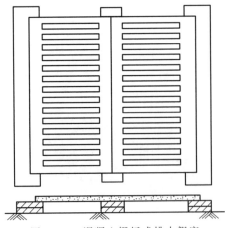

图 2-130　混凝土栅板式排水假底

池底除支撑滤料外，还要排泄滤床上的来水。池底中心轴线上设有集水沟，两侧底向集水沟倾斜，池底和集水沟的坡度为 1%～2%。集水沟要有充分的高度，并在任何时候不会满流，确保空气能在水面上畅通无阻，使滤池中空隙充满空气。

（3）生物滤池法的工艺流程

1）生物滤池法的基本流程　生物滤池法的基本构筑物由初沉池、生物滤池、二沉池组成。进入生物滤池的污水必须通过预处理去除悬浮物、油脂等会堵塞滤料的物质，并使水质均化稳定。一般在生物滤池前设初沉池，但也可以根据污水水质而采取其他方式进行预处理，达到同样的效果。生物滤池后面的二沉池用来截留滤池中脱落的生物膜，以保证出水水质。

2）高负荷生物滤池　低负荷生物滤池又称普通生物滤池，在处理城市污水方面，普通生物滤池有长期运行的经验。普通生物滤池的优点是处理效果好，BOD_5 去除率可达 90% 以上，出水 BOD_5 可下降到 25mg/L 以下，硝酸盐含量在 10mg/L 左右，出水水质稳定；缺点是占地面积大，易堵塞，灰蝇很多，影响环境卫生。后来，人们通过采用新型滤料，优化流程，提出多种形式的高负荷生物滤池，使负荷比普通生物滤池提高数倍，池子体积大大缩小。回流式生物滤池、塔式生物滤池都属于高负荷生物滤池，它们的运行比较灵活，可以通过调整负荷和流程，得到不同的处理效率。负荷高时，有机物转化较不彻底，排出的生物膜容易腐化。

图 2-131 为交替式二级生物滤池法的流程。运行时，滤池是串联工作的，污水经初沉池后进入一级生物滤池，出水经相应的中间沉淀池去除残膜后用泵送入二级生物滤池，二级生物滤池的出水经过沉淀后排出污水处理厂。工作一段时间后，一级生物滤池因表层生物膜的累积，即将出现堵塞，改作二级生物滤池，而原来的二级生物滤池则改作一级生物滤池。运行中，每个生物滤池交替作为一级和二级滤池使用。这种方法在英国曾被广泛采用，自交替式二级生物滤池法流程比并联流程负荷可提高 2~3 倍。

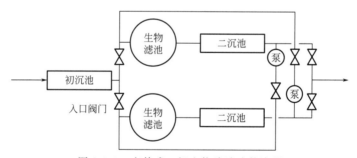

图 2-131　交替式二级生物滤池法的流程

图 2-132 为几种常用的回流式生物滤池法的流程。当条件（水质、负荷、总回流量与进水量之比）相同时，它们的处理效率不同。图中次序基本上是按效率从较低到较高排列的，符号 Q 代表污水量，R 代表回流比。当污水浓度不太高时，回流系统可采用图 2-132(a) 流程，回流比可以通过回流管线上的闸阀调节。当入流水量小于平均流量时，增大回流量；当入流水量大时，减少或停止回流。图 2-132(c)、(d) 为二级生物滤池，系统中有 2 个生物滤池，这种流程适用于处理高浓度污水或出水水质要求较高的场合。生物滤池的一个主要优点是运行简单，因此，适用于小城镇和边远地区。一般认为生物滤池对入流水质、水量变化的承受能力较强，脱落的生物膜密实，较容易在二沉池中被分离。

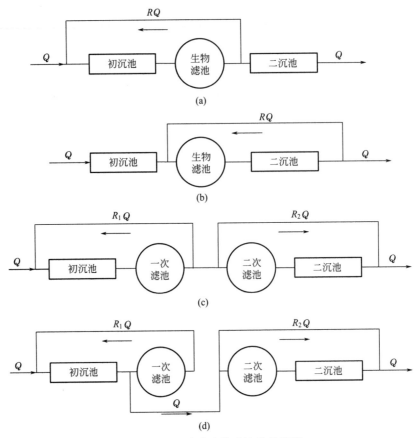

图 2-132　回流式生物滤池法的流程

3）塔式生物滤池　塔式生物滤池是在普通生物滤池的基础上发展起来的，如图 2-133 所示。塔式生物滤池的污水净化机理与普通生物滤池一样，但是与普通生物滤池相比，具

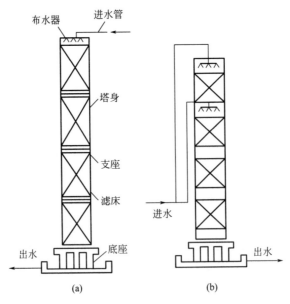

图 2-133　塔式生物滤池

有负荷高、生物相分层明显、滤床堵塞可能性减小、占地小等特点。在工程设计中，塔式生物滤池的直径宜为 1~3.5m，直径与高度之比宜为 (6:1)~(1:8)，塔式生物滤池的填料应采用轻质材料。塔式生物滤池填料应分层，每层高度不宜大于 2m，填料层厚度宜根据试验资料确定，一般宜为 8~12m。图 2-133 所示的是分两级进水的塔式生物滤池，把每层滤床作为独立单元时，可看作是一种带并联性质的串联布置，同单级进水塔式生物滤池相比，这种方法有可能进一步提高负荷。

4) 影响生物滤池性能的主要因素

① 滤池高度。人们早就发现，滤床的上层和下层相比，生物膜量、微生物种类和去除有机物的速率均不相同。滤床上层污水中有机物浓度较高，微生物繁殖速率高，种属较低级，以细菌为主，生物膜量较多，有机物去除速率较高。随着滤床深度的增加，微生物从低级趋向高级，种类逐渐增多，生物膜量从多到少。此外，微生物的生长和繁殖与环境因素息息相关，所以当滤床各层的进水水质互不相同时，各层生物膜的微生物就不相同。处理污水的功能也随之不同。生物滤池的处理效率在一定条件下是随着滤床高度的增加而增加的，在滤床高度超过某一数值后，处理效率的提高微不足道，是不经济的。研究还表明，滤床不同深度处的微生物种群不同，反映了滤床高度对处理效率的影响与污水水质有关。对水质比较复杂的工业废水来说，这一点是值得注意的。

② 负荷。生物滤池的负荷是一个集中反映生物滤池工作性能的参数，与滤床的高度一样，负荷直接影响生物滤池的工作。

③ 回流。利用污水厂的出水或生物滤池出水稀释进水的做法叫回流，回流水量与进水量之比叫回流比。回流对生物滤池的性能有下述影响：a. 回流可提高生物滤池的滤率，它是使生物滤池由低负荷演变为高负荷的方法之一；b. 提高滤率有利于防止产生灰蝇和减少恶臭；c. 当进水缺氧、腐化、缺少营养元素或含有毒有害物质时，回流可改善进水的腐化状况，提供营养元素和降低毒物浓度；d. 进水的水质水量有波动时，回流有调节和稳定进水的作用。

回流将降低入流污水的有机物浓度，减小流动水与附着水中有机物的浓度差，因而降低传质和有机物去除速率。另外，回流增大了流动水的紊流程度，增大了传质和有机物去除速率，当后者的影响大于前者时，回流可以改善滤池的工作。

④ 供氧。生物滤池中微生物所需的氧一般直接来自空气，靠自然通风供给。影响生物滤池通风的主要因素是滤床自然通风和风速。自然通风的推动力是池内温度与气温之差，以及滤池的高度。温差越大，通风条件越好。当水温较低、滤池内温度低于气温时（夏季），池内气流向下流动；当水温较高、滤池内温度高于气温时（冬季），气流向上流动。若池内外无温差时，则停止通风。正常运行的生物滤池，自然通风可以提供生物降解所需的氧量。

(4) 滤床高度的动力学计算方法

污水流过滤池时，污染物浓度的下降率 [即每单位滤床高度 (h) 去除的污染物的量（以浓度 S 计）] 与该污染物的浓度成正比，即：

$$\frac{dS}{dh} = -KS$$

对上式积分，得：

$$\ln\frac{S}{S_0} = -Kh$$

$$\frac{S}{S_0} = \exp(-Kh)$$

式中，$\frac{dS}{dh}$ 为污染物浓度（以 COD、BOD 或某特定指标表示）的下降率；S_0 为滤池进水的污染物浓度，mg/L；S 为床深为 h 处的水中污染物的浓度，mg/L；h 为距离滤床表面的深度，m；K 为反映滤池处理效率的系数，它与污水性质、滤池的特性（包括滤料的材料、形状、表面积、孔隙率、堆砌方式和生物膜性质）以及滤率有关，布水方式（如均匀程度、进水周期等）也可能对其有影响。K 可以用以下公式求得：

$$K = K'S_0^m \left(\frac{Q}{A}\right)^n$$

式中，Q 为滤池进水流量，m^3/d；A 为滤床的面积，m^2；K' 为系数，它与进水水质、滤率有关；m 为与进水水质有关的系数；n 为与滤池特性、滤率有关的系数。

$$\frac{S}{S_0} = \exp\left[-K'S_0^m \left(\frac{Q}{A}\right)^n h\right]$$

上式可以直接用于无回流滤池的计算，令 $S = S_e$，$h = h_0$，解得滤池深度 h_0：

$$\frac{S}{S_0} = \frac{\ln\frac{S}{S_0}}{K'S_0^m \left(\frac{Q}{A}\right)^n}$$

当采用回流滤池时，应该考虑回流的影响，按图 2-134 建立物料衡算式。

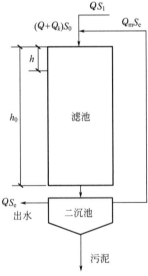

图 2-134　生物滤池示意

经计算得知生化反应速率受温度影响，可以用下式校正：

$$K'T = K'_{20} 1.035^{T-20}$$

式中，K'_{20} 为 20℃温度下的 K'。

（5）生物滤池的设计计算

生物滤池处理系统包括生物滤池和二沉池，有时还包括初沉池和回流泵。生物滤池的设计一般包括：a. 滤池类型和流程选择；b. 滤池尺寸和个数的确定；c. 布水设备计算；d. 二沉池的形式、个数和工艺尺寸的确定。

1）滤池类型的选择　目前，大多采用高负荷生物滤池，低负荷生物滤池仅在污水量小、地区比较偏僻、石料不贵的场合选用。高负荷生物滤池主要有回流式和塔式（多层式）生物滤池两种类型。滤池类型的选择，需要对占地面积、基建费用和运行费用等关键指标进行分析，通过方案比较才能得出合理的结论。

2）流程的选择　在确定流程时，通常要解决的问题是：a. 是否设初沉池；b. 采用几级滤池；c. 是否采用回流，回流方式和回流比的确定。当废水含悬浮物较多，采用拳状滤料时，需有初沉池，以避免生物滤池阻塞。处理城市污水时，一般都设置初沉池。下述 3 种情况应考虑用二沉池出水回流：a. 入流有机物浓度较高，可能引起供氧不足时；b. 水量很小，无法维持最小经验值以下的水力负荷时；c. 污水中某种污染物在高浓度时可能抑制微生物生长的情况下。

3）滤池尺寸和个数的确定　生物滤池的工艺设计内容是确定滤床总体积、滤床高度、滤池个数、单个滤池的面积以及滤池其他尺寸。

① 滤床总体积。一般用容积负荷（L_V）计算滤池滤床的总体积，负荷可以经过试验取得，或采用经验数据。

滤床总体积的计算公式如下：

$$V = \frac{QS_0}{L_V} \times 10^{-6}$$

式中，V 为滤床总体积，m^3；S_0 为污水进滤池前的 BOD，mg/L；Q 为污水日平均流量，m^3/d，采用回流式生物滤池时，此项应为 $Q(1+R)$，回流比 R 可根据经验确定；L_V 为容积负荷，$kg\ BOD_5/(m^3 \cdot d)$。

② 滤床高度。滤床高度一般根据经验或试验结果确定。当没有类似水质和处理要求的经验可以参照时，可以通过试验，按照本节介绍的滤床高度动力学计算方法确定。

③ 滤池面积和个数。滤床总体积和高度确定之后，即可算出滤床的总面积，但需要核算水力负荷，看它是否合理。与其他处理构筑物一样，生物滤池的个数一般情况下应大于 2 个，并联运行。当处理规模很小，滤池总面积不大时，也可采用 1 个滤池。根据滤池的总面积和滤池个数，即可算得单个滤池的面积，确定滤池直径（或边长）。

④ 其他构造要求。滤池通风好坏是影响处理效率的重要因素，生物滤池底部空间的高度不应小于 0.6m，并沿滤池池壁四周下部设置自然通风孔，总面积大于滤池表面积的 1%。另外，生物滤池的池底有 1%～2% 的坡度，坡向集水沟，集水沟再以

0.5%～2%的坡度坡向总排水沟，并有冲洗底部排水渠的措施。

4）旋转布水器的计算　旋转布水器计算的主要内容包括：a.确定布水横管的根数（一般是2根或4根）和直径；b.布水管上的孔口数和在布水横管上的位置；c.布水器的转速。旋转布水器如图2-135所示。

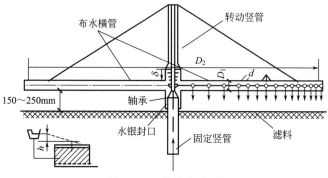

图 2-135　旋转布水器

① 布水横管的根数与直径。布水横管的根数取决于池子和滤率的大小，布水量大时用4根，一般用2根。布水横管的直径（D_1，单位为mm）计算公式如下：

$$D_1 = 2000\sqrt{\frac{Q'}{\pi v}}$$

$$Q' = \frac{(1+R)Q}{n}$$

式中，Q'为每根布水横管的最大设计流量，m^3/s；v为横管进水端流速，m/s；R为回流比；Q为每个滤池处理的水量，m^3/s；n为横管数。

② 孔口数和在布水横管上的位置。假定每个出水孔口喷洒的面积基本相同，孔口数（m）的计算公式为：

$$m = \frac{1}{1 - \left(1 - \dfrac{4d}{D_2}\right)^2}$$

式中，d为孔口直径，mm，一般为10～15mm，孔口流速2m/s；D_2为旋转布水器的直径，mm，比滤池内径小200mm。

第i个孔口中心距滤池中心的距离（r_i）为：

$$r_i = \frac{D_2}{2}\sqrt{\frac{i}{m}}$$

式中，i为从池中心算起，任一孔口在布水横管上的排列顺序序号。

③ 布水器的转速。布水横管的转速与滤率、横管根数有关，也可以近似用下式计算：

$$n = \frac{34.78 \times 10^6}{m d^2 D_2} \times Q'$$

（6）生物滤池的运行

生物滤池投入运行之前，先要检查各项机械设备（水泵、布水器等）和管道，然后用清水替代污水进行试运行，发现问题时需做必要的整修。

生物滤池正式运行之后，有一个"挂膜阶段"，即培养生物膜的阶段。在这个运行阶段，洁净的无膜滤床逐渐长出了生物膜，处理效率和出水水质不断提高，逐步进入正常运行状态。

处理含有毒物质的工业废水时，生物滤池的运行要按设计确定的方案进行。一般来说，有毒物质也是生物滤池的处理对象，而能分解氧化某种有毒物质的微生物在一般环境中并不占优势，或对这种有毒物质还不太适应，因此，在滤池正常运行前，要有一个让它们适应新环境、繁殖壮大的运行阶段，称为"挂膜-驯化"阶段。

工业废水生物滤池的挂膜-驯化有两种方式。一种方式是从其他工厂废水处理设施或城市污水厂取来活性污泥或生物膜碎屑，进行挂膜、驯化。可把取来的数量充足的污泥同工业废水、清水和养料（生活污水或培养微生物用的化学品，有些工业废水并不需要外加养料）按适当比例混合后淋洒生物滤池，出水进入二沉池，并以二沉池作为循环水池，循环运行。当滤床明显出现生物膜迹象后，以二沉池出水水质为参考，在循环中逐步调整工业废水和出水的比例，直到出水正常。这时，挂膜-驯化结束，运行进入正常状态。这种方式是目前常用的方式，特别适用于试验性装置。

对大型生物滤池来说，由于需要的活性污泥量太多，有时采用另一种方式，即用生活污水、城市污水或回流出水替代部分工业废水进行挂膜-驯化，运行过程中把二沉池中的污泥不断回流到滤池的进水中，在滤床明显出现生物膜迹象后，以二沉池出水水质为参考，逐步降低稀释用水流量和增加工业废水量，直至正常运行。在运行中，用心积累和整理有关水量、水质、能量消耗和设备维修等方面的资料数据，仔细记录出现的特殊情况，并不断总结分析，对提高运行水平、促进生物滤池的研究和应用革新能起到重要作用。

2.5.2.3　生物转盘法

（1）概述

生物转盘是一种生物膜法污水处理技术，20世纪60年代由联邦德国开创，是在生物滤池的基础上发展起来的，亦称为浸没式生物滤池。自1954年德国建立第一座生物转盘污水厂后，在欧洲已有上千座，发展迅速。我国于20世纪70年代开始进行研究，在印染、造纸、皮革和石油化工等行业的工业废水处理中得到应用，效果较好。

生物转盘去除污水中有机污染物的机理与生物滤池基本相同，但构造形式与生物滤池很不相同，见图2-136。生物转盘是用转动的盘片代替固定的滤料，工作时，转盘浸入或部分浸入充满污水的接触反应槽内，在驱动装置的驱动下，转轴带动转盘一起以一定的线速度不停地转动。转盘交替地与污水和空气接触，经过一段时间的转动后，盘片上将附着一层生物膜。在转入污水中时，生物膜吸附污水中的有机污染物，并吸收生物膜外水膜中的溶解氧，对有机物进行分解，微生物在这一过程中得以自身繁殖；转盘转出反应槽时，与空气接触，空气不断地溶解到水膜中去，增加其溶解氧含量。在这一过程中，在转盘上附着的生物膜与污水以及空气之间，除进行有机物（BOD、COD）与 O_2 的传递外，还有其他物质如 CO_2、NH_3 等的传递，形成一个连续的吸附、氧化分解、吸氧的过程，使污水不断得到净化。

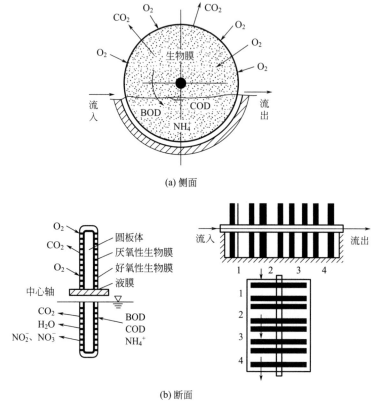

(a) 侧面

(b) 断面

图 2-136　生物转盘工作情况示意

与生物滤池相比，生物转盘有如下特点：a. 不会发生堵塞现象，净化效果好；b. 能耗低，管理方便；c. 占地面积较大；d. 有气味产生，对环境有一定影响。

（2）生物转盘的构造

生物转盘是由水槽和部分浸没于污水中的旋转盘体组成的生物处理构筑物，主要包括旋转圆盘（盘体）、接触反应槽（氧化槽）、转轴及驱动装置等，必要时还可在氧化槽上方设置保护罩，起遮风挡雨及保温的作用。

1）盘体　盘体是由装在水平轴上的一系列间距很近的圆盘所组成的，其中一部分浸没在氧化槽的污水中，另一部分暴露在空气中。作为生物载体填料，转盘的形状有平板、凹凸板、波纹板、蜂窝、网状板或组合板等，组成的转盘外缘形状有网形、多角形和圆筒形。

盘片串联成组，固定在转轴上并随转轴旋转，对盘片材质的要求是质轻高强，耐腐蚀，易于加工，价格低廉。盘片的直径一般为 2～3m，盘片厚度 1～15mm。目前常用的转盘材质有聚丙烯、聚乙烯、聚氯乙烯、聚苯乙烯和不饱和树脂玻璃钢等。转盘的盘片间必须有一定的间距，以保证转盘中心部位的通气效果，标准盘间距为 30mm，若为多级转盘，则进水端盘片间距为 25～35mm，出水端一般为 10～20mm，具体可根据工艺需要进行调节。

2）氧化槽　氧化槽一般做成与盘体外形基本吻合的半圆形，槽底设有排泥和放空管与闸门，槽的两侧设有进出水设备。常用的进出水设备为三角堰。对于多级转盘，氧化槽分为若干格，格与格之间设有导流槽。大型氧化槽一般由钢筋混凝土制成。中小型氧化槽多用钢板焊制。

3）转轴　转轴是支撑盘体并带动其旋转的重要部件，转轴两端固定安装在氧化槽两端的支座上。一般采用实心钢轴或无缝钢管，其长度应控制在 0.5～7.0m 之间。转轴不能太长，否则往往由于同心度加工不良，容易扭曲变形，发生磨断或扭断现象。

转轴中心应高出槽内水面至少 150mm，转盘面积的 20%～40% 浸没在槽内的污水中。在电动机驱动下，经减速传动装置带动转轴进行缓慢的旋转，转速一般为 0.8～3.0r/min。

4）驱动装置　驱动装置包括动力设备和减速装置 2 部分。动力设备分电力机械传动、空气传动和水力传动等，国内多采用电力机械传动和空气传动。电力机械传动以电动机为动力，用链条传动或直接传动。对于大型转盘，一般一台转盘设一套驱动装置；对于中、小型转盘，可由一套驱动装置带动一组（3～4 级）转盘工作。空气传动兼有充氧作用，动力消耗较省。

（3）生物转盘法的工艺流程

生物转盘法的基本流程如图 2-137 所示。实践表明，处理同一种污水，如盘片面积不变，将转盘分为多级串联运行能显著提高处理水水质和水中溶解氧的含量。通过对生物转盘上生物相的观察表明，第一级盘片的生物膜最厚，随着污水中有机物的逐渐减少，后几级盘片上的生物膜逐级变薄。处理城市污水时，第一、二级盘片上占优势的微生物是菌胶团和细菌，第三、四级盘片上则主要是细菌和原生动物。

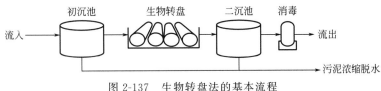

图 2-137　生物转盘法的基本流程

根据转盘和盘片的布置形式，生物转盘可分为单轴单级式（图 2-138）、单轴多级式（图 2-139）和多轴多级式（图 2-140），级数的多少主要取决于污水水量与水质、处理水应达到的处理程度和现场条件等因素。

（4）生物转盘的设计计算

生物转盘工艺设计的主要内容是计算转盘的总面积。表示生物转盘处理能力的指标是水力负荷和有机负荷。水力负荷可以表示为每单位体积水槽每天处理的水量，即 m^3

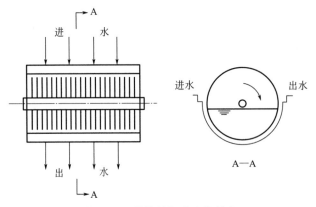

图 2-138　单轴单级式生物转盘

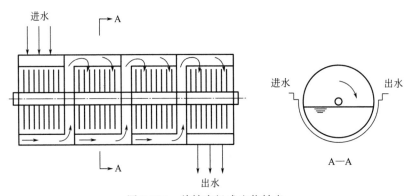

图 2-139　单轴多级式生物转盘

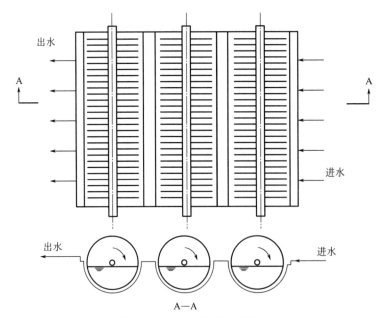

图 2-140　多轴多级式生物转盘

（水）/[m³（槽）·d]，也可以表示为每单位面积转盘每天处理的水量，即 m³（水）/[m³（盘片）·d]。有机负荷的单位是 kg BOD₅/[m²（槽）·d] 或 kg BOD₅/[m²（盘片）·d]。生物转盘的负荷与污水性质、污水浓度、气候条件及构造、运行等多种因素有关，设计时可以通过实验或者经验确定。

1）生物转盘的设计计算方法

① 通过实验求得需要的设计参数。设计参数如有机负荷、水力负荷、停留时间等可以通过实验确定。威尔逊等根据生活污水的实验研究，建议当采用 0.5m 直径转盘做实验，对参数进行设计时，转盘面积宜比实验值增加 25%；当实验采用的转盘直径为 2m 时，则宜增加 10%的面积。

② 根据试验资料或其他方法确定设计负荷。无试验资料时，城镇污水五日生化需氧量表面有机负荷，以盘片面计，一般为 $0.005 \sim 0.020 \text{kg BOD}_5/(\text{m}^2 \cdot \text{d})$，首级转盘不宜超过 $0.030 \sim 0.040 \text{kg BOD}_5/(\text{m}^2 \cdot \text{d})$；表面积水力负荷以转盘面设计，一般为 $0.04 \sim 0.20 \text{m}^3/(\text{m}^2 \cdot \text{d})$。也可以用其他类似的经验性图确定设计负荷。

2）设计参数计算

① 转盘总面积（A，单位为 m^2）

$$A = \frac{QS_0}{L_A}$$

式中，Q 为处理水量，m^3/d；S_0 为进水 BOD，mg/L；L_A 为生物转盘的 BOD₅ 面积负荷，$\text{g}/(\text{m}^2 \cdot \text{d})$。

② 转盘盘片数量（m）

$$m = \frac{4A}{2\pi D^2} = 0.46 \frac{A}{D^2}$$

式中，D 为转盘直径，m。

③ 污水处理槽有效长度（L）

$$L = ma + bK$$

式中，a 为盘片净间距，mm，一般进水端为 $25 \sim 35\text{mm}$，出水端为 $10 \sim 20\text{mm}$；b 为盘片厚度，视材料强度确定；m 为盘片数；K 为系数，一般取 1.2。

④ 废水处理槽有效容积（V）

$$V = 0.294 - 0.335D + 2\sigma^2 L$$

净有效容积（V_L）：

$$V_L = 0.294 - 0.335D + 2\delta^2 L - mb$$

当 $r/D = 0.1$ 时，系数取 0.249；当 $r/D = 0.06$ 时，系数取 0.335。

式中，r 为中心轴与槽内水面的距离，m；δ 为盘片边缘与处理槽内壁的间距，mm，不小于 150mm，一般取 $\delta = 200 \sim 400\text{mm}$。

⑤ 转盘的转速（n_0，单位为 r/min）

$$n_0 = \frac{6.37}{D}0.9 - \frac{V_t}{Q_t}$$

式中，Q_t 为每个处理槽的设计水量，m^3/d；V_t 为每个处理槽的容积，m^3。

实践证明，水力负荷、转盘的转速及级数、水温和溶解氧等因素都影响生物转盘的设计和操作运行，设计运行过程中应重视这些参数的影响，水力负荷对出水水质和 BOD_5 去除率有明显的影响。生物转盘的转速也是影响处理效果的重要因素，包括影响溶解氧的供给、微生物与污水的接触、污水的混合程度和传质、过剩生物膜的脱落，从而影响有机物的去除率。

转盘的传动装置最好采用无级变速器，以便在运行时有调节的余地。但是随着转速的增加，动力消耗也提高，而且增加转轴的受力，因而转速不宜太高。实践表明，生物转盘的转速一般为 2.0～4.0r/min，盘体外缘线速度为 15～19m/min。转盘分级布置，使其运行较为灵活。可以根据具体情况调整污水在各级处理槽内的停留时间，减少短路，提高处理效率。

2.5.2.4 生物接触氧化法

（1）概述

生物接触氧化法是从生物膜法派生出来的一种废水生物处理法。在该工艺中，污水与生物膜相接触，在生物膜上微生物的作用下，可使污水得到净化，因此又称"淹没式生物滤池"。19 世纪末，德国开始把生物接触氧化法用于废水处理，但限于当时的工业水平，没有适当的填料，未能广泛应用。到 20 世纪 70 年代，合成塑料工业迅速发展，轻质蜂窝状填料问世，日本、美国等开始研究和应用生物接触氧化法。中国在 20 世纪 70 年代中期开始研究用此法处理城市污水和工业废水，并已在生产中应用。

生物接触氧化法是一种介于活性污泥法与生物滤池之间的生物膜法工艺，其特点是在池内设置填料，池底曝气对污水进行充氧，并使池体内污水处于流动状态，以保证污水与池中的填料充分接触，避免生物接触氧化池中存在污水与填料接触不均的缺陷。其净化废水的基本原理与一般生物膜法相同，即通过生物膜吸附废水中的有机物，在有氧的条件下，有机物由微生物氧化分解，废水得到净化。空气通过设在池底的布气装置进入水流，随气泡上升向微生物提供氧气，见图 2-141。

生物接触氧化法兼有活性污泥法和生物膜法的特点，具有以下优点。

① 由于填料的比表面积大，池内的充氧条件良好。生物接触氧化池内单位容积的生物固体量高于活性污泥法曝气池及生物滤池。因此，生物接触氧化池具有较高的容积负荷。

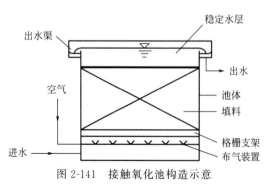

图 2-141 接触氧化池构造示意

② 生物接触氧化法不需要污泥回流，不存在污泥膨胀问题，运行管理简便。

③ 由于生物固体较多，水流又属完全混合型，因此生物接触氧化池对水质、水量的骤变有较强的适应能力。

④ 生物接触氧化池的有机容积负荷较高时，其 F/M 保持在较低水平，污泥产率较低。

（2）生物接触氧化池的构造

生物接触氧化池的平面形状一般为矩形，进水端应有防止断流的措施，出水一般为堰式出水。

接触氧化池主要由池体、填料和进水布气装置等组成。池体用于设置填料、布水布气装置和支承填料的支架。池体可为钢结构或钢筋混凝土结构。从填料上脱落的生物膜会有一部分沉积在池底。必要时，池底部可设置排泥和放空设施。

生物接触氧化池的填料要求对微生物无毒害、易挂膜、质轻、高强度、抗老化、比表面积大和孔隙率高。目前常采用的填料主要有聚氯乙烯塑料、聚丙烯塑料、环氧玻璃钢等做成的蜂窝状和波纹板状填料、纤维组合填料、立体弹性填料等（图 2-142）。

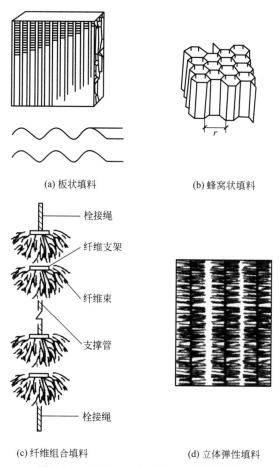

(a) 板状填料　　　　　(b) 蜂窝状填料

栓接绳

纤维支架

纤维束

支撑管

栓接绳

(c) 纤维组合填料　　　　(d) 立体弹性填料

图 2-142　几种常用的生物接触氧化填料

纤维状填料是用尼龙、维纶、腈纶、涤纶等化学纤维编结成束，呈绳状连接。用尼龙绳直接固定纤维束的软性填料，易发生纤维填料结团（俗称起球）问题，现在已较少采用。实践表明，采用圆形塑料盘作为纤维填料支架将纤维固定在四周，可以有效解决纤维填料结团问题，同时保持纤维填料比表面积大、来源广、价格较低的优势，得到较为广泛的应用。为安装检修方便，填料常以料框组装，带框放入池中，或在池中设置固定支架，用于固定填料。

生物接触氧化池中的填料可全池布置，底部进水，整个池底安装布气装置，全池曝气；或两侧布置，底部进水，布气管布置在池子中心，中心曝气，如图 2-143 所示；或单侧布置，上部进水，侧面曝气，如图 2-144 所示。填料全池布置、全池曝气的形式，由于曝气均匀、填料不易堵塞、氧化池容积利用率高等优势，是目前生物接触氧化法采用的主要形式。但不管哪种形式，曝气池的填料都应分层安装。

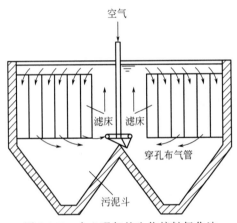

图 2-143　中心曝气的生物接触氧化池

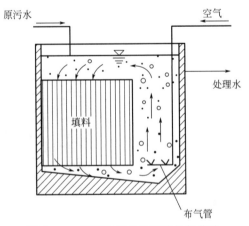

图 2-144　侧面曝气的生物接触氧化池

（3）生物接触氧化法的工艺流程

生物接触氧化池应根据进水水质和处理程度确定采用单级式、二级式或多级式，图 2-145～图 2-147 是生物接触氧化法的几种基本流程。在一级处理流程中，原污水经预处理（主要为初沉池）后进入接触氧化池，出水经过二沉池分离脱落的生物膜，实现泥水分离。在二级处理流程中，2 级接触氧化池串联运行，必要时中间可设中间沉淀池（简称中沉池）。多级处理流程中串联 3 座或 3 座以上的接触氧化池。第一级接触氧化池内的微生物处于对数增长期和减速增长期的前段，生物膜增长较快，有机负荷较高，有机物降解速率也较大；后续的接触氧化池内微生物处在生长曲线的减速增长期后段或生物膜稳定期，生物膜增长缓慢，处理水水质逐步提高。

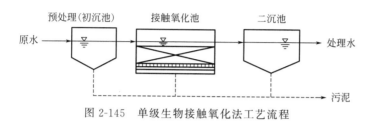

图 2-145　单级生物接触氧化法工艺流程

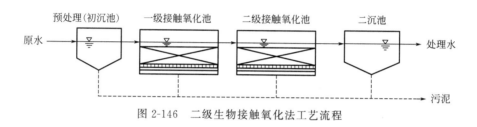

图 2-146　二级生物接触氧化法工艺流程

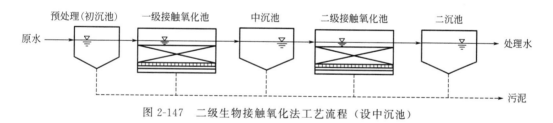

图 2-147　二级生物接触氧化法工艺流程（设中沉池）

（4）生物接触氧化法的设计计算

生物接触氧化池工艺设计的主要内容是计算填料的有效容积和池子的尺寸、计算空气量和空气管道系统。前者一般是在用有机负荷计算填料容积的基础上，按照构造要求确定池子具体尺寸、池数以及池的分级。对于工业废水，最好通过试验确定有机负荷，也可审慎地采用经验数据。

1）生物接触氧化池的有效容积（即填料体积）（V）

$$V = \frac{Q(S_0 - S_e)}{L_V}$$

式中，Q 为设计污水处理量，m^3/d；S_0、S_e 为进水、出水 BOD_5 含量，mg/L；L_V 为填料容积负荷，$kg\ BOD_5/(m^3\ 填料 \cdot d)$。

生物接触氧化池的五日生化需氧量容积负荷宜根据试验资料确定，无试验资料时，城镇污水碳氧化处理一般取 $2.0 \sim 5.0 kg\ BOD_5/(m^3 \cdot d)$，碳氧化/硝化一般取 $0.2 \sim$

$2.0kg\ BOD_5/(m^3 \cdot d)$。

2）生物接触氧化池的总面积（A）和池数（N）

$$A = \frac{V}{h_0}$$

$$N = \frac{A}{A_1}$$

式中，h_0 为填料高度，m，一般采用 3.0m；A_1 为每座池子的面积，m^2。

3）池深（h）

$$h = h_0 + h_1 + h_2 + h_3$$

式中，h_1 为超高，m，0.5～0.6m；h_2 为填料层上水深，m，0.4～0.5m；h_3 为填料至池底的高度，m，一般采用0.5m。

生物接触氧化池池数一般不少于2个，并联运行，每池由二级或二级以上的氧化池组成。

4）有效停留时间（t）

$$t = \frac{V}{Q}$$

5）供气量（D）和空气管道系统计算

$$D = D_0 Q$$

式中，D_0 为 $1m^3$ 污水需氧量，m^3/m^3，根据水质特性、实验资料或参考类似工程运行经验数据确定。

生物接触氧化法的供气量要同时满足生物降解污染物的需氧量和氧化池的混合搅拌强度。满足微生物需氧量所需的空气量，可参照活性污泥法计算。为保持氧化池内一定的搅拌强度，满足营养物质、溶解氧和生物膜之间的充分接触，以及老化生物膜的老化脱落，D_0 值宜大于 10，一般取 15～20。空气管道系统的计算方法与活性污泥法曝气池的空气管道系统计算方法基本相同。

2.5.2.5 其他新型生物膜法工艺

随着污水处理技术的快速发展，近年来研究开发出许多生物膜法新型工艺方法，并在工程实践中得到应用。

① 生物膜-活性污泥法联合处理工艺。这类工艺综合发挥生物膜法和活性污泥法的特点，克服各自的不足，使生物处理工艺发挥出更高的效率。工艺形式包括活性生物滤池、生物滤池-活性污泥串联处理工艺、悬浮滤料性污泥法等。

② 生物脱氮除磷工艺。应用硝化-反硝化生物脱氮原理，组合生物膜反应器的运行方式，使生物膜法具备生物脱氮能力。同时，采取在出水端或反应器内少量投药的方法进行化学除磷，使整个工艺系统具备脱氮除磷的能力，满足当今污水处理脱氮除磷的要求。

③ 生物膜反应器。包括微孔膜生物反应器、复合式生物膜反应器、移动床生物膜反应器、序批式生物膜反应器等。

2.5.3　厌氧生物法

人们有目的地利用厌氧生物处理法已有近百年的历史。由于传统的厌氧法存在水力停留时间长、有机负荷低等缺点，在过去很长一段时间里，仅限于处理污水厂的污泥、粪便等，没有得到广泛应用。在污水处理方面，几乎都是采用好氧生物处理。近 20 多年来，世界上的能源问题突出，而随着生物学、生物化学等学科的发展和工程实践经验的积累，新的厌氧处理工艺和构筑物不断地被开发出来。新工艺克服了传统工艺的缺点，使厌氧生物处理技术的理论和实践都有了很大进步，并在处理高浓度有机污水方面取得了良好的效果和经济效益。

2.5.3.1　厌氧生物处理的基本原理

厌氧生物处理是在没有分子氧及化合态氧存在的条件下，兼性细菌与厌氧细菌降解和稳定有机物的生物处理方法。在厌氧生物处理过程中，复杂的有机化合物被降解、转化为简单的化合物，同时释放能量。在这个过程中，有机物的转化分为三部分：一部分转化为甲烷，这是一种可燃气体，可回收利用；还有一部分被分解为二氧化碳、水、氨、硫化氢等无机物，并为细胞合成提供能量；少量有机物则被转化成为新的细胞物质。由于仅少量有机物用于合成，故相对于好氧生物处理，厌氧生物处理的污泥增长率小得多。

由于厌氧生物处理过程不需另外提供电子受体，故运行费用低。此外，它还具有剩余污泥量少、可回收能量（甲烷）等优点。其主要缺点是反应速率较慢，反应时间较长，处理构筑物容积大等。通过对新型构筑物的研究开发，其容积可缩小，但为维持较高的反应速率，必须维持较高的反应温度，故要消耗能源。有机污泥和高浓度有机污水（一般 BOD_5 浓度大于 2000mg/L）均可采用厌氧生物处理法进行处理。

（1）厌氧消化的机理

早期的厌氧生物处理研究都针对污泥消化，即在无氧的条件下，由兼性厌氧细菌及专性厌氧细菌降解有机物使污泥得到稳定，其最终产物是二氧化碳和甲烷气体（或称污泥气、消化气）等。所以，污泥厌氧消化过程也称为污泥生物稳定过程。

污泥的厌氧处理面对的是固态有机物，所以称为消化。对批量污泥静置考察，可以见到污泥的消化过程明显分为两个阶段：固态有机物先是液化，或称液化阶段；接着降解产物气化，称气化阶段。整个过程历时半年以上。第一阶段最显著的特征是液态污泥的 pH 值迅速下降，不到 10d 即可降到最低值（即使在室温下，露在空气中的食物几天内就变得发馊发酸），这是因为污泥中的固态有机物主要是天然高分子化合物，如淀粉、纤维素、油脂、蛋白质等。在无氧环境中降解时，固态有机物转化为有机酸、醇、醛、水分子等液态产物和 CO_2、H_2、NH_3、H_2S 等气体分子，由于转化产物中有机酸是主体，因此才会发生 pH 值下降的现象。所以，此阶段常被称为"酸化阶段"。酸化阶段产生的气体大多溶解在泥液中，其中 NH_3 的溶解产物 $NH_3 \cdot H_2O$ 有中和作用，经过长时间的酸化阶段，pH 值回升后，进入气化阶段。气化阶段产生的气体称为"消化气"，主要成分是 CH_4，因此气化阶段常被称为"甲烷化阶段"。与酸化阶段相比，甲烷化阶段中产生的 CO_2 的量也相当多，还有微量 H_2S。参与消化的细菌在酸化阶段统称产酸或酸化细菌，几乎包括所有的兼性厌氧细菌；参加甲烷化阶段的细菌统称为产甲烷细菌。截至 1991 年，分离到的产甲烷菌已达到 65 种。

1979 年，Bryant 根据对产甲烷菌和产氢产乙酸菌的研究结果，认为两阶段理论不够完善，提出了三阶段理论（图 2-148）。该理论认为产甲烷菌不能利用除 CH_3COOH、H_2/CO_2 和 CH_3OH 等以外的有机酸和醇类，长链脂肪酸和醇类必须经过产氢产乙酸菌转化为 CH_3COOH、H_2 和 CO_2 等后，才能被产甲烷菌利用。三阶段理论如下。

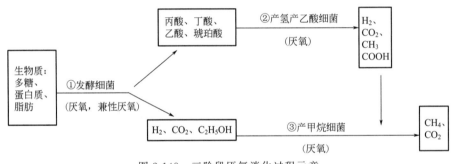

图 2-148　三阶段厌氧消化过程示意

第一阶段为水解发酵阶段。在该阶段，复杂的有机物在厌氧菌胞外酶的作用下，首先被分解成简单的有机物，如纤维素经水解转化成较简单的糖类，蛋白质转化成较简单的氨基酸，脂类转化成脂肪酸和甘油等。继而这些简单的有机物在产酸菌的作用下经过厌氧发酵和氧化转化成乙酸、丙酸、丁酸等脂肪酸和醇类等。参与这个阶段的水解发酵菌主要是专性厌氧菌和兼性厌氧菌。

第二阶段为产氢产乙酸阶段。在该阶段，产氢产乙酸菌把除乙酸、甲烷、甲醇以外的第一阶段产生的中间产物如丙酸、丁酸等脂肪酸和醇类等转化成乙酸和氢，并有 CO_2 产生。

第三阶段为产甲烷阶段。在该阶段中，产甲烷菌把第一阶段和第二阶段产生的 CH_3COOH、H_2 和 O_2 等转化为 CH_4。

（2）厌氧消化的影响因素

在工程技术上，研究产甲烷菌的通性是重要的，这将有助于打破厌氧生物处理过程分阶段的现象，从而最大限度地缩短处理过程的历时。因此，厌氧反应的各项影响因素也以对产甲烷菌的影响因素为准。

1）pH 值　产甲烷菌适宜的 pH 值应在 6.8～7.2 之间。污水和泥液中的碱度有缓冲作用，如果有足够的碱度中和有机酸，其 pH 值有可能维持在 6.8 以上，酸化和甲烷化 2 大类细菌就有可能共存，从而消除分阶段现象。此外，消化池池液的充分混合对调整 pH 值也是必要的。

2）温度　从液温看，消化可在中温（35～38℃）下进行（称中温消化）。中温消化的消化时间（产气量达到总量 90% 所需的时间）约为 20d，高温消化的消化时间约为 10 天。因中温消化的温度与人体温度接近，故对寄生虫卵及大肠杆菌的杀灭率低；高温消化对寄生虫卵的杀灭率可达到 99%，但高温消化需要的热量比中温消化要高很多。

3）生物固体停留时间（污泥泥龄）　厌氧消化的效果与污泥泥龄有直接关系，污泥泥龄的表达式为：

$$\theta_c = \frac{m_r}{\Phi_e}$$

式中，θ_c 为污泥泥龄（SRT），d；m_r 为消化池内的总生物量，kg；Φ_e 为消化池每日排出的生物量，kg/d。

消化池的水力停留时间等于污泥泥龄。由于产甲烷菌的增殖速率较慢，对环境条件的变化十分敏感，因此，要获得稳定的处理效果就需要保持较长的污泥泥龄。

4）搅拌和混合　厌氧消化是由细菌体的内酶和外酶与底物进行的接触反应，因此必须使二者充分混合。此外，有研究表明，产乙酸菌和产甲烷菌之间存在着严格的共生关系。这种共生关系对于厌氧工艺的改进有实际意义，但如果在系统内进行连续的剧烈搅拌，则会破坏这种共生关系。德国一个果胶厂污水厌氧处理装置的运行实践也证实，当采用低速循环泵代替高速泵进行搅拌时，处理效果就会提高。搅料的方法一般有水射器搅拌法、消化气循环搅拌法和混合搅拌法。

5）营养与 C/N　基质的组成也直接影响厌氧处理的效率和微生物的增长，但与好氧法相比，厌氧处理对污水中 N、P 含量的要求低。有资料表明，只要达到 COD：N：P＝800：5：1 即可满足厌氧处理的营养要求。但一般来说，要求 C/N 达到（10～20）：1 为宜，如 C/N 太高，细胞的氮量不足，消化液的缓冲能力低，pH 值容易降低；C/N 太低，氮量过多，pH 值可能上升，铵盐容易积累，会抑制消化进程。

6）有毒物质

① 重金属离子的毒害作用。重金属离子对甲烷消化的抑制有两个方面：a. 与酶结合，产生变性物质，使酶的作用消失；b. 重金属离子及氢氧化物的絮凝作用，使酶沉淀。

② H_2S 的毒害作用。脱硫弧菌（属于硫酸盐还原菌）能将乳酸、丙酮酸和乙醇转化为 H_2、CO_2 和乙酸。但在含硫无机物（SO_4^{2-}、SO_3^{2-}）存在时，它将优先还原 SO_4^{2-} 和 SO_3^{2-}，产生 H_2S，形成与产甲烷菌对基质的竞争。因此，当厌氧处理系统中 SO_4^{2-}、SO_3^{2-} 浓度过高时，产甲烷过程就会受到抑制。消化气中 CO_2 含量提高，并含有较多的 H_2S。H_2S 的存在降低消化气的质量，并腐蚀金属设备（管道、锅炉等），其对产甲烷菌的毒害作用更进一步影响整个系统的正常工作。

③ 氨的毒害作用。当有机酸积累时 pH 值降低，此时 NH_3 转变为 NH_4^+，当 NH_4^+ 浓度超过 150mg/L 时消化受到抑制。

2.5.3.2 厌氧生物处理工艺

最早的厌氧生物处理构筑物是化粪池，近年开发的有厌氧生物滤池、厌氧接触法、上流式厌氧污泥床反应器、分段厌氧处理法、厌氧膨胀床和厌氧流化床、厌氧生物转盘、两相厌氧法等。

（1）化粪池

化粪池用于处理来自厕所的粪便污水，曾广泛用于不设污水处理厂的合流制排水系统，还可用于郊区的别墅式建筑。图 2-149 为化粪池的一种构造方式。首先，污水进入第一室，水中悬浮物或沉于池底，或浮于池面；池水一般分为 3 层，上层为浮渣层，下层为污泥层，中间为水流。然后，污水进入第二室，而底泥和浮渣则被第一室截留，达到初步净化的目的。污水在池内的停留时间一般为 12～24h。污泥在池内进行厌氧消化，一般半年左右清除一次。出水不能直接排入水体，常在绿地下设渗水系统，排除化粪池出水。

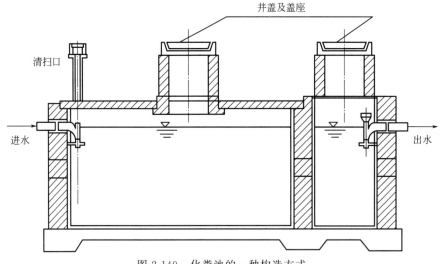

图 2-149　化粪池的一种构造方式

（2）厌氧生物滤池

厌氧生物滤池是密封的水池，池内放置填料，如图 2-150 所示。污水从池底进入，从池顶排出。微生物附着生长在滤料上，平均停留时间可长达 100d 左右。滤料可采用拳状石质滤料，如碎石、卵石等，粒径在 40mm 左右，也可使用塑料填料。塑料填料具有较高的孔隙率，质量也轻，但价格较贵。

根据对一些有机污水的试验结果，当温度在 25～350℃时，在使用拳状滤料时，体积负荷可达到 3～6kg COD/$(m^3 \cdot d)$；在使用塑料填料时，体积负荷可达到 3～10kg COD/$(m^3 \cdot d)$。表 2-13 为某制药废水厌氧生物滤池小型试验的结果。废水在进入滤池前先用 NaOH 调节 pH 值至 6.8，并补充养料 N 和 P。在连续运行的 6 个月内没有排放污泥。

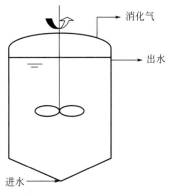

图 2-150　厌氧生物滤池

表 2-13　厌氧生物滤池小型试验

负荷/[kg COD /(m³·d)]	进水 COD /(mg/L)	停留时间/h	出水溶解性 COD /(mg/L)	COD 去除率/%	出水 pH 值	出水 SS/(mg/L)	出水挥发酸 /(mg/L)	出水碱度 /[mgCaCO₃/L]
0.23	1000	48	45	95.9	6.5	45	36	270
0.39	1250	36	74	93.7	6.8	16	60	538
0.59	1250	24	56	95.3	7.2	28	32	672
1.24	4000	36	88	97.8	7.4	13	72	896
1.87	4000	24	99	97.5	6.4	32	68	463
2.49	4000	18	197	95.1	6.7	44	48	372
3.74	4000	12	254	93.7	6.7	32	132	332
3.74	8000	24	381	95.3	6.7	48	102	416
3.74	16000	48	390	97.6	6.7	52	156	448

厌氧生物滤池的主要优点是：处理能力较高；滤池内可以保持很高的微生物浓度；不需另设泥水分离设备，出水 SS 较低；设备简单、操作方便等。它的主要缺点是：滤料费用较高；滤料容易堵塞，尤其是下部；生物膜很厚，堵塞后，没有简单有效的清洗方法。因此，悬浮物浓度高的污水不适用此法。

（3）厌氧接触法

对于悬浮物浓度较高的有机污水，可以采用厌氧接触法，其流程见图 2-151。污水先进入混合接触池（消化池）与回流的厌氧污泥相混合，然后经真空脱气器流入沉淀池。接触池中的污泥浓度要求很高，为 12000～15000mg/L，因此污泥回流量很大，一般是污水流量的 2～3 倍。

厌氧接触法实质上是一种厌氧活性污泥法，不需要曝气而需要脱气。厌氧接触法对悬浮物浓度高的有机污水（如肉类加工污水等）的处理效果很好，悬浮颗粒成为微生物的载体，并且很容易在沉淀池中沉淀。在混合接触池中，要进行适当搅拌以使污泥保持悬浮状态。搅拌可以用机械方法，也可以用泵循环池水。据报道，肉类加工污水（BOD_5 含量为 1000～1800mg/L）在中温消化时，经过 6～12h（以污水入流量计）的厌氧接触池消化，BOD_5 去除率可达到 90% 以上。

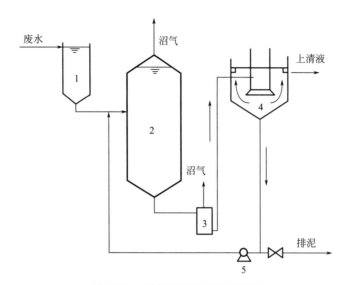

图 2-151　厌氧接触法的工艺流程

1—储池；2—消化池；3—脱气池；4—沉淀池；5—泵

厌氧接触法的优点是：由于污泥回流，厌氧反应器内能够维持较高的污泥浓度，大大缩短了水力停留时间，并使反应器有一定的耐冲击负荷能力。

其缺点是：从厌氧反应器排出的混合液中的污泥由于附着大量气泡，在沉淀池中易上浮到水面而被出水带走。此外，进入沉淀池的污泥仍有产甲烷菌在活动，并产生沼气，使已沉淀的污泥上翻，固液分离效果不佳，回流污泥浓度因此降低，影响到反应器内污泥浓度的提高。对此可采取下列技术措施。

① 在反应器与沉淀池之间设脱气器，尽可能将混合液中的沼气脱除。但这种措施不能抑制产甲烷菌在沉淀池内继续产气。

② 在反应器与沉淀池之间设冷却器，使混合液的温度由 350℃降至 15℃，以抑制产甲烷菌在沉淀池内活动，将冷却器与脱气器联用能够比较有效地防止污泥上浮现象的发生。

③ 投加混凝剂，提高沉淀效果。

④ 用膜过滤代替沉淀池。

（4）上流式厌氧污泥床反应器

上流式厌氧污泥床反应器（UASB）是由荷兰的 Lettinga 教授等在 1972 年研制出来的，于 1977 年开发的。如图 2-152 所示，污水自下而上地通过厌氧污泥床反应器。在反应器的底部有一个高浓度（可达 60～80mg/L）、高活性的污泥层，大部分有机物在这里被转化为 CH_4 和 CO_2。由于气态产物（消化气）的搅动和气泡黏附污泥，在污泥层之上形成一个污泥悬浮层。反应器的上部设有三相分离器，完成气、液、固三相的分离。被分离的消化气从上部导出，被分离的污泥则自动滑落到悬浮污泥层，出水则从澄清区流出。由于在反应器内可以培养出大量厌氧颗粒污泥，使反应器的负荷很大。对一般的高浓度有机污水来说，当水温在 30℃左右时负荷可达 10～

20kg COD/（m^3 · d）。

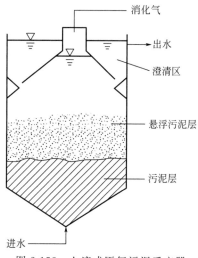

图 2-152　上流式厌氧污泥反应器

试验结果表明，良好的颗粒污泥床的形成，使得有机负荷和去除率高，不需要搅拌，能适应负荷冲击、温度和 pH 值的变化。它是一种目前应用很广泛的厌氧处理设备。

表 2-14 为奥巴雅斯基（A. W. Obayaski）提供的几种厌氧处理方法的比较。

表 2-14　几种厌氧处理方法的运行数据

方法	污水种类	负荷/[kg/(m^3 · d)]	水力停留时间/h	温度/℃	去除率/%	规模
厌氧接触法	肉类加工	3.2(BOD$_5$)	12	30	95	小试
	肉类加工	2.5(BOD$_5$)	13.3	35	90	生产
	小麦淀粉	2.5(COD)	3.6(d)	—	—	中试
	朗姆酒蒸馏	4.5(COD)	2.0(d)	—	63.5	—
厌氧生物滤池	有机合成污水	2.5(COD)	96	35	92	小试
	制药污水	3.5(COD)	48	35	98	小试
	酒精上清液	7.26(COD)	20.8	28	85	小试
	Guar 树胶	7.4(COD)	24	37	60	生产
上流式厌氧污泥床	糖厂	22.5(COD)	6	30	94	小试
	土豆加工	25~45(COD)	4	35	93	小试
	蘑菇加工	15.0(COD)	6.8	30	91	生产

（5）分段厌氧处理法

根据厌氧消化分阶段进行的事实，对于固态有机物浓度高的污水，将水解、酸化和甲烷化过程分开进行。第一段的功能是：固态有机物水解为有机酸；缓冲和稀释负荷冲击与有害物质，截留固态难降解物质。第二段的功能是：保持严格的厌氧条件和 pH 值，以利于产甲烷菌的生长；降解、稳定有机物，产生含甲烷较多的消化气；截留悬浮物，以改善出水水质。

二段式厌氧处理法的流程尚无定式，可以采用不同构筑物予以组合。例如对悬浮固体高的工业废水，采用厌氧接触法与上流式厌氧污泥床反应器串联的组合已经有成功的经验，其流程如图 2-153 所示。二段式厌氧处理法具有运行稳定可靠，能承受 pH、毒物等的冲击，有机负荷高，消化气中甲烷含量高等特点。但这种方法也有设备较多、流程和操作复杂等缺陷。研究表明，二段式并不是对各种污水都能提高负荷。例如，对于固态有机物浓度低的污水，不论用一段式还是二段式，负荷和效果都差不多。因此，究竟采用什么样的反应器以及如何组合，要根据具体的水质等情况而定。

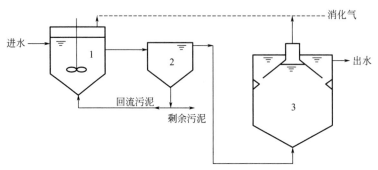

图 2-153　厌氧接触法和上流式厌氧污泥床串联的二段式厌氧处理法

1—混合接触池；2—沉淀池；3—上流式厌氧污泥床反应器

（6）厌氧膨胀床和厌氧流化床

如图 2-154 所示，床体内充填细小的固体颗粒填料，如石英砂、无烟煤、活性炭、陶粒和沸石等，填料粒径一般为 0.2～1mm。污水从床底部流入，为使填料层膨胀，需将部分出水用循环泵回流，提高床内水流的上升流速。一般认为膨胀率为 10%～20% 的为厌氧膨胀床，膨胀床的颗粒保持相互接触；膨胀率为 20%～70% 的为厌氧流化床，流化床的颗粒做无规则的自由运动。其优点是有机物容积负荷较高，水力停留时间短，耐冲击负荷能力强，运行稳定，载体不易堵塞。其缺点是耗能较大。

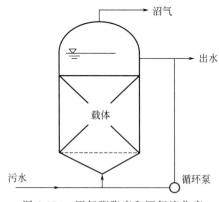

图 2-154　厌氧膨胀床和厌氧流化床

（7）厌氧生物转盘

厌氧生物转盘的构造与好氧生物转盘相似，不同之处在于上部加盖密封，目的是收集沼气和防止液面上的空间存氧。厌氧生物转盘的构造见图 2-155。污水处理靠盘片表面生物膜和悬浮在反应槽中的厌氧活性污泥共同完成。盘片转动时，作用在生物膜上的剪切力将老化的生物膜剥下，在水中呈悬浮状态，随水流出槽外，沼气从槽顶排出。其优点是可承受较高有机负荷和冲击负荷，COD 去除率可达 90% 以上；不存在载体堵塞问题，生物膜可经常保持较高活性，便于操作，易于管理。其缺点是造价高。

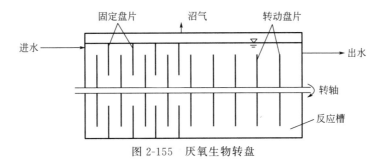

图 2-155　厌氧生物转盘

（8）两相厌氧法

两相厌氧法是一种新型的厌氧生物处理工艺。1971 年戈什（Ghosh）和波兰特（Pohland）首次提出了两相发酵的概念，即把产酸和产甲烷 2 个阶段的反应分别在 2 个独立的反应器内进行，以创造各自最佳的环境条件，并将这 2 个反应器串联起来，形成两相厌氧发酵系统。

由于两相厌氧发酵系统能够承受较高的负荷，反应器容积较小，运行稳定，日益受到人们的重视。由于酸化和甲烷发酵是在 2 个独立的反应器内分别进行的，从而使该工艺具有以下特点。

① 为产酸菌、产甲烷菌分别提供各自最佳的生长繁殖条件，在各自的反应器内能够得到最高的反应速率。

② 酸化反应器有一定的缓冲作用，缓解冲击负荷对后续的产甲烷反应器的影响。

③ 酸化反应器反应进程快，水力停留时间短，COD 浓度可去除 20%～25%，能够大大减轻产甲烷反应器的负荷。

④ 负荷高，反应器容积小，基建费用低。

2.5.3.3　厌氧生物处理法的设计计算

厌氧生物处理系统的设计包括：流程和设备的选择，反应器、构筑物的构造和容积的确定，需热量的计算和搅拌设备的设计等。

（1）流程和设备的选择

流程和设备的选择包括处理工艺和设备的选择、确定消化温度、采用单级或两级（段）消化等。表 2-15 为几种厌氧处理方法的一般性特点和优缺点，可供工艺选择时参考。

表 2-15　几种厌氧处理法的比较

方法或反应器	特点	优点	缺点
传统消化法	在一个消化池内进行酸化、甲烷化和固液分离	设备简单	反应时间长,池容积大;污泥易随水流带走

方法或反应器	特点	优点	缺点
厌氧生物滤池	微生物固着生长在滤池表面，适用于悬浮物量低的污水	设备简单，能承受较高负荷，出水悬浮物浓度低，能耗小	底部易发生堵塞，填料费用较高
厌氧接触法	用沉淀池分离污泥并进行回流，消化池中进行适当搅拌，池内呈完全混合状态，能适应高有机物浓度和高悬浮物浓度的污水	能承受较高负荷，有一定的抗冲击负荷能力，运行较稳定，不受进水悬浮物的影响，出水悬浮物浓度低	负荷高时污泥会流失；设备较多，操作要求较高
上流式厌氧污泥床反应器	消化和固液分离在一个池内，微生物量很高	负荷高，总容积小，能耗低，不需搅拌	如设计不善，污泥会大量消失；池的构造复杂
两相厌氧处理法	酸化和甲烷化在2个反应器中进行，2个反应器内可以采用不同的反应温度	能承受较高负荷，耐冲击，运行稳定	设备较多，运行操作较复杂

（2）厌氧反应器的设计

厌氧反应的速率显著地低于好氧反应。厌氧反应大体上分为酸化和甲烷化两个阶段，甲烷化阶段的反应速率明显低于酸化阶段的反应速率。因此，整个厌氧反应的总速率主要取决于甲烷化阶段的速率。但是在一般的单级完全混合反应器中，各类细菌是混合生长、相互协调的，酸化过程和甲烷化过程同时存在，因此在进行厌氧过程的动力学分析时，也可以将反应器作为一个系统统一进行分析。反应器的设计可以在模型试验的基础上，按照所得的参数值进行计算，也可按照类似污水的经验值选择采用。

计算确定反应器容积的常用参数是负荷 L 和消化时间 t，公式为：

$$V = Qt$$

$$V = \frac{QS_0}{L}$$

式中，V 为反应（消化）区的容积，m^3；Q 为污水的设计流量，m^3/d；t 为消化时间，d；S_0 为污水有机物的浓度，g BOD_5/L 或 g COD/L；L 为反应区的设计负荷，kg BOD_5/($m^3 \cdot d$) 或 kg COD/($m^3 \cdot d$)。

采用中温消化时，对于传统消化法，消化时间为 1～5d，负荷为 1～3kg COD/($m^3 \cdot d$)，BOD_5 去除率可达 50%～90%。对于厌氧生物滤池和厌氧接触法，消化时间可缩短至 0.5～3d，负荷可提高到 3～10kg COD/($m^3 \cdot d$)。对于上流式厌氧污泥床反应器，有时甚至可采用更高的负荷，但上部的三相分离器应缜密设计，避免上升的消化气影响固液分离，造成污泥流失。消化气的产气量一般可按 0.4～0.5m^3/kg COD 进行估算。

（3）消化池的热量计算

厌氧生物处理特别是甲烷化，需要较高的反应温度。一般需要对投加的污水升温和对反应池保温。升温所需的热量可以由消化过程中产生的消化气提供。如前所述，消化气的产量可按 $0.4\sim0.5\mathrm{m}^3/\mathrm{kg}$ COD 估算。消化气的热值为 $21000\sim25000\mathrm{kJ/m}^3$。如果消化气所能提供的热量仍不足，则应由其他能源补充。消化池所需的热量包括：将污水提高到池温所需的热量和补偿池壁、池盖所散失的热量。提高污水温度所需的热量为 Q_1：

$$Q_1 = QC(t_2 - t_1)$$

式中，Q 为污水投加量，m^3/h；C 为污水的比热容，约为 $4200\mathrm{kJ/(m^3 \cdot \text{℃})}$（试验值）；$t_2$ 为消化池温度，℃；t_1 为污水温度，℃。

消化池温度高于周围环境，一般采用中温消化。通过池壁、池盖等散失的热量 Q_2 与池子构造和材料有关，可用下式估算：

$$Q_2 = KA(t_2 - t_1)$$

式中，A 为散热面积，m^2；K 为传热系数，$\mathrm{kJ/(h \cdot m^2 \cdot \text{℃})}$；$t_2$ 为消化池内壁温度，℃；t_1 为消化池外壁温度，℃。

对于一般的钢筋混凝土池子，外面加设绝缘层，K 值为 $20\sim25\mathrm{kJ/(h \cdot m^2 \cdot \text{℃})}$。

第3章 | 工业废水处理设计

3.1 工业废水处理厂（站）工程设计过程简介

3.1.1 排水工程专项规划

3.1.1.1 排水工程专项规划简介

在城市规划的专项工程规划中，排水工程规划是重要的组成部分。排水规划作为一项专业性规划，它以上一层次规划所确定的用地范围、用地性质、规划人口以及规划用水指标作为依据，进一步深化和细化。城市排水工程规划应包含以下主要内容。

首先应调查城市排水工程的现状，包括排水量及其分布、排水方式、排水系统工程及现有河道情况等。其次，应根据经济发展规划、土地规划、人口规划、产业规划，规划城市总体及分区域的排水量、排水方式、排水系统总体布局、中水回用规划及拟建污水处理厂的分布、规模、受水范围、水质情况、污水处理深度、处理后水的出路等。此外，由于水资源越来越短缺，城市中水系统有逐步被纳入水资源规划的趋势，届时污水处理厂的排水将纳入城市供水规划中。概括来说，城市排水规划编制要以科学发展观为基本出发点，适应新形势下城市总体规划调整，能够体现排水领域科技的进步发展，推动水资源可持续开发利用，全面提高城市的整体环境质量。

城市排水规划不仅是城市排水工程建设的依据，其对城市排水工程的建设方向及建设规模也起到了宏观控制作用。排水规划的制订与实施应适应城市经济发展水平，能有效、合理地指导排水设施建设，紧密地与总体规划结合，保护生态环境，基本消除水环境污染，有效保护并合理利用水资源，形成稳定可靠的生态安全保障体系，实现人口、资源、环境三位一体的协调发展。

随着城市的发展，城市排水工程建设也逐步发展，一些传统的观念必然会被新的观念及方法所替代，因此在编制城市排水工程规划时，应结合我国现状，同时积极探索、借鉴国际先进经验，融入新的科学理念，以保证排水规划真正实施，并能有效指导排水设施的建设。此外，还应科学选用污水指标、合理制订老城区排水体制、统筹规划污水处理厂的布局等。

3.1.1.2 城市排水规划制订重点

城市污水量一般依据《城市排水工程规划规范》确定，其规定"城市污水量宜根据城市综合用水量乘以城市污水排放系数确定",因此在确定城市污水量之前必须确定城市综合用水量。应结合城市地理位置、气候条件、水资源状况、城市性质和规模、产业结构、国民经济发展和居民生活水平等因素做具体分析,制订城市综合用水指标。

在编制城市排水规划时,污水处理率及回用率是编写的重要指标,也是编写的难点。欧美发达国家的污水处理率与回用率普遍较高,例如德国、美国、英国等国家的城市污水在二级处理后,处理率均达到90%以上。在处理及回用污水的同时,还应重视污水的资源化,实现过程的绿色控制,这对水资源的可持续性开发和再生利用至关重要。

老城区排水体制改革是城市排水规划的重点。当前主要的排水体制有合流制、分流制、混流制,排水体制的选择不仅直接影响城市的水环境,而且对城市的卫生、城市形象和居民的身体健康产生影响。分流制是对混流制产生污水溢流问题的一种改进,但经过几十年的运行发现存在许多问题,有专家提出"完善的合流制,完整的分流制",分则真正分,合则有效合,分合相济,结合当地水环境,建立科学的城市排水系统。

此外,污水处理厂规划需解决污水处理厂建设规模、选址及布局等问题。调查表明,当前我国大型污水处理厂的规模经济效益并不明显,且超过 $30 \times 10^4 \mathrm{m}^3/\mathrm{d}$ 的大型污水处理厂不具有规模经济效益(单位建设费用不仅高于设计标准,而且高于其他规模的投资水平)。相比之下,小型和中型污水处理厂的单位投资不仅低于设计标准,而且效率较高。在大型污水处理厂的财务及效率问题日益严重的情况下,人们开始更多地关注那些小规模、分散处理系统,这些方式具有建设灵活、见效快、管网投资少、利于中水回用等特点。基于此,目前城市污水处理厂规划应尽量结合现有污水管网系统及污水处理厂的设置,综合考虑城市用地发展规划、近远期建设、污水再生回用的潜在目标、不同布局方式的建设投资比较等因素,积极发展小型、分散污水处理系统,实现集中和分散相结合,按照大、中、小并举的原则规划污水处理厂。

城市污水系统的建设与管理要兼顾城市发展规划,制订符合近远期目标的合理设计方案,做好污水处理工作,避免环境污染,做好排水设施的养护检修工作,确保城市排水的安全可靠。

3.1.2 排水工程的建设

自1984年我国第一座大型城市污水处理厂建成以来,我国污水处理事业经过30多年的快速发展取得了巨大成就,截至2016年9月底,全国累计建成污水处理厂约4000座,污水处理能力达1.7亿立方米/天,为保护水资源、减少水污染发挥了重要作用。

由于我国幅员辽阔、经济发展水平的区域性差别显著,加之经济发展水平、规划设计能力等多方面的问题,导致现有的污水处理体系在经过了高速的发展过程后,出现了地区发展不平衡、污水收集管道建设滞后、建成设施运行效率偏低等问题。应对我国现有的污水处理设施的基础信息进行全面的收集与分析,明确现有污水处理设施的各项基本特征,结合区域经济、人口等数据分析污水处理体系可能存在的问题,为后续总量控制工作中合理配置污水处理设施的规模、工艺、管网提供建议，从而实现污水处理设施的环境效益最大化。

研究显示，一线城市大型污水处理厂的建设速度正在逐渐放缓，二、三线城市开始进入污水处理厂的快速建设阶段，我国污水处理厂项目的建设重心正从大城市向中小城市转移和延伸。从 2006 年开始，每年新建的污水处理厂设计规模逐年下降，中小城市正成为污水处理市场的热土。二、三线城市的经济实力、人口密度、自然环境等各个方面都与一线城市存在很大差异，因此决定了其污水厂不论处理能力还是所选择的工艺技术都不能照搬大型污水处理厂的设计模式，而是要更加适合当地的具体情况。在这样的背景下，现阶段主流的污水处理技术将可能迎来新的挑战和机遇。

我国各省市污水处理设施的数量与处理能力差异明显，污水处理设施最多的省份为江苏省，其次分别为广东和山东。污水处理设施数目较少的为青海、宁夏和海南等地区。我国的污水处理设施主要集中在东部地区，中部地区高于西部地区。其中，大型污水处理厂多位于东部沿海发达地区，如江苏、广东等经济水平高的地区，其自控基建和投资等能够满足大型污水处理设施的各方面要求。同时，东部地区城市化程度显著高于其他地区，污水处理需求相应较大，总污水处理能力占全国的 50% 以上。西部地区污水处理技术相对较为落后，管理水平不高，中小型规模的处理设施较多，但其有效利用率相对于东部与中部地区低 10% 以上，因此在处理技术及管理水平上还需进行改善与提高。总体来说，经济发达地区由于城镇化程度较高，用水量大，导致污水处理需求较大，人均污水处理能力相对较高。因此，造成了污水处理投入具有区域不平衡的特点，北京、广东等经济水平发达的地区投入较高，而甘肃、贵州等水资源匮乏且经济能力不足的地区投资较少。其次，与地方政府对环境保护的重视程度也有一定关系。

根据排水工程规划，经过详细的调查研究和技术经济分析，拟写污水处理厂的项目建议书。根据工程规模、投资数额大小以及是否利用外资情况，该建议书经有关部门批准后，污水处理厂建设项目立项。项目立项后即可进行可行性研究论证。

3.1.3 城市污水、工业废水处理厂（站）的工程设计

城市污水处理工程的设计一般分为 3 个过程，即设计前期、设计阶段及设计后期。设计前期的主要工作内容为项目建议书及可行性研究报告的编制；在设计阶段，一般建设项目分 2 个阶段进行，即初步设计和施工图设计，若待建设项目技术较复杂，同时又缺乏设计经验，则可在 2 个阶段之间增加专门的技术设计阶段，对于一些简单的小型零星建设项目，可省去初步设计，单独进行施工图设计；设计后期的工作主要为配合施工及参加工程试运转，同时还包括设计回访及撰写工程设计总结。

3.1.3.1 项目建议书

污水处理工程项目在投资决策前编制项目建议书，它是建设单位依据国家要求提出建设某一地区污水处理厂的建议文件，是拟建设污水处理项目的轮廓设想。项目建议书

通常包括以下内容。

① 待建项目的必要性和依据。如需引进先进技术或特殊设备，必须备注并说明理由。

② 待建项目的地址及规模大小的设想。

③ 待建项目的投资估算和资金筹措的设想。

④ 待建项目如计划利用外资，需说明利用外资的理由以及偿还贷款能力的初步测算。

⑤ 待建项目的建设进度安排。

⑥ 待建项目的经济效益估算。

3.1.3.2 可行性研究报告

对污水处理工程项目进行可行性研究是建设项目前期工作的核心，也是多学科综合运用的决策过程。污水处理厂（站）作为城市或区域内的基础设施，对其建设决策应慎重选择。首先要对污水处理厂（站）所涉及的城市发展、经济条件、社会效益及环境效益等各个方面进行论证；进而对项目本身的规模、选址、运行情况、投资和效益等技术与经济问题进行规划和测算；最后据此做出客观的科学论证和评价，以判断该项目是否可行，作为领导部门或甲方决策的依据，降低风险和失误，提高待建项目的综合效益。

在提出工程项目可行性研究报告前，项目法人应依据批准的项目建议书，并委托具有资质等级和业绩的单位对待建项目进行工程可行性研究工作，根据严格执行建设程序、确保建设前期工作质量的要求，编制可行性报告。

（1）可行性研究报告的目的与任务

工程项目可行性研究的主要任务概括来说就是对提出的不同建设方案进行比较，提出拟建设方案。在编制过程中，必须对待建项目情况进行充分调查研究，掌握现状和进行必要的试验工作和勘察工作，同时对项目建设的必要性、经济合理性、技术可行性、实施可能性进行综合性的研究和论证。

在此阶段，工程建设的规模、标准、工艺方案、工程投资等都经研究论证后确定，同时，其初稿又是进行项目建设环境影响评价的依据，以便最后根据项目的环境影响评价结论对可行性研究报告进行修正及定稿，而批准后的可行性研究报告是进行初步设计的依据。

（2）可行性研究报告的基本内容

1）项目背景 包括以下内容。

① 项目承办单位即项目法人及项目主管部门简介。

② 可行性研究报告的编制依据、原则和范围。

③ 城市或区域概况与总体规划概要。

④ 排水工程现状和城市排水规划要点。

2）项目实施的意义和必要性

3）污水处理厂（站）地址选择与建设条件 包括以下内容。

① 城市污水处理厂（站）用地规划情况、用地规划批准文件。

② 所选地址的工程地质情况。

③ 污水处理厂（站）用电规划、电力部门供电意向书。

④ 污水处理厂（站）生产生活用水水源规划、水资源管理部门批文。

⑤ 城市防洪规划对污水处理厂（站）建设标准的要求。

⑥ 污水处理厂（站）周边交通现状与规划要求。

4）污水处理厂（站）的建设规模与污水处理程度　包括以下内容。

① 现有污水量及污水水质情况。

② 污水量预测。

③ 污水处理厂出水的排放与环境评价结论。

④ 再生水回用规划。

5）污水处理工艺的方案选择与评价　主要包括污水、污泥处理工艺方案比较及污泥的最后处置。

6）推荐方案的工程设计　包括以下内容。

① 污水处理厂总平面布置。

② 污水、污泥处理的工艺流程设计。

③ 主要构筑物工艺设计。

④ 土建、电气、仪表与自控设计。

⑤ 软弱地基的加固设计。

⑥ 非标机械设计、采暖通风设计、建筑与绿化设计。

7）安全防火、劳动卫生、环境保护和节约能源方案

8）工程项目实施计划

① 污水收集系统及污水处理厂的进水管道修建计划。

② 污水处理厂建设计划。

③ 管理机构及定员。

④ 污水处理厂出水管道及再生回用计划。

9）工程投资估算　可行性研究的投资估算经批准后，初步设计概算不得超出 10%。

10）资金筹措方案

11）财务评价及工程经济效益分析

12）结论和存在的问题

（3）可行性研究报告的质量要求

可行性研究报告应符合下列要求。

① 可行性研究报告的设计依据应符合国家方针政策，符合项目建议书、设计委托书及有关协议、合同等的要求。

② 研究报告所掌握的基础资料齐全可靠，在研究中的使用正确无误。

③ 在工程内容分析与论证中，对工程特点、作用、资源、发展预测、建设必要性、

工程可行性、建设条件和总体布局等方面分析论证充分，结论正确。

④ 在工程方案比选中，对不同建设方案进行了充分的技术经济比较及论证，并具有准确的分析与评价资料，最后提出标准适宜、技术先进、经济合理并切实可行的推荐方案。

⑤ 所做投资估算符合有关的工程管理、财务、税务、价格等方面的现行法规和政策要求，估算中项目齐全、指标正确、计算可靠，并提出资金筹措方式。

⑥ 对工程效益（经济、环境、社会）和财务效益分析的方法正确，符合实际，结论可靠。

⑦ 所定项目实施方案计划周全，切合实际，建设阶段划分合理，对工程施工条件及制约因素有充分分析。

⑧ 研究报告文件内容完整，深度符合要求，文字通顺，论证清楚，逻辑性强；附图、附表齐全，图文并茂，正确无误。

当主管部门审批意见与所上报的可行性研究报告文件内容有较大变化时，应根据审批意见，由可行性研究报告的编制单位补编修正可行性研究报告，报原审批单位批准。

3.1.3.3　初步设计

城市污水处理厂（站）作为基础设施项目，其建设程序包括项目建议书，可行性研究报告，初步设计，开工报告和竣工验收等工作环节。按照国家关于工程项目的规定，必须严格把好建设前期工作质量关。建设项目的项目建议书、可行性研究报告和初步设计文件，必须按照国家规定的内容，达到规定的工作深度。各级项目审批机关对前期工作达不到规定要求和工作深度的项目不得审批。

（1）初步设计的目的与任务

初步设计应根据批准的可行性研究报告进行，其主要任务是明确工程规划、设计原则和设计标准，深化可行性研究报告提出的推荐方案，并进行必要的局部方案比较；解决主要工程技术问题，提出拆迁、征地范围和数量，以及主要工程数量、主要材料设备数量及工程概算。批准的初步设计是进行施工图设计的依据。此外，初步设计文件还应满足主要设备定贷、工程招标及进行施工准备的要求。

（2）初步设计的基本内容

初步设计文件主要由初步设计说明书、设计图纸、主要工程数量、主要材料设备规格与数量和工程概算等组成。

1）初步设计说明书　对可行性研究中确定的推荐方案进行详细说明，在总体方案确定的前提下，进行具体工艺、建筑、结构、电气、仪表与自控等专业的局部方案比较，解决设计过程中的全部技术问题，并提供主要设计参数。

当采用特殊施工工艺、特殊水处理工艺或特殊污泥处理工艺时，还应提供主要计算成果，以供设计审查用。此外，初步设计中还将完成设备选型、单项构筑物上部建筑和下部结构的技术设计，并最后确定总平面布置、工艺流程、竖向设计及全厂主要管线综合。

初步设计说明书应全面叙述本项目的全部工程内容，呈现工程建成后的全貌，同时为施工图设计提供依据，完成项目建设前期工作的最后内容。

2）设计图纸　初步设计图纸既是前期初步设计说明书的图纸呈现，又是后续施工顺利进展的依据。设计图纸除提供全厂总图外，还应提供污水处理厂的水、泥、气、强电、弱电等各种系统图。各单项建筑物和构筑物的平面图和剖面图，将展示其建成后的实际面貌，以满足项目法人和主管部门进行设计审查的需要。

3）主要工程量与主要材料设备表　该部分内容应能满足工程施工招标、施工准备及主要设备订货的需要。

4）工程概算　固定资产投资计划和建设项目总承包合同的概算必须依据初步设计工程概算编制，因此在初步设计阶段，应控制和确定项目造价，经批准后成为正式编制的依据。概算文件应完整地反映工程初步设计内容，严格执行国家有关制度，实事求是地考虑影响造价的各种因素，正确地依据定额、规定进行编制。

初步设计阶段，应当根据实际情况编制概算书，其编制依据如下：a.经批准的计划任务书；b.地质勘测资料；c.设计文件；d.水、电供应情况；e.原材料分布情况；f.交通、运输情况，当地运输价格；g.地区工资标准及地区已批准的材料预算价格；h.国家或省市办法的概算定额或概算指标以及地区编制的概算单位估计表；i.国家或省、市颁发的施工管理费及其他费用定额；j.地方规定的土地征购、青苗补偿、坟墓迁移等有关取费标准；k.施工组织计划；l.机电设备价目表。

工业废水处理工程概算是在初步设计阶段，根据设计图纸、概算定额（或概算指标）等资料计算工程建设费用的文件。废水处理工程概算应包括土建工程、设备及安装工程、电气照明工程等费用的总和。

概算的作用是反映工程造价，控制基本建设的投资，提出主要材料实用量，以便于施工单位备料。

工程概算一般由如下部分组成。

① 直接费。直接费是指与施工有关的费用，如材料及运输费、人工费、设备费、施工机械费等。

② 间接费。间接费是指与组织施工和经营管理有关的费用，如管理人员工资、福利费、差旅费、试验费、办公费等。

③ 其他费用。a.综合附加费，综合附加费用于机具运输费、材料短驳费等；b.临时设施费，是指用于建设临时用房（如工棚、临时仓库等）、施工便道等的费用；c.法定利润，这部分费用是指国家规定的实行独立核算的国营施工企业完成建筑安装工程应取的利润；d.预备费，是指用于事先难以预见的费用支出，也称不可预见费，一般控制在工程总费用的5%左右。

编制概预算时，首先应计算基本直接费，将各项目的工程量乘以单价，求其总和，即得基本直接费。基本直接费是各种其他工程费的计算基础，基本直接费乘以其他各项工程费的费率即为该工程的其他费用。

5）初步设计的质量要求　项目法人将初步设计文件上报后，当主管部门的审批意见与所报文件内容有较大变动时，应根据审批意见，补编修正初步设计文件后上报，待批准后再进行施工图设计。当审批意见变动较小时，经主管部门批准，可不补编修正初步设计文件，而直接按审批意见进行施工图设计。

① 初步设计应符合国家方针政策和批准的可行性研究报告；符合现行的设计规范、标准及有关规定。

② 初步设计所掌握的基础资料齐全、可靠，使用正确无误。

③ 设计方案的设计原则和技术标准正确，总体布置合理；对工艺流程、结构选型、主要材料设备选型等重要技术环节进行了多方案比较论证，选用方案技术先进、经济合理、切实可行；主要配套项目布置齐全。

④ 设计按规定进行了必要的计算分析，所采用的计算理论和计算程序合理，计算依据和结果正确无误。

⑤ 初步设计中各相关专业协作配合及时，设计衔接正确无误。

⑥ 技术经济分析中工程数量基本准确，无漏项，概算符合规定，采用定额及取费标准正确，计算无误，技术经济指标分析合理、评价正确。

⑦ 初步设计文件的组成及深度符合规定要求；图面清晰，基本无"错、漏、碰、缺"；说明书文字通顺，论述清楚；全部文件签署齐全。

（3）施工图设计

施工图设计应按照批准的初步设计内容、规模、标准及概算进行。其主要任务是提供能够满足施工、安装、加工和使用要求的设计图纸、说明书、设备材料表以及要求设计部门编制的施工预算。

3.2　设计资料收集与评价

设计资料的准确与否直接关系到工程设计的质量，在进行设计资料收集时，对工程设计资料及数据必须深入实际调查了解，以确保其准确、可靠。

3.2.1　原始资料及自然条件资料

3.2.1.1　原始资料

（1）设计项目所在领域、设计范围和设计深度等

（2）工业区或工厂现状及未来发展规划

① 工业区或工厂工业废水现阶段处理工艺及效果。

② 工业区或工厂总体发展规划产业或产品情况、产值目标。

③ 所处地区城市污水厂规划情况。

④ 工业区或工厂总体发展规划图。

⑤ 是否采用了清洁生产工艺，厂内是否采用了清污分流管网系统。

（3）受纳水体情况

受纳水体情况如使用功能、水环境质量目标、自净规律、自净容量及当地规定的各项主要指标的排放标准。

（4）工业废水的水量、水质

① 与同类企业的水质、水量对比情况；生产规模和生产班次；主要产品生产工艺、原料、排污流程；主要产品与主要排放污染物；水质及水量变化规律、可生化程度等。

② 主要污染物预测：COD_{Cr}、BOD_5、pH 值、重金属离子和 TKN 情况；废水营养物和碱度的计算；了解工厂或车间预处理情况和纳管标准。

③ 采用处理工艺后，水质需要执行相应的国家和地方政府规定的排放标准，并标明标准号、标准名、排放标准执行年限和理由。

（5）废水处理后回用或资源化的可能性和途径

（6）供电、供水

① 供电电源点名称、方位及距离；供电电压、线路规格、长度及回路数；对功率因数的要求；建设单位和供电部门对供配电设计技术方面的具体要求。

② 供水地点及方向；供水可靠程度分析。

3.2.1.2 自然条件资料

（1）气象特征资料

气象特征资料如风向、气温、湿度、降水等。根据当地常年主导风向，进行污水处理厂总图布置，将厂前区布置在常年主导风向的上风向，减少污水处理厂臭气对厂前区的影响。气温条件直接影响到曝气量的计算以及曝气方式的选取，设计最低水温影响到反应池的容积计算，冻土厚度影响到工艺管线的埋设深度以及土建抗冻设计等。

（2）河流水系

对当地的河流水系资料应有所了解，包括受纳水体的功能要求、类别、水文资料等。由于许多情况下，环评报告和可行性研究基本上是同步进行的，在来不及拿到环评报告时，可以参照受纳水体的功能要求和类别，暂定污水处理的排放标准。待拿到环评报告及批复时，再做调整。受纳水体的水文资料直接影响到污水处理厂的高程设计，是十分重要的基础设计数据。通常情况下，设计污水在进水泵房经一次提升后，借重力依次流经各处理构筑物后，排入受纳水体。有时，由于受纳水体的高水位远远高于常水位，经技术经济比较后，也会采取出口泵房采用二次提升排放的方式。在常水位时，尾水依然借重力排放，受纳水体水位达到一定标高时，开启出水泵，尾水经出口泵房提升排放。

（3）地形地貌

可以根据服务范围内的地势走向及排放水体的方位，布置厂外污水管网的走向，减少污水提升泵站的建设，节约工程投资。

（4）地质概况和地震区划

在没有地质钻探资料时，可以参照拟建污水处理厂厂址邻近地区的工程地质资料，进行土建工程的可行性设计。另外，可以查阅《中国地震动参数区划图》，得到当地的地震动峰值加速度以及地震动反应谱特征周期，用于结构抗震设计。

3.2.1.3 工业废水处理厂（站）工程设计现场勘察、勘测

在工程初步设计开工前，要根据设计需要进行工程勘察、勘测工作。工程勘察、勘测单位的资质等级应根据工程规模及工程重要程度选择确定，方能保证设计的质量。

（1）工程现场勘察的目的

① 了解城市或企业现状和发展规划。

② 了解现有排水设施和观察污水状况。

③ 了解处理厂选址现场的地形情况。

④ 收集和核实必要的设计基础资料。

⑤ 确定污水处理排放应达到的标准。

⑥ 提出可能的方案，征求当地有关单位的意见。

⑦ 了解与有关部门协议的内容。

（2）现场勘察的步骤

① 了解项目建议书、可行性研究报告内容。

② 分析或调查城市或企业的有关资料，列出现场勘察计划。

③ 现场调查，听取建设单位及有关部门的意见，进一步收集、落实设计基础资料。

④ 现场勘察监测。

⑤ 现场勘察资料的整理。

（3）地形测量

1）总平面图 比例尺（1∶10000）～（1∶50000）；应包括地形、地物、等高线、坐标等。

2）枢纽工程平面图 比例尺（1∶200）～（1∶500）；图上应包括地形、地物、等高线等。

3）排污口

① 地形图。比例尺（1∶200）～（1∶1000）。实测范围视具体情况确定。

② 河床断面图。比例尺横向（1∶200）～（1∶1000）；纵向（1∶50）～（1∶100）。通常排污口上下游每隔50～100m测一河床断面。一般测3处，河床变化复杂的河流视实况确定。

4）排水管道埋线的测量

① 带状地形图。比例尺（1∶500）～（1∶1000）〔一般（1∶100）～（1∶2000），遇管线综合复杂的街道时采用1∶500〕，测量范围一般按管道每侧不小于30m考虑，其中每侧10m范围内应详测。当位于城市规划范围时应按城市规划管理部门的规定执行。

② 定线测量。按设计提出的定向条件在地形图测量定桩，定出管道中心桩。管道的起点、终点、转折点除测出桩号外还应给出坐标，并绘出点间距。

③ 纵断面图。比例尺横向宜与平面图比例相同；纵向 （1：100）～（1：200）。应沿管道中心线绘出现有地面高程，沿线如有线状地下交叉管线，应测出交叉点桩号。

④ 穿越铁路、公路、河道等处应测出其横断面详图；比例尺横向 （1：100）～（1：500），纵向 （1：10）～（1：50）。除交叉地段地形高程外，应分别测出铁路路轨顶高程，交叉点的铁路里程数，公路、河床、堤坝断面，路边沟深度，水面高程等。测量宽度视具体情况确定。

（4）工程地质勘察

1）枢纽工程勘察要求

① 枢纽工程范围内的地形、地物概述。

② 地下水概述：包括勘察时实测水位、历年最高水位、水位变幅、地下水的侵蚀性。

③ 土壤物理分析及力学试验资料。

④ 钻孔布置：主要建（构）筑物一般应布 2～4 个钻孔，其深度取决于建筑物基础下持力层的深度及地质构造。

⑤ 勘察成果应对设计建（构）筑物的基础设置、基础及上层构筑物的设计要求、施工排水、基槽处理以及特殊地区的地基（如可液化土地基、淤泥、高填土等）提出必要的处理意见。

2）管道勘察要求

一般钻孔 300～500m，孔深视管道埋深而定。技术要求参见枢纽工程勘察要求中的内容。

3）不同设计阶段对勘察内容的要求

① 初步设计阶段。要求勘察部门对枢纽工程场地稳定性做出评价，对主要建（构）筑物地基及基础方案、不良地质防治工程方案提出工程地质资料及处理意见。

② 施工图设计阶段。要求勘察部门根据设计确定的构筑物位置，在初步设计勘察结论的基础上进行勘察部门认为必要的补充勘察工作，并提出补充报告。

对于永久冻结、湿陷性黄土地区及其他特殊条件下的勘测，应根据有关规定另行考虑。

3.2.2 城市社会经济概况及规划资料

（1）人口

服务范围内的现状人口和规划人口与人均生活用水指标一起决定了污水处理厂服务范围内的生活污水量，从而影响到污水处理厂的规模。

（2）用水量

对于现状人均生活用水量和规划人均生活用水量，一般情况下，统计部门有现状人均生活用水量的统计数据，如果没有，也可以根据供水量和服务人口计算得出。如果没有规划人均生活用水量，可以参照经济发展程度类似、生活习惯类似的地区的资料，有分析地采用。

（3）经济发展水平及发展方向

经济发展水平及发展方向的资料包括工业结构组成、工业用水量现状等。由于我国人均水资源并不丰富，国家鼓励发展节水型工业，鼓励使用回用水，以减少新鲜水用量。因此，从单位工业产值耗水量来看，存在着逐年下降的趋势。随着工业产值的增长，工业耗水量的增长并不成正比。另外，各地第三产业近年来发展迅速，第三产业的用水量呈逐年增长的趋势。许多生活水平比较好的地区，三产系数已经达到 0.3～0.5。

（4）城市规划资料

城市规划资料包括城市总体规划、排水专业规划、防洪规划等。城市总体规划包括了上述的人口、经济发展、用水量指标等，同时，可以看出污水处理厂服务范围内的土地的规划功能。从排水专业规划上，可以看出城市排水系统服务范围的划分和排水体制。对于没有排水专业规划的地区，需要结合可行性研究（简称可研），在可研报告中提出污水服务范围的设想及采用何种排水体制，合理确定污水处理厂的服务范围、系统布局和处理规模。从防洪规划上了解拟建污水处理厂厂址地区的防洪水位，厂区设计地坪标高应满足防洪排涝的要求，同时，高程设计中应考虑洪水位时的尾水排放。有可能的话，排放口的设计还需考虑规划河床断面、规划蓝线以及河道航运功能的要求，当然，这部分工作也可以在初步设计阶段进行。

3.2.3 其他资料

其他资料包括以下几个方面。

① 现行最新的国家相关法律法规文件。

② 拟建项目建议书及上级批文。

③ 项目的环境影响评价报告。

④ 项目的选址报告。

⑤ 废水及污泥资源化方案。

⑥ 当地施工条件（施工力量、机具设备、交通运输）。

⑦ 当地编制概（预）算定额及有关指标（房屋动迁费、征地费、供电贴费、供水贴费、青苗树木赔偿费等）。

⑧ 当地主要建筑材料及供应情况与价格（包括块石、黄砂、石子、水泥、钢材、木材、燃料、水费、电费等）。

⑨ 最近一期当地市场材料价格表。

3.2.4 废水水质、水量的确定与评价

准确获取废水的水量及水质是设计及后期项目实施的关键，是影响废水处理工程技术经济效果的重要因素。因此，企业提供给设计单位的水质、水量资料必须正确并具有

代表性，条件允许时可进行同步测定，在无实测数据（"三同时"企业）的情况下，尽量采用比较接近的实际资料。

一般采取小试试验对废水水质、水量进行初期评价。内容包括：废水排放点的位置及其标高；废水排放日流量的变化；废水排放时相应于其时流量的水质情况。

通过实测，进行物料预算，统计排放污染物的浓度及总量。

（1）水量的确定

在进行废水水量测定时，应根据排放规律，确定观测时间。废水排放较稳定时，观察时间可较短；废水排放量变化时，应做较长时间观察。实际测定，应在生产处于正常状态、排水系统良好的情况下进行。

根据现阶段市场的具体技术水平，结合自身的经济条件，选择适宜的测定方法。在无蒸发及反应消耗的情况下，废水量和用水量基本上是相等的；而当有反应消耗时，可通过水平衡方法以用水量计算废水量；当废水需要用水泵提升时，可通过水泵型号及运行压力估计废水量；在废水处理站（厂）有水量计量装置时，应充分利用这些装置准确计算废水量；在无固定测流装置的情况下，可以用临时方法测定废水流量，在这些方法中，较普遍的有容器法、流速计法、浮子法、插板法、浓度法、计量槽法等。

（2）水质的测定

废水水质的调查一般与水量测定同步进行。水量数据与水质分析数据相配合，即同步测定，以便全面掌握废水的物理、化学和生物学等方面的特性及数值变化的规律，为废水治理工艺的确立提供依据。

（3）水质、水量的评价

随着企业性质或规模的不同，工业废水中包含的污染物的质和量也不同，其污染物组分复杂，往往一种废水中存在几种有害物质或有毒物质。为了抓住治理重点和正确反映各污染物质对环境的危害，必须了解各种污染物质排出的总量，并计算污染负荷及其他评价指标。评价污染物质的指标有污染负荷、超标倍数、等标负荷等，其中以污染负荷用得较多。

1）污染负荷　污染负荷反映排污的强度，是每日排放污染物的绝对量，可用下式表示：

$$W_t = C_t Q$$

式中，W_t 为某种污染物质的污染负荷（或排污绝对值），kg/d 或 t/d；C_t 为废水中某种污染物质的浓度，g/L；Q 为废水流量，t/d。

从上式可以看出，污染负荷是废水量与浓度的乘积，反映了该污染物质进入环境的绝对量。

2）超标倍数　超标倍数是废水中所含污染物质的浓度与污水综合排放标准之比，用下式表示：

$$N = C_t / C$$

式中，N 为超标倍数；C_t 为废水中含污染物的浓度，mg/L；C 为排放标准，mg/L。

3）等标负荷　等标负荷是排放污染物质的绝对量与排放标准的比值，用下式表示：

$$P = \frac{C_t Q}{C} = \frac{W_t}{C}$$

经水质、水量调查后，可评价废水中各种污染物质对环境的危害程度，为项目设计提供数量上的依据。

3.3　设计前的试验和研究

3.3.1　小型试验

在设计前期开展试验验证工作是非常必要的，通过试验研究，可以检验设计方案论述的工艺是否适合，可以为工程设计提供可信参数。很多时候现场观察废水的产生源头后，并没有合理的治理措施，这时就需要进行试验分析。尤其是采用新技术、新工艺和新材料时，只有通过了一定规模、一定时间、一定要求的试验验证，才能确定工程方案设计、工艺参数等有关标准要求，才能保证设计工艺在今后运行的安全、可靠。相反，没有经过试验认证就进入设计施工阶段，很难保证在运行中不出现质量问题。

一般在实验室进行试验，由于试验研究装置较小，故称小试。小试的基本任务是：测定水质水量；提出处理方法；验证选定方法的可行性；确定基本的工艺条件。

（1）废水水样

在实际生产过程中，由于产品变化会引起排放废水水质、水量的变化，为使设计前期工作提供的资料确切、可靠，在这段时间往往要直接到工厂排污口取样，每隔1～2h，同步测定水质、水量数据，绘出废水流量变化曲线及水质变化曲线，这两根曲线十分重要，是设计调节池容积大小和时间的重要参数。

确定调节池容积和调节时间后，调节池均匀出水流的水质可处于相对稳定的状态，因此，在小试装置中要求提供的水样与水质和水量调查时的瞬时水样相比有着质的不同，其水样要求是经过 T 小时调节后的平均样品。

（2）测定项目

根据各工厂排放废水中主要污染物选择测定项目进行测定，根据废水的水质特征和排放标准，通常需测试以下水质指标。

① 悬浮物（SS）。

② 废水 pH 值。

③ 生化需氧量（BOD）、化学需氧量（COD）以及二者比值。

④ 氮、磷含量及在废水中的形态。

⑤ 有毒有害物质含量。

（3）试验材料

选取本企业的废水或者是同类型企业的废水，也有化工企业取其生产母液按今后废水中所含污染物数量比例配制成原废水，然后进行废水小试研究。

（4）试验规模

根据处理对象的规模和设想的工艺流程配置试验装置，设计规模小于 $1000m^3/d$ 的废水处理工艺设计，采用小试方式，大于此规模的一般要求进行中试。

3.3.2　试验过程及数据分析

（1）工业废水小试试验过程

1）观察水质的色度、悬浮物以及沉降性能　悬浮物浓度高的废水首先要考虑絮凝沉降，而后去除色度，或者同时进行。

2）观察水质的乳化态及分层情况　乳化态水质需要先破乳后处理，水质若有较好的分层情况可选用纯物理方式进行预处理。

3）根据现场考察判断水质污染物的主要成分　一般存在还原态或者氧化态的物质，需要针对其进行预处理。

4）同一个企业多种水质混合　首先对混合态水质进行分析，若处理难度较大，则考虑对不同水质分别进行预处理。

5）分析处理目标　根据业主提出的要求以及处理工艺需要来最终选取小试方式。小试方式包含过滤、絮凝、氧化、还原、萃取、吸附和生化模拟等方式。

6）合理选取最优方案　最优方案的考虑主要是成本合理控制、实际操作简便易行、基本不产生二次污染。

按照上述方法可以通过小试分析大部分废水，特别复杂和有难度时还需要微观分析后再确定方案。此外，在整个试验期间应该安排好取样和水质分析计划，在固定时间、固定地方取样，分析频率则需要根据不同的水质和指标进行取舍，分析方法按照国家环保局（现生态环境部）规定方法或行业分析标准方法执行。

（2）试验数据分析

首先根据数理统计方法来剔除不合要求的数据，然后进行分析，找出工程设计所需要的参数以及具有规律性的东西来判断试验线路是否正确，如何改进等，是否需要进一步验证等。

3.4　设计工艺方案选择

3.4.1　工业废水处理的基本原则

对于世界上绝大多数国家来说，工业活动是引发水污染的最重要的因素之一，尤其是作为与国计民生密切相关的化学工业。据统计，我国 2013 年各类工业污水总排放量约 50 亿吨，其中约 20% 为化工污水，高居第一位，而统计的达标排放率仅约为 52%。由于工业废水对环境的影响较大，而且处理难度大，所以在生产和处理时应遵循以下一些基本原则。

① 在使用有毒原料以及产生有毒中间产物和产品的过程中，应严格操作、监督、消除滴漏，减少流失，尽可能采用合理的流程和设备。

② 流量较大而污染较轻的废水应经适当处理循环使用，不宜排入下水道，以免增加城市下水道和城市污水的处理负荷。

③ 含有剧毒物质的废水，如含有一些重金属、放射性物质、高浓度酚或氰的废水应与其他废水分流，以便处理和回收有用物质。

④ 优先选用无毒生产工艺代替或改革落后生产工艺，尽可能在生产过程中避免或减少有毒有害废水的产生。

⑤ 类似城市污水的有机废水，如食品加工废水、制糖废水、造纸废水，可排入城市污水系统进行处理。

⑥ 难以生物降解的有毒废水应单独处理，不应排入城市下水道。工业废水处理的发展趋势是把废水和污染物作为有用资源回收利用或实行闭路循环。

⑦ 一些可以生物降解的有毒废水，如酚、氰废水，应先经处理后，按允许排放标准排入城市下水道，再进一步生化处理。

⑧ 全面规划、合理布局，从整个城市或区域出发进行全面考虑，对工厂应实行有计划的布局和迁移。加强对乡镇企业的环境保护管理工作。

⑨ 加强管理，减少污染，对工厂比较集中的地方，应该加强各企业间的联系，统筹考虑污染的治理对策，若有必要和可能，可将各个工厂的废水集中处理，建立统一的污水处理站。

3.4.2　工艺方案选择

工业废水的处理效果与工艺方案的选取密切相关。一般来说，工业废水工艺方案的确定要依据以下几方面内容。

（1）废水的水质、水量分析

首先应对待处理废水进行水质、水量的分析，对水质的分析可以从生产产品的工艺流程中确定废水的来源，从生产产品所用的原料、反应半成品、成品的成分分析，可基本确定废水中所含有污染物的种类、成分和大致含量。另外，从生产产品的合成步骤、物料的损耗情况也可以大致确定废水的水量和废水中污染物的含量。准确的水质、水量分析可以为正确治理工艺的形成提供保障。

（2）对比选择处理技术，确定处理思路

在对水质、水量经过充分的分析后，正确合理的废水处理方案是保证处理效果的关键。在应用国内外处理技术和成功经验时，必须遵循选用的工艺应尽量成熟可靠、因地制宜的原则。正确应用科技成果，不失为废水处理工程中的一条捷径，可在处理工艺的选择上少走许多弯路，为小试研究或中试研究提供参考。准确的水质、水量分析加上恰当的技术应用，废水的处理思路及其工艺流程基本上可以形成。

（3）小试研究

由于工业生产过程具有工艺流程长、副产物多等特点，其生产废水中的有机污染物成分也相当复杂，水质的变化相当大，因此，在工程实际运行前，小试研究一方面可以检验处理流程的正确性，另一方面可为工程设计提供成熟可靠的工程设计参数。小试过程应与实际工程实施相结合，使技术真正能转化为生产力。

（4）设计方案的确定

制订方案的依据一般包括以下几方面。

① 建设方提供的各类资料。如废水水质水量、项目的建设用地、地质情况以及一些特殊要求等。

② 废水的处理要求，即排放标准等。

③ 设计方完成的调研结果、研究结果及工程实际经验。

④ 国家规定的有关环保标准，包括噪声、防火等。

⑤ 给水排水工程和污水处理工程建设有关技术规范。

3.4.3 常见处理方案及构筑物设计

（1）含悬浮物废水的处理

含悬浮物废水主要来自过滤洗涤、除尘冲渣、设备冷却等与固体物料直接接触的生产过程。在直排系统中，悬浮物常使排水管堵塞，使受纳水体水质浑浊、底床淤积。而在浊循环水系统中，悬浮物对水垢的形成有促进作用。悬浮物与水垢往往相混杂，在管壁周围形成污垢，缩小过水断面，甚至堵塞管道。

分离悬浮物的方法很多，常用的有沉淀、过滤、离心、气浮和磁分离等。在工业废水中，若悬浮物容易沉降，多采用澄清分离加以去除的方法。去除后的水再循环使用或达标排放，可节约用水，减少对环境的污染。但对于难以自行沉降的悬浮物，就针对不同情况，采用上述的其他方法加以去除。

要实现废水的循环使用，除悬浮物需要去除外，还要注意解决水质稳定、降温、补充水、排污水和泥渣等的处理问题，而且还应有完善的管理体制和严格的操作制度。

含悬浮物废水处理的实际工程，主要利用密度差异与过滤的分离技术。利用密度差异分离的技术包括沉淀和絮凝后沉淀分离与上浮两类；利用过滤分离的技术包括快、慢速滤池，筛网过滤及微滤、超滤。

（2）含酚废水的处理

含酚废水主要来源于焦化、炼油、石油化工、煤气发电站、塑料、树脂、绝缘材料、木材防腐、农药、化工、造纸、合成纤维等工业。

含酚废水的含酚量及其特性因工业种类不同而不同，就是同一工业也可能有所差异。焦化废水成分复杂，含有酚、氯酚、苯氧基酸、氨、硫化物、氰化物、焦油、吡啶等物质，且 COD 高。废水中含挥发酚 1600～3200mg/L，不挥发酚 300～500mg/L。煤气发生站废水，当采用烟煤为气化燃料时水质十分恶劣，SS 含量很高，含挥发酚

1000～3200mg/L、焦油 1000～3200mg/L、COD2000～12500mg/L，还含有 NH_3-N、氰化物，且焦油分散度高，乳化严重。若采用无烟煤、焦炭为气化燃料，废水中含酚量就低得多。这种废水排入江河，对水生物、农作物都有危害。如果饮用水源含酚，对人体健康十分有害。因此，消除酚害是治理"三废"中的一个重点。

含酚废水由于来源不同，处理时常分为三类，以便有针对性地选择处理方法。即按酚浓度的高低，分为高浓度、中等浓度和低浓度含酚废水。

① 高浓度含酚废水处理：萃取＋好氧生化。

② 中、低浓度含酚废水处理：生物脱酚。

（3）含氰废水的处理

含氰废水主要来源于选矿、有色金属冶炼、金属加工、炼焦、电镀、化工、制革、仪表等工业生产。由于生产性质不同，废水的成分和性质也不相同。黄金选矿厂的氰化贫液中氰含量每升可达数千毫克，电镀废水含氰25～500mg/L。

氰含量高的废水，应首先考虑回收利用；氰含量低的废水，已没有回收价值，只能进行处理。回收氰的方法有酸化曝气-碱液吸收回收氰化钠溶液、汽提吸收法制取黄血盐等。

处理含氰废水的方法有碱性氯化法、电解氧化法、加压水解法、生物化学法、生物-铁法、自然净化法、硫酸亚铁法、空气吹脱法等。

（4）含重金属废水的处理

受重金属污染的废水，主要含有汞、铬、锌、镉、铜、钴、锰、砷、钛、钒、钼、铋、锡等有毒金属离子。含重金属的废水来源很广，金属矿山、有色冶炼、钢铁、电镀、石油化工、制革、照相等行业都有重金属废水产生。废水中重金属的种类、含量及存在形态因不同生产种类而异，变化很大。

（5）含砷废水的处理

砷及含砷化合物都有较大的毒性，对人体及动物构成危害的主要是砷，砷损害人的肝、肾及神经等。研究发现，有机砷比无机砷的毒性强，低价砷又比高价砷的毒性强。另外，砷的毒性往往不易被人察觉，据报道，砷化合物即使达到剧毒浓度（100mg/L）时，人仍不易察觉。砷既不改变水的颜色和透明度，也基本不影响水的气味。我国含砷废水的排放浓度规定为 0.5mg/L。

含砷废水主要来源于冶金工业烟气除尘及湿法冶金排水，部分制酸工厂洗涤烟气的排水，以及杀虫剂、防腐剂、砷酸盐药物生产的排放水等。

含砷废水的处理方法较多，常见的有石灰法、石灰-铁盐法、硫化法、软锰矿法等。其中以石灰法的使用最为普遍。

3.4.4 工业废水处理基本构筑物设计

3.4.4.1 预处理构筑物的设计

工业废水来源广泛，往往会含有较多悬浮物，可以通过设置格栅、栅网、调节池等方法对废水中较大的悬浮物或者一些油类的污染物进行有效拦截，通常将此部分的预处理称为一级处理，这对工业废水的后续处理有着非常重要的意义。

（1）格栅与栅网设计

格栅一般由一组平行的金属栅条组成，形成框架结构。格栅倾角一般为 $45°\sim75°$，格栅后应设置工作台，工作台一般应高于格栅上游最高水位 0.5m。对于人工清渣的格栅，其工作台沿水流方向的长度不小于 1.2m，机械清渣的格栅，其长度不小于 1.5m，两侧过道宽度不小于 0.7m。废水通过栅条间隙的流速一般为 $0.6\sim1.0m/s$，流速过大，不仅会增加水流经过栅条的水头损失，而且可能将截留在栅条上的栅渣冲过格栅；流速过小，则栅槽内可能发生沉淀。

为了防止栅前管道内水面出现阻流回水现象，放置格栅的渠道与栅前渠道宜设置成类似喇叭口的形状。

栅前渠道扩大段的长度：

$$L_1=\frac{b-b_1}{2\tan\alpha_1}$$

式中，b 为栅前宽度，m；b_1 为栅室前后渠道宽度，m；α_1 为联结展开角，(°)。

水流经过格栅的阻力损失计算式为：

$$h_2=Kh_p$$

式中，h_2 为格栅前后水位落差，m；h_p 为设计水头损失，m，一般取 $0.10\sim0.15m$；K 为格栅阻力增大系数，由经验公式求得：

$$K=3.36v-1.32$$

式中，v 为格栅间隙过水流速，m/s。

设计水头损失由下式求得：

$$h_p=\xi\frac{v^2}{2g}$$

式中，ξ 为栅条间隙局部阻力系数；g 为重力加速度，通常取 $9.8m/s^2$。

格栅栅条的断面形状主要有圆形断面和矩形断面，其中圆形断面的格栅的水力条件较好，水流阻力小，但刚度稍差，一般都采用矩形断面栅条。

平板格条矩形格栅的栅条数目 n 可由下式求得：

$$n=\frac{Q_{max}\sqrt{\sin\alpha}}{bhv}$$

式中，Q_{max} 为最大设计流量，m^3/s；α 为格栅设置倾角，(°)；b 为栅条间距，m；h 为栅前水深，m。

则格栅总设计宽度为：

$$B=s(n-1)+bn$$

式中，s 为栅条宽度，m。

栅渣的清除方式有人工和机械 2 种，视栅渣量而定。$1\times10^4 m^3/d$ 的小型污水处理厂适宜采用人工清渣的方式，大型污水处理厂则多采用机械清渣。

（2）沉砂池设计

在工业废水处理中，沉砂池一般设置在格栅之后，沉淀池或者调节池之前。现阶段运用较多的主要有平流沉砂池、竖流沉砂池以及曝气沉砂池。

1）平流沉砂池设计　平流沉砂池的主要设计参数如下。

① 流量。当废水用泵送入时，取工作水泵的最大组合流量；当以自流方式引入时，取最大小时流量。

② 流速。流速应控制在 0.15～0.3m/s 之间，保证有机悬浮物可以流动，且较大的无机颗粒能够下沉。

③ 分格数。分格数不少于 2 格，且并联运行。流量增大时，必须增加格数。

④ 停留时间。停留时间一般不少于 30s。

⑤ 构筑物尺寸。有效水深一般为 0.25～1.0m；每格宽度不小于 0.6m；储砂斗容积一般按 2d 内的沉砂量设计，斗壁倾角不小于 55°；池低以 0.01～0.02 的坡度倾向砂斗。

在对平流沉砂池进行设计时，一般按以下设计流程进行。

① 确定沉砂池池体长度，根据设计流量下的水平流速 v 和停留时间 t 确定，即 $L=vt$。

② 计算过水断面积，由设计流量 Q 和水平流速 v 确定，即 $F=Q/v$。

③ 计算池子总宽 B，由过水断面面积和有效水深 h 确定，即 $B=F/h$。单格宽度 $b=B/n$，其中 n 为分格数。

④ 最小流速（最小流量时的流速）v_{min}（m/s），按下式核算：

$$v_{min}=Q_{min}/(n_1 W_{min})$$

式中，Q_{min} 为设计最小流量，m^3/s；n_1 为最小流量时工作的沉砂池数目；W_{min} 为最小流量时沉砂池中的水流断面面积，m^2，$W_{min}=F_{min}/n$。

若最小流速不在 0.15～0.3m/s 之间，则应调整单宽 b 和有效水深。

⑤ 单个储砂斗容积 V_1（m³）按下式计算：

$$V_1=\frac{8.64\times10^4 QXT}{Kmn}$$

式中，Q 为沉砂池设计流量，m^3/s；X 为单位体积废水的沉砂量，m^3/m^3；T 为排砂周期，即两次相邻排砂的间隔时间，d，一般取 1～2d；K 为废水流量变化系数，工业废水按生产工艺确定；n 为分格数；m 为每格储砂斗数，个，一般取 2 个。

⑥ 结合单格宽和砂斗壁倾角，确定储砂斗的上下底宽和高度。

⑦ 计算沉砂池总高度 H。

2）曝气沉砂池设计　曝气沉砂池中的主要设计参数如下。

① 停留时间。停留时间一般取 4～6min，最大流量时可取 1～3min；当作为预曝气时，时间可取 20min 左右。

② 流速。池内水平流速一般取 0.08～0.12m/s，周边螺旋速度为 0.25～0.4m/s。

③ 有效水深取 2～3m，宽深比取（1～1.5）：1，长宽比可达 5：1。当长宽比大于 5：1 时，应考虑设置横向挡板。

④ 曝气装置多采用穿孔曝气，孔径取 2.5～6.0mm，曝气管安装于池底一侧距池底 0.6～0.9m 处，曝气量为 0.2m³ 空气/m³ 水或 1.5m³ 空气/(m³ 池容・h)。

曝气沉砂池的设计计算如下。

① 总有效容积 $V(\mathrm{m}^3)$ 按公式 $V=60Q_{max}t$ 计算，其中 $Q_{max}(\mathrm{m}^3/\mathrm{s})$ 为最大设计流量，t 为相应的停留时间（min）。

② 过水断面面积 $F(\mathrm{m}^2)$ 按公式 $F=Q_{max}/v_1$ 计算，其中 v_1 为相应的水平流速，m/s。

③ 池长 $L(\mathrm{m})$ 按 $L=V/F$ 计算。

④ 池总宽 $B(\mathrm{m})$ 按 $B=F/h$ 计算，其中 h 为有效水深，m。

⑤ 曝气量 $q(\mathrm{m}^3/\mathrm{h})$ 按 $q=3600Q_{max}d$ 计算，其中 d 为 1m³ 废水所需空气量，m³/m³。

（3）初沉池设计

初沉池为废水的第一次沉淀处理，可以起到调节池的作用，对水质有一定程度的均质效果，减缓水质变化对后续生化系统的冲击。目前，初沉池一般有平流式、辐流式、竖流式和斜板（管）式。

1）平流式沉淀池的设计

① 沉淀区沉淀面积

$$A=\frac{Q_{max}}{q}$$

式中，q 为表面水力负荷，m³/(m²・h)，初沉池一般取值为 1.5～3.0m³/(m²・h)；Q_{max} 为设计最大时流量，m³/h。

② 沉淀区有效水深

$$h=\frac{Q_{max}t}{A}$$

式中，t 为水力停留时间，h。

③ 污泥区容积计算

$$W=\frac{G}{1000}\times\frac{100}{\rho(100-p_0)}\times t$$

式中，W 为污泥区容积，m³；G 为每日产生的污泥干重，g/d；ρ 为湿污泥密度，kg/m³；t 为污泥区的储泥时间，d；p_0 为污泥含水百分数，%。

④ 沉淀池设计总深度

$$H=h_1+h_2+h_3+h_4$$

式中，H 为沉淀池总深度，m；h_1 为沉淀池超高，m，一般取 0.3m；h_2 为沉淀区深度，m；h_3 为缓冲区深度，m，一般取 0.6m；h_4 为污泥区深度，m。

此外，设计沉淀池时，沉淀池数量应不少于 2 座，当清洗沉淀池时，另一座可短时负担全部流量，不致引起沉淀效率的过大波动。

2）辐流式沉淀池的设计

① 单个沉淀池的表面积

$$A = \frac{Q_{\max}}{nq}$$

式中，q 为表面水力负荷，$m^3/(m^2 \cdot h)$；$Q_{\max}$ 为设计最大时流量，m^3/h；n 为沉淀池座数。

② 单个沉淀池的直径

$$D = \sqrt{\frac{4A}{\pi}}$$

式中，D 为每座沉淀池的直径，m。

③ 沉淀池有效水深

$$h = qt$$

式中，q 为表面水力负荷，$m^3/(m^2 \cdot h)$；t 为沉淀时间，h，初沉池一般取 1.0～2.0h。

3）竖流式沉淀池的设计

① 竖流式沉淀池通过中心管进水，中心管的面积为：

$$f_1 = \frac{Q_{\max}}{v_0}$$

则中心管直径为：

$$d = \sqrt{\frac{4f}{\pi}}$$

式中，$Q_{\max}$ 为最大设计流量，m^3/s；v_0 为中心管水流下降流速，m/s，一般取 0.03m/s。

② 沉淀池有效沉淀深度 h

$$h = 3.6vt$$

式中，v 为污水在沉淀区的上升流速，mm/s，其物理意义等同于水力负荷，可通过试验确定。

③ 沉淀池总直径

沉淀池总面积 A 应为中心管面积 f_1 和沉淀区面积 f_2 之和，其中 f_2 为：

$$f_2 = \frac{Q_{\max}}{v}$$

则总直径 D 为：

$$D = \sqrt{\frac{4A}{\pi}} = \sqrt{\frac{4(f_1 + f_2)}{\pi}}$$

④ 沉淀池总深度

$$H = h_1 + h_2 + h_3 + h_4 + h_5$$

式中，H 为沉淀池总深度，m；h_1 为沉淀池超高，m，一般取 0.3m；h_2 为沉淀区深度，m；h_3 为中心管喇叭口到反射板之间的间歇高度，m，一般可取 0.3m，或按式 $h_3 = Q_{max}/(v_1 \pi d_1)$ 计算，其中，v_1 为中心管与反射板之间分析的水流流速，mm/s，一般不大于 40mm/s；d_1 为喇叭口直径，m；h_4 为缓冲区深度，m，一般取 0.6m；h_5 为污泥区深度，m。

4）斜板（管）沉淀池的设计

① 倾角。理论上来说，斜板（管）倾角越小，沉淀面积越大，则沉淀效率越高，然而若倾角 $\theta=0°$，则成为平流式多层沉淀池，无法自行排泥；若 $\theta=90°$，则成了竖流式沉淀池，失去了斜板（管）的作用。因此，对于絮凝性颗粒来说，倾角越小不代表沉淀效率越高。需要综合全面考虑沉淀效果及排泥问题，根据生产实践经验，倾角 θ 在 52°~60° 之间效果最佳，一般采用 60°。

② 斜板（管）长度。斜板（管）沿长度方向根据泥水运动状态可分为过渡段和分离段。过渡段在靠近斜板（管）进口一段距离内，泥水混杂，水流紊乱，在过渡段以上明显的泥水分离区域为分离段。过渡段的长度随管中上升流速变化，该段泥水虽然混杂，但由于浓度较大，反而有利于接触絮凝，从而有利于分离段的泥水分离。

过渡区的长度 l_1 的计算公式如下：

$$l_1 = 0.058 \frac{vd}{\gamma}$$

式中，v 为水流在斜板（管）内的平均流速，mm/s；d 为斜管口径或斜板间距离，mm；γ 为水的运动黏滞系数，mm^2/s。

分离区长度 l_2 可按以下公式计算：

$$l_2 = \left(\frac{sv - u_0 \sin\theta}{u_0 \cos\theta} \right) d$$

式中，s 为斜板（管）的水力特征参数；u_0 为颗粒沉降速度，mm/s；θ 为斜板（管）的倾角，(°)。

③ 斜板间距、斜管管径及断面形状。从沉淀效率的角度来看，斜板间距越小越好，但考虑到施工安装及排泥，斜板间距不宜小于 50mm，也不宜大于 150mm，实际工程中常采用 100mm。斜管管径生产上通常采用 25~50mm。

（4）调节池设计

工业废水在排放时，其水质和水量往往都随时间及工厂运行情况的变化而变化。通常废水进入处理构筑物前先进入调节池，一方面用于存储大于平均流量的废水，以便在排放量小于平均流量时使用；另一方面也可避免处理构筑物受过大的冲击负荷。

调节池通常设计成重力流，出水用泵抽升。调节池设计计算的主要内容为确定调节池的容积，该容积应当考虑能够容纳水质变化一个周期所排放的全部水量，调节池的理论容积按下式计算：

$$V = \frac{\sum\limits_{i=1}^{t} q}{2}$$

式中，$\sum\limits_{i=1}^{t} q$ 为调节历时 t 中排水量的总和，m^3。

考虑水流的不均匀性及构造上的问题，实际调节池容积计算为：

$$V = \frac{\sum\limits_{i=1}^{t} q}{2\eta}$$

式中，η 为容积加大系数，通常取 0.7。

3.4.4.2　活性污泥法构筑物工艺设计

（1）曝气区容积的计算

活性污泥法中微生物对废水的降解过程主要在曝气区内进行，因此曝气区容积的大小对工艺的设计非常关键。曝气区容积通常以污泥负荷或容积负荷为计算指标，计算公式分别如下：

$$V = \frac{QL_0}{XN}$$

$$或\ V = \frac{QL_0}{f}$$

式中，V 为曝气区容积，m^3；Q 为污水流量，m^3/s；L_0 为进水 BOD_5 浓度，mg/L；X 为污泥负荷，$kg\ BOD_5/(kg\ MLSS \cdot d)$；$N$ 为混合液悬浮固体（MLSS）浓度，mg/L；f 为容积负荷，$kg\ BOD_5/(m^3 \cdot d)$。

曝气池运行时，MLSS 必须维持在一定的数值范围内，同时，按照回流污泥悬浮物浓度改变回流污泥量或污泥回流比。对反应池进行悬浮物物料平衡，得：

$$Q(X_0 + RX_R) = Q(1+R)X$$

$$或\ X = \frac{X_0 + RX_R}{1+R}$$

式中，X_0 为进水悬浮物浓度，mg/L；R 为污泥回流比；X_R 为回流活性污泥中悬浮物浓度，mg/L。

其中，由于 X_0 与 RX_R 相比可忽略不计，则上式简化为：

$$X = \frac{RX_R}{1+R}$$

$$或\ R = \frac{X}{X_R - X}$$

对于普通活性污泥法，MLSS 为 1500～2500mg/L，如果回流活性污泥浓度比较低，则回流比可能需要取 100%。对延时活性污泥法或普通氧化沟法，MLSS 为 2500～

5000mg/L，回流活性污泥浓度即使比较高，回流比也需要150%～200%。在活性污泥法的运行管理中，为了维持反应池混合液一定的MLSS值，除应保证二沉池具有良好的污泥浓缩性外，还应考虑活性污泥膨胀的对策，以提高回流活性污泥浓度，减小污泥回流比。

（2）曝气设备的计算与设计

曝气设备的计算与设计包括：a.曝气方法的选择；b.需氧量和供气量的计算；c.曝气设备的设计等。

1）需氧量与供气量的计算　活性污泥系统的日平均需氧量可按下列公式计算：

$$O_2 = aQL + bVN$$

式中，O_2 为曝气池混合液需氧量，kg O_2/d；a 为每千克BOD所需氧量，kg O_2/kgBOD；Q 为污水日流量，t/d；QL 为有机物的降解量，kg/d，其中 L 为降解率；V 为曝气池容积，m^3；b 为污泥自身氧化率，1/d；N 为混合液悬浮物浓度。

几种工业废水的 a、b 值可参照表3-1选用。

表3-1　几种工业废水的 a、b 值

污水名称	a	b
石油化工废水	0.75	0.16
含酚废水	0.56	—
印染废水	0.5～0.6	0.065
合成纤维废水	0.55	0.142
炼油废水	0.55	0.12
制药废水	0.35	0.354
制浆造纸废水	0.38	0.092

2）曝气设备的设计　曝气设备的设计内容，当采用鼓风曝气法时有：扩散装置的选择和它的布置；空气管道的布置和管径的确定；确定鼓风机的规格和台数。

① 空气管道的设计。自鼓风机房的鼓风机将压缩空气输送至曝气池，需要不同长度和管径的空气管，空气管的经济流速可采用10～15m/s，通向扩散装置支管的经济流速可取4～5m/s。根据上述经济流速和通过的空气流量，即可按空气管路计算图确定空气管管径。

空气通过空气管道和扩散装置时，压力损失一般控制在1.5m以内，其中空气管道总损失控制在0.5m以内，扩散装置在使用过程中容易堵塞，故在设计中一般规定空气通过扩散装置的阻力损失为0.7～1.0m，对于竖管或穿孔管可以酌情减小。计算时，可根据流量和流速选定管径，然后核算压力损失，调整管径。

② 鼓风机的选择。曝气设备采用鼓风机类型较多，在选择鼓风机时，以空气量和风压为依据，并且要有一定的储备能力，以保证空气供应的可靠性和运转上的灵活性。一般来说，鼓风机房至少需配2台鼓风机，其中1台为备用。为了适应负荷的变化，使运行具有灵活性，工作鼓风机台数不应少于2台，因此总台数应为3台。空气量可根据需氧量等公式进行计算，然后确定最大的空气供应量。

关于机械曝气设备的设计，主要选择叶轮的形式和确定叶轮的直径。叶轮形式的选择可根据叶轮的充氧能力、动力效率以及加工条件等考虑。叶轮直径的确定主要取决于曝气池混合液的需氧量，使所选择的叶轮充氧量等于曝气池的需氧量。此外，还应考虑叶轮直径与曝气筒直径的比例关系，因为叶轮太大会使污泥过于粉碎，太小则充氧不够。一般认为平板叶轮或伞型叶轮直径与曝气直径之比可采用 $1/5 \sim 1/3$；而泵型叶轮以 $1/7 \sim 1/4$ 为宜。叶轮直径与水深比可采用 $1/4 \sim 2/5$，否则池子过深，池底部分水不容易翻到上面来，影响充氧和泥水混合。

（3）污泥回流设备的设计

分建式曝气池，活性污泥从二次沉淀池回流到曝气池时需要设置污泥回流设备。污泥回流设备包括提升设备和管渠系统，污泥提升设备常用叶片泵或空气提升器。

在设计污泥回流设备之前，需要确定污泥回流量 Q_R，因 $Q_R = RQ$，R 可通过前式求得。回流比取决于混合液污泥浓度（X）和回流污泥浓度（X_R），而 X_R 又与 SVI 值有关。回流污泥来自二次沉淀池，二次沉淀池的污泥浓度与污泥的沉淀性能以及其在二次沉淀池中的浓缩时间有关。一般混合液在量筒中沉淀 30min 后形成污泥，基本上可以代表混合液在二次沉淀池中沉淀时形成的污泥，因此回流污泥浓度为：

$$X_R = \frac{10^4}{SVI} r$$

式中，r 为污泥在二次沉淀池中与停留时间、池深、污泥厚度等因素有关的系数，一般在 1.2 左右。

空气提升器一般设置在二次沉淀池的排泥井中或曝气池的进泥口处。当采用叶片式泵时，常把二次沉淀池流出来的回流污泥集中抽送到一个或数个回流污泥井，然后分配给各个曝气池。泵的台数视污水厂的大小而定，中小型水厂一般采用 $2 \sim 3$ 台，以适应不同情况。

（4）二次沉淀池的设计及剩余污泥处置

1）二次沉淀池设计　二次沉淀池是活性污泥系统的重要组成部分，它用以澄清混合液，回收活性污泥，因此，其效果直接影响出水水质和回流污泥质量。

二次沉淀池有与曝气池合建的和分建的 2 类。分建式二次沉淀池又可分为竖流式、平流式和辐流式 3 种形式。合建式的沉淀池可作为竖流式沉淀池的一种变形。

二次沉淀池的工作情况不同于初沉池。由于进水悬浮物浓度很高，也比较轻，其沉降属于成层沉淀。在设计时以上升流速（mm/s）或表面负荷 $[m^3/(m^2 \cdot h)]$ 作为主要的参数，以沉淀时间进行校核。

上升流速应等于正常活性污泥成层沉淀时的沉降速度，一般不大于 0.5mm/s。沉淀时间常采用 $1.5 \sim 2h$。

二次沉淀池的污泥斗应保持一定容积，使污泥在泥斗中有一定的浓缩时间，以提高回流污泥浓度，减少回流量；但同时污泥斗的容积又不能过大，以避免污泥在污泥斗中停留时间过长，因缺氧使其失去活性而变化。因此，对分建式沉淀池，一般规定污泥斗的储泥时间为 2h。故计算污泥斗容积时可采用以下公式：

$$V = \frac{2(1+R)QX}{0.5(X+X_R)} = \frac{4(1+R)QX}{X+X_R}$$

式中，V 为储泥斗容积，m^3；其他符号意义同前。

对于合建式的曝气沉淀池，一般不需计算污泥区的容积，因为它的污泥区容积实际上取决于池子的构造设计，当池子的深度和沉淀区的面积确定之后，污泥区的容积也就确定了。

采用静水压力排泥的二次沉淀池，静水头不应小于 0.9m，其污泥斗底坡与水平夹角不应小于 50°，以利于污泥及时滑下，使排泥通畅。

2）剩余污泥及其处置 为了保证活性污泥系统中的污泥量平衡，每日必须从系统中排出一定数量的污泥，剩余污泥的含水率高达 99% 左右，数量多，脱水性能差，所以剩余污泥的处置是一个重要的问题。一般剩余污泥引入污泥浓缩池，使其含水率降至 96% 左右，再进行脱水干化。

3.4.4.3 生物膜法工艺构筑物设计

（1）生物滤池的工艺设计

以生物滤池为二级处理技术的污水处理厂，在规模、进水水质以及场地等方面有以下各项要求。

在规模方面，根据已建污水处理厂的维护运行经验，以生物滤池（主要是高负荷生物滤池）为二级处理技术的污水处理厂，以日处理废水量不超过 50000m³ 为宜。

在进水水质方面，应满足下列各项要求。

① pH 值介于 6.5～8.5 之间。

② 水温不低于 5℃，且不高于 30℃。

③ 溶解盐含量不超过 10000mg/L。

④ 对单级滤池，BOD_u 值以不超过 300mg/L 为宜，BOD_5 值则以不超过 200mg/L 为宜；对两级滤池，BOD_u 值以不超过 1000mg/L 为宜。

⑤ 含有的有毒物质量应不超过表 3-2 所列数值。

表 3-2 某些物质进入滤池处理的允许浓度及最高水力负荷

物质名称	允许浓度/(mg/L)	最高水力负荷/[m³/(m³·d)]
甲醇	500	—
丁醇	420	0.5
乙酸乙酯	500	1.0
油酸	500	1.0
硬脂酸	300	1.0
甲醛	300	1.0
丁烯醛	250	0.75
乙醛	1000	0.5
三硝基甲苯	12	0.75
硫化物	180	2.00

如达不到表 3-2 所列数值的要求，应在厂区内进行局部处理。

⑥ 原废水中生物营养物质含量以 100mg/L 的 BOD_u 值为基数，氮含量应在 5mg/L 以上，而磷的含量则应高于 1mg/L。

⑦ 污水处理厂的场地应有一定的自然坡度，以满足废水在厂内处理构筑物之间进行重力流的要求，并能够通畅地排除厂内积水。此外还应考虑防洪措施。

⑧ 污水处理厂的厂区必须位于下风向，并与居民区、公共建筑物、食品工业企业之间留有一定距离的卫生防护带。

生物滤池可以按完全处理设计，也可以按不完全处理设计，普通生物滤池一般均为完全处理，而高负荷生物滤池和塔式生物滤池既可为完全处理也可以为不完全处理。

普通生物滤池的处理规模一般不宜超过 $1000m^3/d$，而高负荷生物滤池及塔式生物滤池的处理规模可达 $50000m^3/d$。

如有充分依据，也可以建设规模更大的生物滤池。生物滤池一般都按组修建，每组由 2 座滤池组成，一般不大于 6~8 组。

（2）普通生物滤池

普通生物滤池在设计上要考虑以下各项要求和规定。

① 年平均气温在 3℃ 以下的地区，处理规模在 $500m^3/d$ 以下的普通生物滤池应建于采暖的室内，室温应高于水温。

年平均气温介于 3~6℃ 的地区，处理规模在 $500m^3/d$ 以上的普通生物滤池，可建于结构简化的不采暖室内。间歇进水的普通生物滤池能否建于结构简化不采暖的室内，则应通过热力计算确定，对此，应充分考虑当地的具体条件和类比调查结论。

② 对普通生物滤池设计，采用下列各项参数。

a. 滤层高 $H = 1~2m$。

b. 水力负荷 $q = 1~3m^3/(m^2 \cdot d)$。

c. BOD 负荷 $N_s = 0.1~0.4kg \ BOD/(m^3 \ 滤料 \cdot d)$。

d. 进水 BOD_u 值 $S_0 < 200mg/L$，如 $S_0 > 200mg/L$，必须采取处理水回流措施。

e. 处理水 BOD_u 值 $S_e = 15mg/L$。

f. 过剩生物膜量，每当量人口约为 8g，含水率 96%。

（3）高负荷生物滤池

对高负荷生物滤池设计，考虑下列因素。

① 一般采用单级滤池系统，如对处理水质有高度的要求，可考虑采用两级滤池系统或交替滤池系统。

② 采用两级滤池系统时，如设泵站向第二级滤池供水，应设中间沉淀池，沉淀时间为 1.0h；如通过自流进入第二级滤池，可考虑不建中间沉淀池。如需采用处理水回流措施，宜从二次沉淀池取水。

对高负荷生物滤池设计，采用以下各项参数。

① 以污水的冬季平均温度作为计算温度。

② 滤层高 $H = 2~4m$。

③ 水力负荷 $q=10\sim30\text{m}^3/(\text{m}^2\cdot\text{d})$。

④ BOD 负荷 $N_\text{s}\leqslant1.2\text{kg}/(\text{m}^3\text{ 滤料}\cdot\text{d})$。

⑤ 进水 BOD_u 值 $S_0<300\text{mg/L}$（BOD_5 值则为 $S_0<200\text{mg/L}$），如 $S_0>300\text{mg/L}$，必须采用处理水回流措施。

⑥ 比值 S_0/S_e 介于 $2\sim23$ 之间。

（4）塔式生物滤池

塔式生物滤池在处理规模方面可达 $50000\text{m}^3/\text{d}$，可以达到完全处理程度（处理水 BOD_u 值达 20mg/L），也可以按不完全处理运行。

塔式滤池滤层的高度按原废水的 BOD_u 值确定，如原废水 BOD_u 浓度分别为 250mg/L、300mg/L、350mg/L、450mg/L 及 500mg/L 时，相应的滤层高度为 8m、10m、12m、14m 及 16m。

塔式生物滤池可为单级滤池系统，也可为两级滤池系统，如第二级进水是用泵抽时，应设中间沉淀池，沉淀时间为 1h。

排放的过剩生物膜量与高负荷生物滤池相同。塔式生物滤池的各项设计参数基本上与高负荷生物滤池相同。

（5）生物滤池的计算

普通生物滤池的计算在于：确定所需滤料的容积；设计渗水装置及排水系统；计算与设计配水系统。所需滤料容积可按下列方法进行计算。

1）按氧化能力的计算法　生物滤池的氧化能力主要取决于废水温度和气温、滤料特征、原废水水质等因素。在计算时首先要考虑的是当地年平均气温（表3-3）。

表 3-3　氧化能力与年平均气温的关系

年平均气温/℃	氧化能力/[g/(m³ 滤料·d)]
<3	200
3~6	150~250
6~10	250
>10	300

生物滤池的氧化能力 O_m 用下列方程式表示：

$$O_\text{m}=\frac{S_0-S_\text{e}}{V}$$

$$V=\frac{S_0-S_\text{e}}{Q_\text{m}}$$

式中，S_0 为进入生物滤池处理的废水的 BOD 值，g/m^3 废水或 mg/L；S_e 为生物滤池处理水的 BOD 值，g/m^3 处理水或 mg/L；V 为处理 1m^3 废水在一昼夜内所需要的滤料容积，m^3；Q_m 为单位体积滤料在一昼夜处理的废水量，$\text{m}^3/[\text{m}^3\text{ 滤料}\cdot\text{d}]$。

能够用 1m^3 滤料处理的废水量（即水力负荷），可通过下列方程式确定：

$$q_0=\frac{Q_\text{m}}{S_0-S_\text{e}}$$

水力负荷与进水 BOD 值有关，可参考表 3-4。

表 3-4　水力负荷与进水 BOD 值

平均气温 /℃	氧化能力 /(g/m³)	水力负荷 q_0/[m³/(m³·d)]	
		$BOD_u=200mg/L$	$BOD_u=300mg/L$
3～6	150	0.75	0.5
6～10	250	1.25	0.83
>10	300	1.5	1.0

已知水力负荷 q_0 的值，则可按下式确定所需滤料的总容积：

$$V=\frac{Q}{q_0}$$

式中，Q 为废水流量，m³/d。

2）按系数 K 计算法

① 确定系数 K

$$K=\frac{S_0}{S_e}$$

式中，S_0 为进入生物滤池进行处理的废水的 BOD_u 值，mg/L，一般不超过 220mg/L；S_e 为处理水的 BOD_u 值，按当地环保或回用要求确定。

② 根据当地冬季平均废水水温 T 及 K 值，确定滤层高度及平面水力负荷，具体参数见表 3-5。

表 3-5　生物滤池计算参数

平面水力负荷 q/[m³/(m³·d)]	不同冬季污水水温条件下的 K 值			
	8℃	10℃	12℃	14℃
1.0	8.0～11.6	9.8～12.6	10.7～13.8	11.4～15.1
1.5	5.9～10.2	7.0～10.9	8.2～11.7	10.0～12.8
2.0	4.9～8.2	5.7～10.0	6.6～10.7	8.0～11.5
2.5	4.3～6.9	4.9～8.3	5.6～10.1	6.7～10.7
3.0	3.8～6.0	4.4～7.1	5.0～8.6	5.9～10.2

注：～号前的 K 值适用于 $H=1.5m$ 的滤层，而～号后的 K 值则适用于 $H=2.0m$ 的滤层。

如计算所得 K 值高于表 3-5 所列数据，则应采取处理水回流措施，在这种情况下，应按高负荷生物滤池的计算法进行计算。

$$F=\frac{Q}{q}$$

式中，F 为生物滤池的总面积，m²。

（6）生物转盘的工艺设计

生物转盘是固着生物膜处理工艺，其设计的基本参数是微生物固着生长发育的转盘体的表面负荷，但是在设计上还必须考虑以下各项参数。

属于转盘体构造方面的参数有转盘直径，轴长，间距，厚度，密度（液量面积比），转盘体材质，转盘体形状，转盘体与接触反应槽侧壁、底壁之间的间距，防雨雪的覆盖等。

属于运行条件方面的参数有转盘浸没率，转盘段数、转数、线速度，转盘体旋转方向以及处理水流入方向等。

原废水的调查项目有：废水的种类及各项指标（BOD、COD、SS、NH_3-N、PO_4^{3-}、DO）的浓度值，水温、水量及水质的变动特性，处理厂地区一年内的水文资料等。

1）转盘总面积的确定 通过负荷（BOD）、面积负荷（或水量面积负荷）计算盘片总面积是目前使用最广泛的方法，也是比较可靠的方法。

在 BOD 负荷确定后，可根据下列公式计算转盘的总面积：

$$F=\frac{Q(L_0-L_e)}{N_v}$$

式中，F 为转盘总面积，m^2；Q 为污水量，m^3/d；L_0 为原污水的 BOD 值，g/m^3；L_e 为原污水的 BOD 值，g/m^3；N_v 为滤料 BOD 负荷，kg BOD/[m^3（滤料）·d]。

2）转盘装置各项参数的计算 在转盘总面积确定后，便可以根据下列公式计算有关各项参数。

① 转盘片数 m

$$m=\frac{4F}{2\pi D^2}=0.636\frac{F}{D^2}$$

式中，D 为盘片直径。

② 氧化槽的有效长度 L

$$L=K[m(a+b)-b]$$

式中，K 为留有余地的系数；a 为盘片厚度，m；b 为盘片间距，m。

③ 氧化槽有效容积 V

$$V=(0.294\sim0.335)(D+2\delta)^2L$$

式中，D 为转盘直径，m；δ 为盘片边缘与氧化槽内壁的距离，mm，一般取 13～20mm（当 $r/D=0.1$ 时，系数取 0.294，当 $r/D=0.06$ 时，系数取 0.335，当 $r/D=0.06\sim0.1$ 时，系数取 $0.294\sim0.335$），可按线性取值。

④ 污水在氧化槽内的停留时间 t

$$t=\frac{V_{有效}}{Q}$$

式中，$V_{有效}$ 为氧化槽净有效体积，m^3。

3.5 废水处理厂（站）总体布置

3.5.1 废水处理厂（站）总体布置概要

污（废）水处理厂（站）总体布置时应考虑以下因素。

① 用地的大小及几何形状。

② 地形。

③ 土壤与地基条件。

④ 进厂（站）污水管的方位。

⑤ 处理后污水的排放点位置。

⑥ 厂（站）外道路情况。

⑦ 污水处理工艺类型。

⑧ 污泥处理要求和最终出路。

⑨ 运行管理要求。

⑩ 环境保护要求。

⑪ 可用于发展的预留地。

污（废）水处理厂（站）主要由以下 4 个基本部分组成。

① 各种处理构筑物。

② 辅助构筑物。

③ 各种管线。

④ 道路及其他设施。

3.5.2 平面布置

在污水处理厂厂区内有：各处理单元构筑物；连通各处理构筑物之间的管、渠及其他管线；辅助性建筑物、道路以及绿地等。在进行处理厂厂区平面规划、布置时，应考虑以下几个一般原则。

① 流程力求简短、顺畅，连接各处理构筑物之间的管、渠应便捷、直通，避免迂回曲折，尽量减少水头损失。

② 因地制宜，结合地形，土方量做到基本平衡，并避开劣质土壤地段。

③ 顺应进、出水方向和重视巡检方便。

④ 考虑近、远期结合，便于分期建设，并使整体工程相对完整。

⑤ 功能分区明确，按功能分区集中布置，构筑物布置紧凑，减少占地面积。

⑥ 考虑施工和日常运行需要，交通顺畅，使施工、管理方便。

⑦ 注意安全，总平面布置满足消防要求，在处理构筑物之间应保持一定的间距，以保证消防与敷设连接管、渠的要求，一般的间距可取值 5～10m，某些有特殊要求的构筑物，如污泥消化池、消化池、沼气罐等，其间距应按有关规定确定。

⑧ 处理后的出水排放距离近，减少管线基建投资，以工艺流程的最合理连接为主要原则，同时尽量满足其他专业的基本要求。

厂区平面布置除遵循上述原则外，还应根据城市主导风向、进水方向、排水方向、工艺流程特点及厂区地形、地质条件等因素进行布置，既要考虑流程合理、管理方便、经济实用，还要考虑建筑造型、厂区绿化及与周围环境相协调等因素。

对于城市污水处理厂，按照不同的功能分区将整个厂区分为生活及辅助生产区（厂前区）、污水预处理区、污水二级生化处理区和污泥处理区，各区可以用道路或绿地分割。

应当指出，在工艺设计计算时，就应考虑单体建（构）筑物和平面布置的关系，而在进行平面布置时，也可根据情况调整建（构）筑物的数目，修改工艺设计。

3.5.3 高程布置及纵断面图

为了使废水能在处理构筑物之间畅通流动，保证废水处理站的正常运行，在进行废水处理站平面布置的同时，必须进行废水处理站的高程布置，即确定各处理构筑物及连接管渠的高程以及其中的水面高程，并绘制处理站的纵断面图。

在整个处理过程中，废水和污泥最好能依靠重力自流，以便节省动力费用，但是要做到这一点往往必须将处理构筑物的高程提高到不合理的高度。这不仅会增加基建费用，而且会增加运转管理费用。所以在多数情况下，处理站废水是自流工作的，污泥则往往要抽升。如设有消化池，初次沉淀池或二次沉淀池中的污泥往往要用泵提升到消化池。

为保证各类构筑物之间的废水能自流，必须精确计算各构筑物之间的水头损失。各构筑物之间的水头损失应包括管渠的沿程水头损失、局部水头损失和废水流经配水、量水设备及处理构筑物的水头损失，同时，必须考虑处理站扩建预留的储备水头。

进行高程布置的水力计算时，要选择一条距离最长、损失最大的流程，并按最大流量进行设计计算。当有两个以上并联运行的处理构筑物时，水力计算必须考虑某个构筑物发生故障时另一个构筑物有可能通过全部的流量。计量时还应考虑到由于暗管内污泥沉淀会使水流断面减小，水流阻力增加，即应留有充分余地以防止由于水头不够而造成涌水现象，影响处理构筑物的运行。

在计算各个构筑物之间的高差后，最后确定各构筑物的高程时，还应考虑：a. 必须保证使处理站的最后一个处理构筑物在洪水期间，出水能自流排入水体；b. 使站内土方平衡。

在初步设计时，各处理构筑物的水头损失（包括进出口渠道的水头损失）可直接按表 3-6 估计。

表 3-6　污水流经各处理构筑物的水头损失

构筑物名称	水头损失/cm
格栅	10～25
沉淀池	10～25
除油池	10～25
平流沉淀池	20～40
竖流沉淀池	40～50
辐流沉淀池	50～60
装有旋转布水器的生物滤池	270～280
装有固定喷洒式旋转布水器的生物滤池	450～475
旋风式曝气池	25～40
曝气沉淀池	25～40
混合池（或接触池）	10～30
污泥干化厂	200～350

为了确定废水处理站各构筑物的高程布置，在绘制总平面图的同时，必须绘制废水流动的纵截面图。纵截面图上应标出构筑物和管渠的水面高程、尺寸和各节点的底部高程。绘制纵断面图时采用的比例尺，横向为（1∶500）～（1∶1000），纵向为（1∶50）～（1∶100）。

3.5.4　布水、配水与计量

（1）构筑物连接管渠的设计

废水处理构筑物之间的连接管渠，多采用砖砌或钢筋混凝土制的矩形明渠，有时也用钢筋混凝土管或铸铁管。由于明渠易于维修清洗，所以被广泛采用。在寒冷地区，为了防止冬季废水在明渠中冻结，常在明渠上加设盖板，而为了防止悬浮物在管渠中沉淀，又必须使明渠中的水流保证具有一定的自净流速。一般在明渠中的流速应在 0.4～1.5m/s 之间，以防止悬浮物在沟管中发生沉淀，否则维修困难。

（2）配水设备

污水处理厂中，同类型、同尺寸的处理构筑物一般都设有 2 座或 2 座以上，向它们均匀配水是污水处理厂设计的重要内容之一。若配水不均匀，各池负担不一样，一些构筑物可能出现超负荷运行现象，而另一些构筑物则又没有充分发挥作用。为了实现均匀配水，要设置合适的配水设备。在实际工程中，有各种形式的配水设备或配水构筑物，可以参考相关的资料设计。

（3）计量设备

准确地掌握污水处理厂的污水量，并对水量资料和其他运行资料进行综合分析，对提高污水处理厂的运行管理水平是十分必要的。因此，应在污水处理系统上设置计量设备。

对污水计量设备的要求是精度高、操作简单，不沉积杂物，并且能够配用自动记录仪表。污水处理厂总处理水量的计量是必要的，总水量的计量设备一般安装在沉砂池与初次沉淀池之间的管道或污水处理厂的总出水管渠上。如有可能，在每座主要处理构筑物上都应安装计量设备，这样会使水头损失提高。

现在污水处理厂常用的水量计量设备是计量槽和薄壁堰，这两种设备基本上都能符合上述要求。

3.5.5　管渠（线）布置

（1）生产管线

在各处理构筑物之间设有贯通、连接的管、渠。此外，还应设有能够使各处理构筑物独立工作运行的管、渠，当某一处理构筑物因故停止工作时，使其后续处理构筑物仍然能够保持正常的运行。

从便于维修和清刷的角度考虑，连接污水处理构筑物之间的管渠以矩形明渠为宜，明渠多由钢筋混凝土制成，也可采用砖砌，必要时或在必要部位，也可以采用钢筋混凝土管或铸铁管。在寒冷地区，为了防止冬季污水在明渠内结冰，在明渠上加设盖板。

为了防止污水中的悬浮物在管渠内沉淀，污水在明渠内必须保持一定的流速。在最大流量时，流速可介于 $1.0 \sim 1.5 m/s$ 之间；在最低流量时，流速不得小于 $0.4 m/s$（特殊构造的渠道，流速可减至 $0.2 \sim 0.3 m/s$）。在管道中的流速应大于在明渠中的流速，并尽可能大于 $1 m/s$，因为如在管道中产生沉淀，难以清淤，增加了维修工作量。

生产管线还有空气、污泥、沼气、加药等管线。

（2）生产辅助管线

应设超越全部或部分处理构筑物（即超越某一个或几个构筑物）或直接排放水体的超越管。

在厂区内还设有：给水管、蒸汽管以及输配电线路。这些管线有的敷设在地下，但大部分都在地上，对它们的安排，既要便于施工和维护管理，又要紧凑，少占用地，也可以考虑采用架空的方式敷设。

在污水处理厂厂区内，应有完善的排雨水管道系统，必要时应考虑设防洪沟渠。

综上，生产辅助管线包括：a.超越管线；b.排空管线；c.排水管线；d.厂内自来水管线；e.电线、电缆。

3.5.6　辅助建筑及道路绿化

（1）辅助建筑物

污水处理厂内的辅助建筑物有泵房、鼓风机房、办公室、集中控制室、水质分析化验室、变电所、机修车间、仓库、食堂等。它们是污水处理厂不可缺少的组成部分。其建筑面积应根据建设部颁发的《城镇污水厂附属建筑和附属设备设计标准》结合具体情况与条件而定。

有可能时，可设立试验车间，以不断研究与改进污水处理技术。

辅助建筑物的位置应根据使工艺方便、安全等原则确定。如鼓风机房应设于曝气池附近，以节省管道与动力；变电所宜设于耗电量大的构筑物附近；化验室应远离机器间和污泥干化场，以保证良好的工作条件；办公室、化验室等均应与处理构筑物保持适当距离，并应位于处理构筑物的夏季主风向的上风向处；操作工人的值班室应尽量布置在便于工人观察各处理构筑物运行情况的位置。

（2）道路绿化

在污水处理厂内应合理地修筑道路，方便运输。

污水处理厂应设有一个主出入口，作为货物和人员的通道。另外，还应设一个辅助出入口，用于污泥外运及其他应急出入。

厂区主要构筑物外围设置交通道路，并与厂区主干道路形成网络体系，连接各个部门。

污水处理厂厂区内主干道路宽度一般为 $6 \sim 9m$，辅路宽度为 $3.5 \sim 4m$，均铺设沥青或混凝土路面，道路的转弯半径一般为 6～10m。步行道 1.5～2.0m。

出厂道路与外界城市规划道路相接。

污水处理厂应广为植树，绿化美化厂区环境，调节气候，净化空气和降噪隔臭，改善卫生条件，改变人们对污水处理厂"不卫生"的传统看法。根据规定，污水处理厂厂区的绿化面积不得少于 30%。

绿化区域以草坪为主，种植树木、灌木，并以花卉、石径等点缀其中。

整个厂区的绿地与构筑物、建筑物融为一体，形成一个优美、宁静的工作环境，与开发区的整体景色和谐统一。

思考题与习题

1. 简述工业废水处理厂（站）设计程序。

2. 简述工业废水处理厂（站）设计前小试的必要性。

3. 试论述新常态下工业废水处理的基本原则。

参考文献

[1]　高廷耀，顾国维，周琪. 水污染控制工程(下册). 北京：高等教育出版社，2015.

[2]　王国华，等. 工业废水处理工程设计与实例. 北京：化学工业出版社，2004.

[3]　于卫红. 城市排水规划的热点问题探讨. 中国给水排水，2006，8（22）：16-18.

[4]　冯生华. 把好城市污水处理厂建设前期工作质量关. 中国市政工程，1999，8：43-45.

[5]　邹家庆. 工业废水处理技术. 北京：化学工业出版社，2003.

[6]　范勇. 城市污水处理厂设计前期工作要点（一）资料收集与分析. 净水技术，2002，03（15）：43-45.

[7]　张自杰，等. 废水处理理论与技术. 北京：中国建筑工业出版社，2002.

[8]　陈季华，等. 废水处理工艺设计及实例分析. 北京：高等教育出版社，1993.

[9]　潘涛，田刚. 废水处理工程技术手册. 北京：化学工业出版社，2010.

[10]　童华. 环境工程设计. 北京：化学工业出版社，2009.

[11]　黄维菊，魏星. 污水处理工程设计. 北京：国防工业出版社，2008.

第4章 工业废水处理的运行管理

一个完整的废水处理装置的建设工作应该是由建造、调试和试运行组成的，在调试阶段可以对设计、建设中存在的工艺问题、设备质量问题、处理能力问题进行必要的调整，为废水处理装置的正式投产积累必要的数据，为废水处理装置的运行提供详细的操作规程和考核依据。对活性污泥进行培养和驯化是废水生化处理装置调试的一个重要环节，实际上是一项工程试验，是规模更大、更接近实际的试验。

4.1 工业废水处理系统的调试

4.1.1 调试前的准备工作

（1）调试方案编写与审批的完成

通常调试工作需要成立专门的工作小组来进行，工作小组的人员可来自承包商、业主、监理，在人员的组成上要考虑各工种的合理配置，以工艺技术人员为主。调试前工作组应将调试方案编写完成，并上报至业主和监理，得到批准后，方可进行下一步工作。

（2）紧急预案编写

调试工作系统性较强，尤其是工业废水处理中可能会遇到一些易燃、易爆、有毒害的废水与气体，需要针对调试工作中可能会发生的一些紧急情况，提前考虑并制订预案。

（3）现场清理

对安装工作已结束部分的现场各构筑物及时进行检查、清扫，彻底清除堆积泥沙、杂物等，对已安装完毕的设备清理灰尘，传动部分加油养护等。对管道、各类井室等进行检查、清理，排除积水、泥渣和杂物等。

（4）操作人员的到岗和岗位责任制的建立

根据设计确定的废水处理装置定员进行人员的配置，在调试阶段将安排主要的生产岗位人员到位，同时建立必要的岗位职责。

（5）熟悉现场设施设备情况，加深对设计的理解

各岗位调试人员到岗后熟悉设计图纸与施工现场，加深对设计意图的理解，配合调试人员进行相关工作内容，接受调试人员的技术指导。

（6）对上岗操作人员进行初步培训

有条件时安排各岗位人员对类似废水处理装置进行初步培训，在调试期间调试人员也要安排一定时间的培训工作。

（7）各工种协调统一检查

① 土建工程检查。土建工程检查包括构筑物注水试验及记录、沉降情况记录、防腐处理等，并办理中间交工验收签证。

② 管道、各类井室检查。对管道、各类井室的安装位置、高程、防腐处理等检查记录，并办理好签证；确保各连接部位已紧固，临时固定装置已拆除。

③ 设备检查。检查泵类、闸门等设备的完好程度，其型号、材质、性能是否与设计一致，转动部分的润滑油是否加注到位，设备基础强度是否达到要求。

④ 进口设备检查。除满足上述要求外，进口设备还应满足外方专家提出的要求。

⑤ 电气、自控、仪表检查。检查装置安装、接线是否完毕，试验正确，记录齐全。

（8）调试所需工器具、材料、辅料、安全防护设施齐全

进入调试工作后，调试人员应该完全执行废水处理装置内的各项规章制度，佩戴各种安全防护工具进行操作。备齐调试过程中可能需要的各种药剂、运输工具以及常用的设备维修工器具，确保调试工作的正常进行。

4.1.2 单机调试

废水处理装置的调试工作可分为单机调试、联动调试和工艺调试，只有在前面的工作满足要求后，才能进入下一阶段的工作。因此，调试人员首先要在业主的组织下进行单机调试和联动调试，掌握现场设备的安装质量、设施施工质量等基本情况，为下阶段的工艺调试做准备。调试人员同时参加设备供应商和安装单位对设备设施现场操作的培训和指导。

（1）单机调试的目的

设备的单机调试是为了检查设备安装的质量是否符合有关安装标准，同时也为了检查设备的质量。

（2）单机调试应具备的条件

① 安装工作完成，技术检验合格，并经业主与监理验收合格。

② 现场清理工作完成。

③ 已接通供电系统。

④ 供水与排水已落实并具备供排水条件，部分构筑物水位到达规定水位。

⑤ 单机调试的设备已完成全部安装工作。

⑥ 单机调试的设备已完成通电调试的一切准备，包括配套的电气工程、电缆工程。

⑦ 设备本身已具备调试条件，包括设备本身应保持清洁、加入足够的润滑油和其他外部条件等。

⑧ 调试人员已经认真阅读设备的有关资料，熟悉设备的机械、电气性能及操作规

程，做好单机调试的各项技术准备。

⑨ 准备好调试的各类表格，以供调试时填写。

⑩ 设备单机调试时应通知生产厂家到场，国外引进设备的单机调试必须在国外相关人员到场的情况下进行。

（3）单机调试前及过程中的检查项目

① 外观检查。外观检查主要检查设备的外观有无生锈、落漆、划痕和撞痕等，注意有无漏油和密封失效等情况。

② 实测检查。实测检查应主要检查设备的安装位置与施工图是否相同以及安装的公差尺寸是否符合要求等。

③ 资料检查。资料检查应注意各项隐蔽工程的资料是否齐全，各类管道的规格型号、材料材质是否有记录，防腐工程验收记录和主体设备验收的表格、记录等。

④ 性能测试。性能测试依据有关规定（设备性能要求）进行。

（4）设备单机调试的步骤

① 全面检查。设备进行单机调试必须通过设备单机调试前及过程中检查项目的全面检查。

② 条件核准。逐条对照设备单机调试的各条款核准条件。

③ 空载调试。在没有负荷加载设备之前进行空载调试。根据设备操作规程（先辅机后主机），首先要保证电气设备的正常运行，其次验证设备具有正确的功能、正确的运行温度和无不正常的振动或应力，无异常时方可连续运行。空载调试应以每台设备能正常连续运行 2h 为准，泵不允许空载调试。运行中如果发现异常或不正常振动，应立即停电检查。

④ 荷载调试。在全部设备空载调试结束后，将水注入生产构筑物，各种设备进入运行状态的检测。荷载调试验证仪表的标准、工作电流、控制环路的功能、系统的功能和无液体泄漏。荷载调试以每台设备能连续运转 4h 为准。

单机调试记录单见表 4-1。

表 4-1　单机调试记录单

单机调试参加单位与人员：
单机调试主持人：
日期：
主送：
抄送：

调试项目	单机调试检查内容	是否达到要求	整改要求（如果需要整改）	整改实施单位	下次检查时间

本阶段主要检查施工安装是否符合设计工艺要求，是否满足操作和维修要求，是否满足安全生产和劳动防护要求。例如：管道是否畅通，设备叶轮是否磕碰缠绕，格栅能

否升降，电气设备是否能连续工作运行，仪表控制是否接通、能否正确显示等。

4.1.3 联动调试与维修

联动试验主要核定设施能否协调稳定地连续运行，试验设施系统过水能力是否能达到设计要求。

（1）准备工作

调试前，调试者需阅读下列文件资料并检查所准备的工作。

① 由所有选用的机械设备、控制电器及备件的生产、制造、安装使用文件组成的设备手册（含技术参数、测试指标）。

② 运行、维护操作手册。

③ 所有废水处理装置的设计文件及前阶段验收文件。

④ 相关设备安装工程和选用设备的国家规范和标准。

⑤ 各设备区域调试合格，并通过验收。

⑥ 所有管、渠都进行了清水通水试验，畅通无阻。

⑦ 供电系统经负荷试验达到设计要求，能保证安全可靠、系统正常。

⑧ 污水处理工艺程序自动控制系统已进行了调试，基本具备稳定运行条件。

⑨ 落实了污泥处置方案。

⑩ 调试所需物资及消耗品已到位。

⑪ 调试各重要岗位操作人员已经过培训，熟悉操作规程，以便使调试工作交接顺利。

⑫ 安全防护措施已落实，能保证系统正常运行和确保操作人员的安全。

（2）外部条件

联动调试时，水力流程已经走通，新工艺流程融入污水厂的整体流程中，具备输水的条件，各构筑物水位调整到位，出水管道具备向外排水的能力。

单体调试完成，绝大多数的设备通过初步验收。有问题的设备经过检修和更换已合格。

供电能力满足联动试车的负荷条件，各台主变压器应投入运行或部分运行，基本满足联动试车的用电负荷。

电气和自控系统通过单体试车，能达到控制用电设备的条件。

人员经过充分的培训，对设备的性能及调试方法已基本掌握。

（3）联动调试内容及步骤

联动调试分两个部分进行：先进行构筑物内有联动关联的设备的区域调试；通过后再进行全厂设备的联动调试。

（4）编制各类操作规程

根据装置的实际情况，提出相应的操作规程，如下所述。

① 粗格栅除污机操作规程和运行管理要求。

② 电动闸门、闸阀操作规程。

③ 进水泵运行管理要求。

④ 污泥浓缩机操作规程和运行管理要求。

⑤ 脱水机操作规程和运行管理要求。

⑥ 高配间操作规程和运行管理要求。

⑦ 低配间操作规程和运行管理要求。

⑧ 水、泥、大气样检测项目与周期的规定。

⑨ 各主要设备维护保养计划一览表。

⑩ 制订相应的仪表自检保养制度和巡视管理办法。

(5) 各类人员培训

调试期间化验项目较多,应着手化验室新增分析仪器、仪表配备以及化验人员培训,以适应新增水质、污泥性能和大气污染物指标的测定。如果某几项工作不能及时落实,必须委托有资质的专业单位进行化验。

(6) 水力流程联动

在本阶段的调试中,主要考察废水处理装置的整体过水能力、过泥能力以及单体构筑物间的衔接。进行最大设计流量下的过流能力测试,检查设施流程是否畅通,能否协调运行。检查各超越设备、隔离闸门、水池放空管道和污泥回流系统工作是否正常。有分组构筑物的设施,检查各组之间的出水是否比较均匀,表曝机、堰门、撇浮渣设备等对高程要求高的设备安装是否正确,是否可分组运行。通常采用河水来进行此项工作。

(7) 主要工艺设备运行工况考核

联动调试对主要工艺设备的运行工况也进行了相应检查考核。设备带负荷连续试运行时间一般要求大于24h。对设备出现故障或存在的问题,及时报送施工监理单位和设备承包商,申请整改或维修。

(8) 供电系统运行工况考核

考核现场所有配电设备(高、低压配电系统)接受、输送、分配电能的工作是否正常,能否保证各种状态下的负载承担;检查成套配电装置、控制柜、操作柜、开关柜在系统故障时,能否保护、切断故障,迅速恢复正常运行。

电气设备中的控制、保护、联锁等功能,各部分的断路器、空气开关、接触器、继电器等电器元件的工作能力应符合要求。

(9) 控制仪表和自控系统运行工况考核

检查现场所有在线仪表传感器、变送器、转换器的日常巡检和维护工作,检查各过程控制仪表能否及时正确地反映各项运行、过程工艺参数,控制仪表达到设备调控要求。

在各构筑物调试的同时,调试自控系统对各构筑设备的控制情况,调试仪表的输入输出信号,并检测通信系统。

系统联动条件:安装检查;安装试验;系统接地、供电系统试验;设备单机调试完成；回路试验完成。包括 AI 和 DI 信号现场加模拟信号，上位机画面确认。DO 信号在遥控状态、手动状态下，在上位机画面上手动操作观场设备，现场确认。

无负荷运转：在未通水的情况下，模拟信号条件，确认现场设备的动作；全厂联调。

全厂联调主要通过中控室（PLC），根据污水厂的工艺流程进行顺序开车调试。在区域联合调试完成并合格的前提下，按工艺流程进行调试。此阶段调试的目的是检查全厂设备（包括新、老设备）、PLC 系统的协调性，同时调校仪表值。此过程主要为 PLC 系统。

负荷预调：在手动投运后才能自动投运。

调试要求如下。

① 各流量、压力、压差、液位等物理量测量仪表应在联动调试阶段完成调试，使其能准确反映各物流的物理变化。

② 各工艺参数分析监测仪表在区域联动调试阶段进行初步调试后，所有仪表应在此阶段进行初步调试，能基本上反映工艺参数。

③ 自控系统在联动调试阶段，首先应完成各单元、各回路的调试。检查各 PLC 系统对所控制的用电设备能否按工艺要求进行控制。

④ 根据工艺设定技术软件、各 PLC 系统通过各测量仪表所给出的数值，调整用电设备的运行状况。

⑤ 检查自控系统在联动调试阶段的运行状况，巡查系统应正常反映各用电设备的工作状况。

4.1.4　活性污泥培养与驯化

活性污泥系统（生化处理装置）投运前，首先要进行活性污泥的培养、驯化。所谓活性污泥的培养，就是为活性污泥的微生物提供一定的生长繁殖条件，即营养物质、溶解氧、适宜的温度和酸碱度等，在这种情况下，经过一段时间就会有活性污泥形成，并且在数量上逐渐增长，并最后达到处理废水所需的污泥浓度。活性污泥培养是整个调试工作的重点，关系到最终出水达标的问题。活性污泥培养的基本前提是进水流量不小于构筑物设计能力的 30%，通常有两种方法。

方法一：同步培养法，即直接用本厂废水培养活性污泥。

方法二：浓缩污泥培养法，即利用其他废水装置的浓缩污泥进行接种培养。

（1）同步培养法

某些厂的工业废水营养成分较全，如罐头食品厂、肉类加工厂、豆制品厂等，或是调试的时间较为充裕，即可采用同步培养法。另一类工厂的废水虽然营养成分尚全，但浓度不足，培菌周期往往较长，对这类废水可适当增补一些如工厂中的废淀粉浆料、食堂的米泔水和面汤水（碳源）或尿素、硫氨、氨水（氮源）等营养，以加快培菌的进程。

（2）浓缩污泥培养法

取水质类型相同、已正常运行的处理系统中脱水后的浓缩污泥或干污泥作为菌种进行培菌。例如取袜厂的染色废水处理系统中板框压滤后的干污泥，作为印染厂活性污泥处理系统的种源，干污泥的投入量将占曝气池总体积的 1% 左右，加少量水捣碎，然后再添加工业废水和适量浓度粪便培菌，污泥能很快形成并增长至所需浓度。

4.2　工业废水处理系统的试运行

根据上述调试过程中得到的各种信息，加以整理分析，然后对废水处理装置运行要有一个基本评价，对运行中出现的问题提出改进的意见和对策，作为调试期间的总结报告，并进入试运行阶段。在试运行阶段，主要考核出水水质、容积污染（污泥）负荷是否稳定达到设计要求。根据实际污染负荷来调整工艺参数，要求自控系统切入并调整控制参数。初步分析运行单耗及运行直接成本。制订试运行岗位操作规程和运行报表，为今后实施 ISO 9001 标准管理积累初步的基础资料。

4.2.1　水质分析项目及频率

为了积累处理水质数据和工艺运行数据，有关水质分析项目及频率见表 4-2，并根据需要对不同废水的水质分析项目进行调整。

表 4-2　水质分析项目及频率

分析项目	进水	好氧生化反应池	出水	分析频率
COD	√		√	5 次/周
BOD	√		√	3 次/周
SS/VSS	√	√	√	5 次/周
pH 值	√		√	5 次/周
TKN	√		√	2 次/周
NH_3-N	√		√	5 次/周
NO_2^- N			√	2 次/周
NO_3^- N			√	2 次/周
TP	√		√	2 次/周
SV_{30}		√		7 次/周
碱度			√	1 次/周

注：水质分析数据以 COD、NH_3-N 为主，其有效数据宜不少于 30 组。

4.2.2　自控系统的调试

根据工艺阶段确定的溶氧水平情况、负荷水平、污泥回流、搅拌功率、昼夜水量变化情况、排泥量和排泥泵运行模式、提升水泵开启台数等来调整 PLC 运行模式。调整后自控系统正式切入 PLC 中实施。

4.2.3　污泥脱水系统运行

污泥脱水系统带负荷调试，并制订与脱水系统相协调的排泥方式。

4.2.4　化验分析工作

化验分析工作的内容如下。

① 确定分析项目。

② 选定各项目分析方法，可在国家环保部门规定方法和行业分析标准方法中选取。

③ 根据分析方法，检查仪器、设备和器皿药剂是否备齐。

④ 天平请计量所检验，量器如移液管等用天平校验，不合格者废弃处理。

⑤ 检查仪器设备是否正常。

⑥ 配制各种标准溶液。

⑦ 外购或自配标准样测定。

⑧ 制订操作规程及安全生产规程。

a.水样的采集。水、泥样的采样位置应由技术主管和化验室共同确定，无特殊情况不应任意更改。

对进水、处理出水采用混合水样，定时定量采集或采用自动取样器采集水样，每日由化验人员负责收集及混合处理。

在高温季节，定时采集水样宜在冷藏条件下保存。工艺参数分析样品宜由化验人员采集，水样采样应使用专门的采样器（市售），采样器应能采集任意水深的水样。如无法购得，也可自行加工制造。

b.分析人员应做好分析原始记录，记录应填写完整，字迹清晰。

c.分析使用的样品应保存到分析结果得出。分析结果出现异常时，应再重复测定一次进行核对。

d.分析人员应认真执行安全操作要求，做好实验室清洁工作。分析使用过的器皿，且应及时清洗。

e.中控室做好生产装置在线仪表的校核标定工作。

⑨ 分析室投入运行。

4.2.5　运行数据统计分析

统计水、电、药剂消耗，初步分析污水处理（包括污泥脱水）的直接成本，得到的结果与国内同类型废水进行比较，出现较大差异时应该分析原因，找出是进水水质还是管理、工艺或者其他方面的因素，以此提高运行管理水平。

4.3 工业废水处理系统的运行管理

4.3.1 活性污泥处理系统的运行管理

生物处理系统在运行时，常常会因进水水质、水量或运行参数的变化而出现异常情况，导致处理效率降低，甚至损坏处理设备。了解常见的异常现象及其常用对策，有助于及时地发现问题和解决问题，使废水处理厂（站）长期稳定运行。

4.3.1.1 活性污泥处理系统运行中的异常情况

（1）污泥膨胀

正常的活性污泥沉降性能良好，含水率一般在99%左右。当污泥变质时，污泥就不易沉降，含水率上升，体积膨胀，澄清液减少，这种现象叫污泥膨胀。污泥膨胀主要是大量丝状菌（特别是球衣菌）在污泥内繁殖，使污泥松散、密度降低所致。其次，真菌的繁殖也会引起污泥膨胀，也有可能由于污泥中结合水异常增多导致污泥膨胀。

活性污泥的主体是菌胶团。与菌胶团比较，丝状菌和真菌生长时需较多的碳素，对氮、磷的要求则较低。它们对氧的要求也和菌胶团不同，菌胶团要求较多的氧（至少0.5mg/L）才能很好地生长，而真菌和丝状菌（如球衣菌）在低于0.1mg/L的微氧环境中才能较好地生长。所以在供氧不足时，菌胶团将减少，丝状菌、真菌则大量繁殖。对于毒物的抵抗力，丝状菌和菌胶团也有差别，如对氯的抵抗力，丝状菌不及菌胶团。菌胶团生长适宜的pH值范围为6~8，而真菌则在pH值介于4.5~6.5之间生长良好，所以pH值稍低时，菌胶团的生长受到抑制，而真菌的数量则可能大大增加。根据上海城市污水厂的经验，水温也是影响污泥膨胀的重要因素。丝状菌在高温季节（水温在25℃以上）易生长繁殖，可引起污泥膨胀。因此，污水中如碳水化合物较多，溶解氧不足，缺乏氮、磷等养料，水温高或pH值较低，均易引起污泥膨胀。此外，超负荷、污泥龄过长或有机物浓度梯度小等也会引起污泥膨胀。排泥不畅则引起结合水性污泥膨胀。

由此可见，为防止污泥膨胀，可针对引起膨胀的原因采取相应的措施。如缺氧、水温高等可加大曝气量、降低水温，减轻负荷，或适当降低MLSS值，使需氧量减少等；如污泥负荷率过高，可适当提高MLSS值，以调整负荷，必要时还要停止进水，"闷曝"一段时间；如缺氮、磷等养料，可投加硝化污泥或氮、磷等成分；如pH值过低，可投加石灰等调节pH值；若污泥大量流失，可投加5~10mg/L氯化铁，促进絮体凝聚，刺激菌胶团生长，也可投加漂白粉或液氯（按干污泥的0.3%~0.6%投加），抑制丝状菌繁殖，控制污泥膨胀。此外，投加石棉粉末、硅藻土、黏土等物质也有一定的效果。

（2）污泥解体

处理水质浑浊、污泥絮凝体微细化、处理效果变坏等是污泥解体现象。导致这种异常现象的原因有运行中的问题，也可能是由污水中混入了有毒物质所致。运行不当（如曝气过量），会使活性污泥生物营养的平衡遭到破坏，微生物量减少且失去活性，吸附能力降低，絮凝体缩小；一部分则成为不易沉淀的羽毛状污泥，SV 值降低，使处理水变浑浊。当污水中存在有毒物质时，微生物会受到抑制、伤害，污泥失去活性，导致净化能力下降。一般可通过显微镜观察来判别污泥解体现象产生的原因。当鉴别出是运行方面的问题时，应对污水量、回流污泥量、空气量和排泥状态以及 SV、MLSS、DO 等多项指标进行检查，加以调整。当确定是污水中混入有毒物质时，应考虑可能是有新的工业废水混入的结果。若确有新废水混入，应责成其按国家排放标准加以局部处理。

（3）污泥脱氮（反硝化）

污泥在沉淀池中呈块状上浮的现象，并不一定是由腐败造成的，也可能是污泥反硝化造成的。曝气池内污泥泥龄过长时，硝化过程比较充分，$NO_3^- > 5mg/L$，在沉淀池内发生反硝化，硝酸盐的氧被利用，氮即呈气体脱出附于污泥上，使之相对密度降低，整块上浮。所谓反硝化是指硝酸盐被反硝化菌还原成氨或氮的作用。反硝化作用一般在溶解氧低于 0.5mg/L 时发生。试验表明，如果让硝酸盐含量高的混合液静止沉淀，在开始的 30～90min 污泥可以沉淀得很好，但不久就可以看到，由于反硝化作用所产生的氮气在泥中形成小气泡，使污泥整块地浮至水面。在做污泥沉降比试验时，由于只检查污泥 30min 的沉降性能，往往会忽视污泥的反硝化作用。这是在活性污泥法的运行中应当注意的现象，为防止这一异常现象的发生，应采取增加污泥回流量，或及时排除剩余污泥，或降低混合液污泥浓度，或缩短污泥龄和降低溶解氧浓度等措施。

（4）污泥腐化

在沉淀池中污泥可能由于长期滞留而厌氧发酵，生成气体（H_2S、CH_4 等），从而发生大块污泥上浮的现象。它与污泥脱氮上浮所不同的是，污泥腐败变黑，产生恶臭。此时也不是全部污泥上浮，大部分污泥都是正常地排出或回流，只有沉积在死角长期滞留的污泥才腐化上浮。防止这种现象的措施如下。

① 安设不使污泥外溢的浮渣设备。

② 消除沉淀池的死角。

③ 加大池底坡度或改进池底刮泥设备，不使污泥滞留于池底。

此外，如曝气池内曝气过度，使污泥搅拌过于激烈，生成大量小气泡附聚于絮凝体上，也容易发生这种现象。防止措施是将供气控制在搅拌所需的限度内，而脂肪和油则应在进入曝气池之前去除。

（5）泡沫问题

曝气池中产生泡沫的主要因素有：污泥停留时间、pH 值、溶解氧（DO）、温度、憎水性物质、曝气方式和气温气压及水温的交替变化等。泡沫会给生产操作带来一定困难，其危害主要有：a.泡沫一般具有黏附性，常常会将大量活性污泥等固体物质卷入曝气池的漂浮泡沫层，泡沫层又在曝气池表面翻腾，阻碍氧气进入曝气池混合液中，降低充氧效率；b.生物泡沫蔓延到走道板上，影响巡检和设备维修；夏天生物泡沫随风飘荡，将产生一系列环境卫生问题；冬季泡沫结冰后，清理困难，给巡检和维护人员带来不便；c.回流污泥中含有泡沫会引起类似浮选的现象，损坏污泥的正常性能；生物泡沫随排泥进入泥区，干扰污泥浓缩和污泥消化的顺利进行。

消除泡沫的措施有：喷洒水、投加杀菌剂或消泡剂、降低污泥龄、回流厌氧消化池上清液、向曝气反应器内投加填料和投加化学药剂等。喷洒水是一种最简单和最常用的物理方法，但它不能消除产生泡沫现象的根本原因。投加杀菌剂和消泡剂存在同样的问题。降低污泥龄能有效地抑制丝状菌的生长，以避免由其产生的泡沫问题。有试验表明，厌氧消化池上清液也能抑制丝状菌的生长，但由于上清液中 COD 和 NH_3-N 浓度很高，有可能影响最后的出水质量，应用时应慎重考虑。据国外一些城市污水厂报道，消泡剂（如机油、煤油等）用量以 $0.5\sim1.5mg/L$ 为宜，过多的油类物质将污染水体。因此，为了节约油的用量和减少油类进入水体污染水质，应尽量少投加油类物质。

实践表明，虽然泡沫产生的基本原理差不多，但引起泡沫现象的因素很多，控制的方法和取得的效果也各不相同，表 4-3 为一部分控制泡沫的方法及其成功率的统计数据。

表 4-3 控制泡沫的方法及其成功率

控制方法	统计(1)		统计(2)		统计(3)	
	污水厂个数	成功率/%	污水厂个数	成功率/%	污水厂个数	成功率/%
喷洒水	58	88			46	28
降低污泥龄	44	73			46	57
杀菌剂	48	58	9	66	46	20
消泡剂	35	20	7	57		
选择器			11	73		
减少曝气时间	5	60			46	33

4.3.1.2 活性污泥管理的指示生物

生物相是指活性污泥中微生物的种类、数量、优势度及其代谢活力等状况的概貌。生物相能在一定程度上反映出曝气系统的处理质量及运行状况。当环境条件（如进水浓度及营养、pH 值、有毒物质、溶解氧、温度等）变化时，在生物相上也会有所反映。我们可通过活性污泥中微生物的这些变化，及时发现异常现象或存在的问题，并以此来指导运行管理。因此，对生物相的观察已日益受到人们的重视。各种微生物性状可参见《环境工程微生物学》等书籍。

① 活性污泥良好时出现的生物（活性污泥生物）有钟虫属、摺累枝虫、锐利盾纤虫、盖虫、聚缩虫、独缩虫属、各种微小后生动物和吸管虫类等。这些生物是固着性或匍匐类的，1mL 混合液中其数量通常在 1000 个以上，如果含量达存在个体总体的 80% 以上，就可以认为是净化效率高的活性污泥。

② 活性污泥状态恶化时出现的生物有波豆虫属、侧滴虫属、尾滴虫属、豆形虫属、草履虫属等，这些生物是快速游泳性种类。当这些种类出现时，絮凝体会很小（$100\mu m$左右）；在情况相当恶劣时，可观测到波豆虫属、有尾虫属、尾滴虫属；如果情况极端恶化，原生动物和后生动物完全不出现。

③ 活性污泥由恶化到恢复时出现的生物有漫游虫属、斜叶虫属、斜管虫属、管叶虫属、尖毛虫属、游仆虫属等，这些生物是慢速游泳性匍匐类生物，可以观测到这样的生物在1个月左右的时间内持续占优势。

④ 活性污泥分散、解体时出现的生物有简变虫属、辐射变形虫属等虫类。如果这些生物出现数万以上，将导致菌胶团变小，出流水变浑浊。由于形成这种情况是相当慢的，所以这些微生物急剧增加，可使回流污泥量和送气量变小。这种解体现象在某种程度上是可以抑制的。

⑤ 膨胀时出现的生物有球衣菌属、丝硫菌属，各种霉等丝状生物是造成膨胀的生物。在SVI为200mL/g以上的时候，发现存在像线一样的丝状微生物。在膨胀的污泥中所出现的微型动物比正常污泥中的个数少。

⑥ 溶解氧不足时出现的生物有贝氏硫丝菌属、扭头纤虫属、新态虫属、草履虫属等，这些生物是喜欢在溶解氧低的时候出现的生物，如果这样的生物出现，此时活性污泥呈现黑色，发生腐败。

⑦ 曝气过剩时出现的生物有变形虫属和轮虫属等。如果进行长时间的过剩曝气，各种变形虫属和轮虫属将成为优势种类。

⑧ BOD负荷低时出现的生物有表壳虫属、鲜壳虫属、轮虫属、寡毛类等。当这样的生物多时，成为进行硝化的指标。

⑨ 有毒物质流入时出现的生物为原生动物。原生动物与细菌相比，对外界环境变化的感受性是很高的，所以通过观测原生动物可以推定有毒物质对活性污泥的影响。活性污泥生物中感受性最高的是盾纤虫，在盾纤虫骤减的时候，说明环境剧变或有非常少量的有毒物质流入。当大部分生物死亡时，说明活性污泥已被破坏，必须进行恢复。

4.3.2　建（构）筑物的管理

废水处理装置的运行管理人员必须熟悉装置的处理工艺、设施及设备的运行要求与技术指标，按照要求巡视检查构筑物、设备、电器和仪表的运行情况。各岗位应有工艺系统流程图、操作手册等，并应示于明显部位。操作人员应按时做好操作记录，数据应准确无误。当操作人员发现运行不正常时，应及时处理或上报主管部门。

操作人员应保持整个平台的卫生清洁，各种器具应摆放整齐；应使水泵等机电设备保持良好状态，及时清除叶轮、阀门、管道、格栅的堵塞物。集水井应每年至少清洗一次。水泵应至少半年检查调整一次，并定期检修集水井液位计及其转换装置。备用泵每月至少应运转一次。

 **思考题与习题**

简述工业废水处理设施运行管理过程中常见的问题及解决方法。

参考文献

[1] 高廷耀，顾国维，周琪. 水污染控制工程(下册). 北京：高等教育出版社，2015.

[2] 张自杰，等. 排水工程下册. 第 4 版. 北京：中国建筑工业出版社，2000.

[3] 王国华，等. 工业废水处理工程设计与实例. 北京：化学工业出版社，2004.

[4] 邹家庆. 工业废水处理技术. 北京：化学工业出版社，2003.

[5] 赵庆良，等. 特种废水处理技术. 哈尔滨：哈尔滨工业大学出版社，2004.

第5章 | 工业废水处理工程实例

5.1 生物制药废水处理技术及应用

5.1.1 生物制药废水的来源及特性

医药产品按其特点可分为抗生素、有机药物、无机药物和草药四大类。如按生产工艺过程可分为生物制药和化学制药。所谓生物制药是指通过微生物的生命活动,将粮食等有机原料进行发酵、过滤、提炼而成;而化学制药,则是采用化学方法使有机物质或无机物质通过化学反应生成的合成物。生物制药在发酵、制备粗产品及提纯的过程中有时也采用很多化学反应。生物制药按生物工程学科范围可分为发酵工程制药、基因工程制药、细胞工程制药和酶工程制药四类。目前,最为广泛采用的是发酵工程制药。

发酵工程制药是指利用微生物代谢产物生产药物。此类药物有抗生素、维生素、氨基酸、核酸、有机酸、辅酶、酶抑制剂、激素、免疫调节物质以及其他生理活性物质。微生物发酵制药早在我国宋朝接种人痘免疫技术防治天花开始,就已有了记载,之后人类又突破了传统的免疫学治疗思想,开始了对抗生素制药的研究。从各类制药来看,发酵工程制药是发展历史最为悠久、技术最为成熟、应用最为广泛的一种生物制药技术。本章内容也着重从这一类药物的生产及废水特性等方面着手,对生物制药的废水处理进行探讨。

在众多的发酵工程制药产品中,抗生素是目前国内外研究较多的生物制药,其生产废水也占医药废水的大部分。本章以抗生素制药废水的处理作为重点,对其水质、水量及处理分别做简单介绍。抗菌素是微生物、植物、动物在其生命过程中产生(或利用化学、生物或生化方法)的化合物,具有在低浓度下选择性地抑制或杀灭它种微生物或肿瘤细胞能力的化学物质,是人类控制感染性疾病、保障身体健康及防治动植物病害的重要化疗药物。

抗菌素工业属于发酵工业的范围。从广义上来说,发酵是指某些物质(糖和蛋白质等)通过微生物代谢作用转化为其他物质的过程。抗菌素发酵是通过微生物将培养基中某些分解产物合成具有强大抗菌或抑菌作用的药物。它一般都采用纯种,在好氧条件下进行。抗菌素的生产以微生物发酵法进行生物合成为主,少数也可用化学合成方法生产。此外,还可将生物合成法制得的抗菌素用化学、生物或生化方法进行分子结构改造而制成各种衍生物,称为半合成抗菌素。

　　抗菌素的生产始于第二次世界大战期间，英美科学家在早年 Fleming 发现青霉素的基础上，将玉米浆作为培养基的氮源，采用深层发酵技术。我国抗菌素的研究从 20 世纪 20 年代初开始，主要集中在青霉素的发酵、提炼和鉴定上，而生产则始于 50 年代初。近年来，逐渐采用电脑控制发酵以及基因工程技术来提高发酵效价。但是，目前在抗菌素的筛选、生产、菌种选育等方面仍存在着许多技术难点，从而出现原料利用率低、提炼纯度低、废水中残留抗菌素含量高等诸多问题，造成严重的环境污染和不必要的浪费。

　　一般工业发酵的产品主要是微生物利用糖类的代谢产物，其理论产量有的还可用物料衡算求得，如酒精等。抗菌素发酵不是在菌体生长繁殖阶段产生的，而往往是在菌体生长繁殖基本告一段落时才开始大量分泌。人类还没有完全了解抗菌素生物合成的机制，其理论产量很难用物料平衡计算。

　　抗菌素主要用于化学治疗剂，但在生产过程、生产技术和原料、设备等方面都与化学合成制药有很大的不同。抗菌素生产要耗用大量粮食，分离过程（特别是溶剂萃取法）要消耗大量有机溶剂。一般来说，每生产 1kg 抗菌素需耗粮 25～100kg，同时抗菌素生产耗电约占总成本的 75%。

　　众所周知，由于青霉素的卓越疗效，大大引起人们对抗菌素的兴趣。到目前为止，世界各国发表的天然抗菌素已达 3000 多种，临床常用的有 50 多种，如灰黄霉素、链霉素、氯霉素、多黏菌素、金霉素、头孢霉素、新霉素、土霉素、制霉菌素、四环素、红霉素、螺旋霉素、新生霉素、万古霉素、两性霉素、力复霉素、巴霉素、卡那霉素、林可霉素、庆大霉素、柔红霉素和博莱霉素等，目前都已投入生产。

　　部分发酵制药产品的产量见表 5-1。

表 5-1　部分发酵制药产品的产量

名称	产量/(t/a)	名称	产量/(t/a)
青霉素	1640	四环素	4215
土霉素	7390	金霉素	467
洁霉素	315	维生素 C	约 1000
庆大霉素	573	红霉素	225
麦迪霉素	285	总计	17318
链霉素	1208		

　　抗菌素生产工艺主要包括菌种制备及菌种保藏、培养基制备（培养基的种类与成分、培养基原材料的质量和控制）与灭菌及空气除菌、发酵工艺（温度与通气搅拌等）与设备、发酵液的预处理和过滤、提取工艺（沉淀法、溶剂萃取法、离子交换法）和设备、干燥工艺与设备。以粮食或糖蜜为主要原料生产抗菌素的生产工艺流程见图 5-1。

　　由图 5-1 可见，抗菌素的生产工艺流程与一般发酵产品的生产工艺流程基本相同。生产工艺包括微生物发酵、过滤、萃取结晶、化学方法提取、精制等过程。因此，抗菌素生产工艺的主要废渣水来自以下 3 个方面。

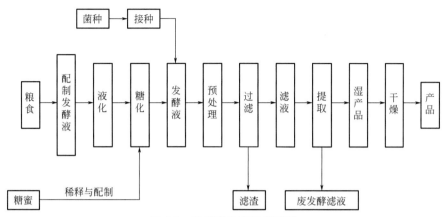

图 5-1 抗菌素生产工艺流程

① 提取工艺的结晶废母液。抗菌素的提取可采用沉淀法、萃取法、离子交换法等工艺,这些工艺提取抗菌素后的废母液、废流出液等污染负荷高,属高浓度有机废水。

② 中浓度有机废水。主要是各种设备的洗涤水、冲洗水等。

③ 冷却水。

此外,为提高药效,还将发酵法制得的抗菌素用化学、生物或生化方法进行分子结构改造而制成各种衍生物,即半合成抗菌素,其生产过程的后加工工艺中包括有机合成的单元操作,可能排出其他废水。

青霉素和头孢菌素是 β-内酰胺类抗菌素的主要代表。生产过程如下所述。

(1) 种子制备

以甘油、葡萄糖和蛋白胨组成培养基进行孢子培养,生产时每吨培养基以不少于200 亿个孢子的接种量接到以葡萄糖、乳糖和玉米浆等为培养基的一级种子罐内,于 $(27\pm1)℃$ 下通气搅拌培养 40h 左右。一级种子培养好后,按 10% 的接种量移种到以葡萄糖、玉米浆等为培养基的二级繁殖罐内,于 $(25\pm1)℃$ 下通气搅拌培养 10~14h,便可作为发酵罐的种子。

(2) 发酵生产

发酵以淀粉水解糖或葡萄糖为碳源,以花生饼粉、骨质粉、尿素、硝酸铵、棉籽饼粉、玉米浆等为氮源、无机盐(包括硫、磷、钙、镁、钾等)类。温度先后为 26℃ 和24℃,通气搅拌培养。发酵过程中的前期 60h 内维持 pH 值为 6.8~7.2,以后稳定在pH 值为 6.7 左右。

(3) 青霉素的提取和精制

从发酵液中提取青霉素,多用溶媒萃取法,经过几次反复萃取,就能达到提纯和浓缩的目的。另外,也可用离子交换法或沉淀法。由于青霉素的性质不稳定,整个提取和精制过程应在低温下快速进行,注意清洗,并保持在稳定的 pH 值范围。

部分抗生素的提取和精制方法见表 5-2。

表 5-2　部分抗生素的提取和精制方法

抗生素品种	提炼方法	干燥方法
金霉素盐酸盐	溶媒提炼法、沉淀加溶媒精制	气流干燥、真空干燥
链霉素、庆大霉素等	离子交换法	喷雾干燥
四环素盐酸盐	四环素碱加尿素成复盐再加溶媒精制法	真空干燥
土霉素盐酸盐	沉淀加溶媒精制法	气流干燥
红霉素	溶媒提炼法、大孔树脂加溶媒精制	真空干燥
其他大环内酯类抗菌素	溶媒提炼法	真空干燥

抗生素制药的废水可以分为提取废水、洗涤废水和其他废水。其生产工艺流程与废水排放点见图 5-2。

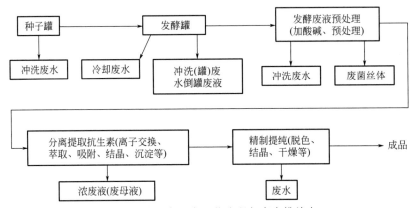

图 5-2　抗生素生产工艺流程与废水排放点

抗生素生产废水的来源主要包括以下几方面。

（1）发酵废水

该类废水如果不含有最终成品，BOD_5 浓度为 4000～13000mg/L。当发酵过程不正常、发酵罐出现染菌现象时，将导致整个发酵过程失败，必须将废发酵液排放到废水中，从而增大了废水中有机物及抗生素类药物的浓度，使得废水中 COD、BOD_5 值出现波动高峰，此时废水的 BOD_5 浓度可高达（2～3）$\times 10^4$ mg/L。

（2）酸、碱废水和有机溶剂废水

该类废水主要是在发酵产品的提取过程中需要采用一些提取工艺和特殊的化学药品造成的。

（3）设备与地板等的洗涤废水

洗涤水的成分与发酵废水相似，BOD_5 浓度为 500～1500mg/L。

（4）冷却水

废水中污染物的主要成分是发酵残余的营养物，如糖类、蛋白质、脂肪和无机盐类，其中包括酸、碱、有机溶剂和化工原料等。

从抗菌素制药的生产原料及工艺特点中可以看出，该类废水成分复杂，有机物浓度高，溶解性和胶体性固体浓度高，pH 值经常变化，温度较高，带有颜色和气味，悬浮物含量高，含有难降解物质和有抑菌作用的抗菌素，并且有生物毒性等。其具体特征如下。

① COD浓度高（5～80g/L）。其中主要为发酵残余基质及营养物、溶媒提取过程的萃余液、经溶媒回收后排出的蒸馏釜残液、离子交换过程排出的吸附废液、水中不溶性抗菌素的发酵滤液以及染菌倒罐废液等。这些成分浓度较高，如青霉素COD浓度为15000～80000mg/L，土霉素COD浓度为8000～35000mg/L。

② 废水中SS浓度高（0.5～25g/L）。其中主要为发酵的残余培养基质和发酵产生的微生物菌丝体。如庆大霉素SS浓度为8g/L左右，青霉素为5～23g/L。

③ 存在难生物降解和有抑菌作用的抗菌素等毒性物质。由于抗菌素得率较低，仅为0.1%～3%（质量分数），且分离提取率仅60%～70%（质量分数），因此废水中残留抗菌素含量较高，一般条件下四环素残余浓度为100～1000mg/L，土霉素为500～1000mg/L。废水中青霉素、四环素、链霉素浓度低于100mg/L时不会影响好氧生物处理，但当浓度大于100mg/L时会抑制好氧污泥活性，降低处理效果。

④ 硫酸盐浓度高。如链霉素废水中硫酸盐含量为3000mg/L左右，最高可达5500mg/L，土霉素为2000mg/L左右，庆大霉素为4000mg/L。一般认为好氧条件下硫酸盐的存在对生物处理没有影响，但对厌氧生物处理有抑制作用。

⑤ 水质成分复杂。中间代谢产物、表面活性剂（破乳剂、消沫剂等）和提取分离中残留的高浓度酸、碱、有机溶剂等原料成分复杂，易导致pH值波动大，影响生物反应活性。

⑥ 水量小且间歇排放，冲击负荷较高。由于抗菌素分批发酵生产，废水间歇排放，所以其废水成分和水力负荷随时间也有很大的变化，这种冲击给生物处理带来极大的困难。

部分抗生素生产废水的水质特征和主要污染因子见表5-3。

表5-3　部分抗生素生产废水的水质特征和主要污染因子　　单位：mg/L

抗生素品种	废水生产工段	COD	ρ(SS)	ρ(SO$_4^{2-}$)	残留抗生素	ρ(TN)	其他
青霉素	提取	8000～15000	5000～23000	5000		500～1000	
氨苄青霉素	回收溶媒后	5000～70000		<50000	开环物：54%	NH$_3$-N$_2$：0.34%	
链霉素	提取	10000～16000	1000～2000	2000～5500		<800	甲醛：100
卡那霉素	提取	25000～30000	<250000		80	<600	
庆大霉素	提取	25000～40000	10000～25000	4000	50～70	1100	
四环素	结晶母液	20000			1500	2500	草酸：7000
土霉素	结晶母液	10000～35000	2000	2000	500～1000	500～900	草酸：10000
麦迪霉素	结晶母液	15000～40000	1000	4000	760	750	乙酸乙酯：6450
洁霉素	丁醇提取回收后	15000～20000	1000	<1000	50～100	600～2000	
金霉素	结晶母液	25000～30000	1000～50000		80	600	

5.1.2 生物制药废水处理工艺比较

美国 EPA 在对 SBR 技术评估的基础上，比较分析了传统活性污泥法、SBR 工艺、氧化沟工艺的基建投资和运行费用。比较结果说明在一定的流量范围内，当污水处理厂的规模增加时，单位造价降低。

传统活性污泥法，SBR 工艺，氧化沟工艺的基建投资和运行费用见表 5-4。

表 5-4　基建投资和运行费用

污水处理流程	基建投资/元		运行费用/元	
	$3785m^3/d$	$18925m^3/d$	$3785m^3/d$	$18975m^3/d$
传统活性炭	100	100	100	100
SBR	78	75	83	93
氧化沟	83	81	83	93

以上两种规模的 SBR 污水处理厂的基建投资分别为传统活性污泥法的基建投资的 78％和 75％。而 SBR 工艺投资于氧化沟是相当的，略低于氧化沟，其两者的运行费用是一样的。当污水处理厂的规模较小时，与传统的活性污泥法相比，SBR 的运行费用也较省。如处理规模分别为 $3785m^3/d$ 和 $18925m^3/d$，其年度运行费用均为传统活性污泥法污水厂的 83％和 93％，可见 SBR 在中小规模的处理厂是有优越性的，所以本设计采用 SBR 工艺。

5.2　啤酒工业废水处理技术及工程应用

5.2.1　概述

啤酒是以大麦和水为主要原料，以大米或谷物、酒花为辅料，经制成麦芽、糖化、发酵酿制而成的一种含有二氧化碳、低酒精浓度和多种营养成分的饮料酒。

啤酒的酿造方法因啤酒的种类不同而异，但一般可分为制麦和酿造两大主要工序，其生产工艺流程如图 5-3 所示。啤酒生产过程中，废水主要来源于麦芽制造、糖化、发

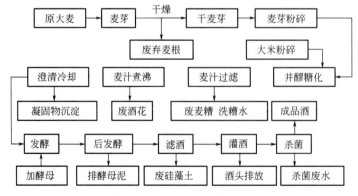

图 5-3　啤酒生产工艺流程

酵、洗瓶及灌装等工序，但废水的排放量及污染物的波动较大。

制麦也称麦芽制造，该工艺过程中的用水有浸麦用水和冷却用水。冷却用水的水质较好，可回收循环使用，故主要污染来自浸麦用水。浸麦废水是一种颜色很深、极易腐败的有机废水，COD 浓度达 $500 \sim 800 mg/L$，BOD_5 浓度达 $300 \sim 500 mg/L$。一般为每生产 1t 成品麦芽，约产生 $30 m^3$ 废水，该废水采用间歇排放方式。

酿造可细分为糖化、发酵（前酵）、储酒（后酵）、过滤和包装几个工序，近几年，有些啤酒厂已将发酵和储酒 2 道工序合并在大型锥形罐中一次性完成。

糖化工序的废弃物有麦糟、热凝固物和冷凝固物。麦糟是麦汁制备过滤后产生的副产物，含水 $75\% \sim 80\%$，组分主要有蛋白质、脂肪、淀粉、还原糖、粗纤维以及灰分。热凝固物是麦汁煮沸过程中，由于蛋白质变性和多酚物质氧化、聚合而产生的。热凝固物含水 80%，组分为蛋白质、酒花树脂、多酚物质和灰分。冷凝固物是在麦汁冷却过程中析出的，主要组分是蛋白质、糖类、多酚物质和灰分。糖化工序的废水主要来自糖化锅、糊化锅的刷锅水、清洗水和麦糟储存池底流出的麦糟水，一般热（冷）凝固物也含在废水中排出，所以糖化工序产生的废水中有机物质比较多，COD 浓度高达 $20000 \sim 40000 mg/L$，其废水排放量占废水总量的 $5\% \sim 10\%$，废水的排放为间歇排放。

发酵和储酒工序的废弃物是废酵母，酵母是在啤酒发酵过程中沉淀下来的。一般为生产需要，沉淀下来的酵母经洗涤后重复使用，但多余和失去活力的酵母，如不综合利用则随废水排出，酵母除含水 $80\% \sim 85\%$ 外，其他组分是蛋白质、脂肪、纤维、灰分和无机氮浸出物。这个工序的废水来源于洗涤水，COD 浓度为 $2000 \sim 3000 mg/L$，废水排放量为废水总量的 $15\% \sim 20\%$，采取间歇排放的方式。

包装工序的废水来自洗瓶水、喷淋杀菌水、洗麦水、地面冲洗水和包装物破损流出的残酒等。这部分废水的排放量较大，占废水总量的 $30\% \sim 40\%$，COD 浓度为 $500 \sim 800 mg/L$，连续排放。

此外，啤酒酿造过程中还有大量的冷却水和电渗析产生的废水，这些水基本上未受污染，可循环使用。

5.2.2 啤酒废水的水质水量分析

啤酒废水富含糖类、蛋白质、淀粉、果胶、醇酸类、矿物盐、纤维素以及多种维生素，是一种中等浓度的有机废水，可生化性好。废水的产生量与厂家的生产规模和管理水平有关，据国内啤酒厂家每年用水量统计，每生产 1t 啤酒就需用 $10 \sim 30 m^3$ 新鲜水，相应产生 $10 \sim 20 m^3$ 废水。

啤酒生产废水主要由清洁废水、低浓度有机废水、高浓度有机废水 3 部分构成。清洁废水主要来自锅炉蒸汽冷凝水、制冷循环用外排水和给水厂反冲洗水，这部分废水占总废水量的 20% 左右；低浓度废水主要来自酿造车间和包装车间的地面冲洗水、洗瓶机和灭菌机废水以及厂区生活污水，这部分废水量较大，约占总废水量的 70%，有机物浓度较高，COD＝100～700mg/L；高浓度废水主要来自洗糟废水、糖化锅和糊化锅冲洗水、储酒罐前期冲洗水、过滤废藻泥冲洗水以及酵母压缩机冲洗水，这部分废水水量不大，约占总废水量的10％，但是，有机物浓度特别高，COD＞2000mg/L。

啤酒生产中从各车间排放的废水水质、水量波动较大，以某啤酒厂为例，其生产废水水质、水量见表5-5。

表5-5　某啤酒厂生产废水水质、水量

废水种类	水量 /(m³/t 产品)	pH 值	COD /(mg/L)	BOD₅ /(mg/L)	BOD₅ /COD	SS /(mg/L)
浸麦废水	3.65	6.5～7.5	500～700	220～300	0.45	300～500
糖化发酵废水	4.38	5.0～7.0	3000～6000	2000～4500	0.75	800～3300
灌装废水	5.84	6.0～9.0	100～600	70～450	0.75	100～200
其他废水	0.73	6.0～7.0	200～600			
全厂混合水	14.6	6.0～8.0	800～2000	600～1500	0.74	350～1200

由表5-5可知，啤酒生产废水中含有较高浓度的有机物，主要污染物在糖化发酵废水中，这种废水的水量大，有机物含量高，是生产废水治理的主要目标。发酵废液中含大量酒糟，可进行蛋白饲料回收，取得较高的经济效益，同时降低了废水处理的有机负荷。

部分啤酒厂生产废水水质见表5-6。

表5-6　部分啤酒厂生产废水水质

废水来源	水量 /(m³/t 产品)	pH 值	COD /(mg/L)	BOD₅ /(mg/L)	BOD₅ /COD_Cr	SS /(mg/L)
杭州中策啤酒厂	12.2	4.0～6.0	1500	900～1100	0.65	200～460
徐州汇福	20	6.84～9.72	782～3160	437～1930	0.50	218～2740
山东博兴县啤酒厂	14.6～18.25	5.6～8.2	1000～1800	450～600	0.40	400～600
江苏某啤酒厂	10	5～13	1800～2200	900～1300	0.55	400～800
扬州啤酒厂	14.6	6.0～8.0	800～2000	600～1500	0.74	350～1200
三孔啤酒公司	11.8	5.0～8.0	2320～3300	800～1640	0.40	634～10760
河南信阳啤酒厂	16.5	5～11	1000～1800	300～1000	0.55	500～1000
大田县啤酒厂	约30	6.0～8.0	800～1000	400～500	0.50	300
安徽古井雪地啤酒公司	10.2	5～12	600～1200	170～400	0.35	150～500
圣泉集团啤酒有限公司	3500m³/d	6～9	2000	1000	0.53	800

从表5-6中看出，总排废水的$BOD_5/COD_{Cr}＝0.35～0.74$，说明啤酒生产废水的可生化性相当好。

此外，啤酒废水是一种含碳量高、含氮及磷量低的有机废水，选择合适的处理工艺，对处理设备的正常运行、工程投资、运行费用有着很大影响。

5.2.3　废水处理工艺

5.2.3.1　水解酸化＋生物接触氧化＋气浮（或沉淀）工艺

生物接触氧化法是一种介于活性污泥法与生物滤池之间的生物处理技术，是具有活性污泥法特点的生物膜法，兼具两者的优点。

这种处理工艺的实质是使细菌、菌类微生物、原生动物、后生动物附着在填料上生长繁育，并在其上形成膜状生物污泥——生物膜。污水与生物膜接触，污水中的有机污染物作为营养物质，被生物膜上的微生物摄取，污水得到净化，微生物自身也得到繁育增殖。

附着在填料上的生物膜是生物接触氧化处理系统的主体作用物质。生物膜上微生物高度密集，在膜的表面和一定浓度的内部生长繁殖着大量的各种类型的微生物和微型动物，并形成有机污染物—细菌—原生动物（后生动物）的食物链。由于生物膜的高度亲水性，在其外侧总存在着一层附着水层。在污水不断在其表面更新的条件下，有机污染物由流动水层传递给附着水层，然后进入生物膜，并通过细菌的代谢活动而被降解。微生物的代谢产物如 H_2O 等则通过附着水层进入流动水层并将其排走，而 CO_2 及厌氧层分解产物如 H_2S、NH_3 以及 CH_4 等气态代谢产物则从水层逸出进入空气中，从而使污水得到净化。生物膜老化后从填料上脱落下来，形成污泥，经沉降泥水分离后，进行污泥处理。

生物接触氧化处理技术具有下列主要特征。

（1）微生物相方面的特征

① 参与净化反应的微生物多样化。

② 有稳定的生态系统及较长的食物链。

③ 有能够存活世代时间较长的微生物。

④ 在分段运行的情况下，较易形成优势种属。

（2）工艺方面的特征

① 生物膜活性强，污泥浓度、有机负荷高，处理效果好。

② 对水质、水量变动有较强的适应性，在间歇运行的条件下仍有较好的处理效果。

③ 污泥生成量少，颗粒较大，沉降性能良好，宜于固液分离。

④ 能够处理低浓度的污水，并可用于脱氮除磷。

⑤ 操作简单，运行方便，易于维护管理，节约能源。

⑥ 在温度较低的情况下仍有较高的处理效果。

远在 20 世纪末就已有人从事生物接触氧化法的研究工作，其成果取得了德国的专利。在 20 世纪 20～30 年代，也曾有人对其进行过研究，并在实际生产中加以应用。近几十年来，接触氧化法在日本、美国等发达国家得到迅速的发展和应用，并且公布了构造的准则，推动了这项技术的通用化、规范化和系列化。

我国于 20 世纪 70 年代开始引进生物接触氧化处理工艺，近年来得到了广泛的应用。在生活污水、城市污水以及石油化工、农药、印染、纺织、轻工造纸、食品加工和发酵酿造等工业废水处理领域都取得了良好的处理效果。

北京某啤酒集团一分厂以好氧生物接触氧化法为主要处理工艺，运行结果表明处理效果稳定，运行管理简单（只要 4～5 人管理），运行费用低（每吨水处理费为 0.6 元左右），经处理的出水每天有近 $4000m^3$ 水回用，使经济效益、环境效益、社会效益三者十分显著。

5.2.3.2 水解酸化＋SBR（或各种变形）工艺

SBR法是序批式活性污泥法（sequencing batch reactor）的简称，又名间歇式活性污泥法，它的主体构筑物是SBR反应池，污水在这个反应池内完成反应、沉淀、排水及排除剩余污泥等工序，使处理过程大大简化。SBR工艺早在1914年即已开发，但由于人工管理烦琐、监测手段落后及曝气器易堵塞等，从而使该工艺难以推广应用。随着科学技术的发展，上述问题相继得以解决，现在已有不堵塞的曝气器和在线监测仪表，特别是自动化技术的发展使对污水处理过程进行自动操作已成为可能，近年来迅速推广，并不断得到改进、完善，使其成为目前世界上污水处理技术中的热门工艺。

SBR工艺具有以下几个主要特点。

（1）处理构筑物很少，使处理过程大大简化

污水处理工序中SBR反应池集曝气、沉淀于一池，省去了初沉池、二沉池和回流污泥泵房。采用延时曝气的SBR工艺，污泥已好氧稳定，不需要进行消化处理，只需浓缩脱水即可。

（2）不易发生污泥膨胀现象

特别是在污水进入生化处理装置期间，环境维持在厌氧状态，使得SVI（污泥指数）降低，而且还能节省曝气装置的动力费用。

（3）对水量、水质的变化具有很强的适应性

处理构筑物的简化节省了大量用地，与氧化沟工艺和传流活性污泥法工艺相比较节省了占地。

（4）处理效果好

由于SBR工艺可任意调节状态，有利于去除难降解的有机物，同时由于沉淀是静止沉降，所以沉淀效果好。

（5）可以脱氮除磷

通过调节曝气和间歇时间，使污水在反应池中交替处于好氧、缺氧和厌氧状态，可以方便地脱氮、除磷，是一种很好的生物脱氮除磷工艺。

在SBR工艺基础上发展起来的DAT-IAT工艺、CASS工艺在工程实践中也有一定的应用。

SBR工艺在运行正常的情况下，有着较好的处理效果，其有机物去除率与接触氧化法相当。但是，由于它本身还是一种活性污泥法处理工艺，污泥膨胀的问题是不可避免的。

5.2.3.3 厌氧UASB＋SBR（或各种变形）工艺

根据某啤酒集团总厂及某啤酒厂的运行情况来看，由于啤酒废水含氮、磷量较低，常常会引起丝状菌的大量繁殖，造成泥水分离困难，影响到处理效果。另外，由于国内

的设备及仪表质量不过关，使废水处理自动化程度受到很大的限制，给运行操作管理带来很大的不便，采用 SBR 工艺反而增大了工人的劳动强度。

以生物接触氧化工艺及以 SBR 工艺为主要处理工艺的几项主要指标比较见表 5-7。

表 5-7　生物接触氧化工艺与 SBR 工艺主要指标比较

指标	生产接触氧化工艺	SBR 工艺
占地面积/(m^2/m^3 废水)	0.8	0.7
每吨水投资/元	1680	1630
运行费用/(元/m^3 废水)	0.6	0.8~0.9
运行管理	较易	要求较高
冬季运行效果	好	较好
处理效果	好	好
运行稳定程度	稳定	不稳定
污泥膨胀问题	无	有

根据以上分析，我们认为生物接触氧化处理工艺是一种运行稳定可靠、处理效果好、管理方便、运行费用低、在冬季具有较好处理效果的处理工艺。在此工艺后连接适当的深度处理工艺，可以使大量的废水得到回用，真正做到经济效益、环境效益，社会效益三者高度统一。

 参考文献

[1]　王国华，等.工业废水处理工程设计与实例.北京：化学工业出版社，2004.

[2]　丁亚兰.国内外废水处理工程设计实例.北京：化学工业出版社，2000.

[3]　赵庆良，等.特种废水处理技术.哈尔滨：哈尔滨工业大学出版社，2004.

附 录 配套数字资源

1.废水处理工艺设计实例

更多废水处理工艺设计实例及相关平面、管道、高程布置图，可扫描下方二维码下载相关资料，以进一步参考学习：

① 某制药废水处理工艺设计；

② 某城镇污水处理工程工艺设计；

③ 某制革厂污水处理工艺设计；

④ 某纺织印染废水回用工艺设计。

2. 相关标准规范

工业废水处理工艺与设计常用标准可扫描下方二维码下载相关资源。